渔业机械化概论

主　编　郑雄胜
副主编　张玉莲　方旭波
参　编　李水仙

华中科技大学出版社
中国·武汉

内 容 提 要

本书是一本介绍渔业机械化的教材，内容包括绪论、水产养殖机械、渔业捕捞机械、水产品加工机械、渔船常用辅助机械、渔业机械标准六大部分，具体介绍了渔业机械化的作用及意义、发展现状与趋势、特点等，以及挖塘清淤机械、增氧机、水质净化设备和投饲机械等水产常用养殖机械，拖网、围网、刺网、流钓等渔业捕捞机械，鱼糜、贝类、藻类、鱼粉鱼油等加工机械，锚及系泊设备、舵机、起货机械及渔船救生设备等常用渔船辅助机械与设备，渔业机械标准基本情况等。

本书可作为高等院校海洋、水产相关专业的教材，也可作为渔业相关工作人员的参考书。

图书在版编目(CIP)数据

渔业机械化概论/郑雄胜主编．—武汉：华中科技大学出版社，2014.11(2022.1重印)
ISBN 978-7-5680-0537-1

Ⅰ.①渔…　Ⅱ.①郑…　Ⅲ.①渔业-农业机械化-概论　Ⅳ.①S972.6

中国版本图书馆CIP数据核字(2014)第275418号

渔业机械化概论　　　郑雄胜　主编

策划编辑：万亚军
责任编辑：王　晶
封面设计：刘　卉
责任校对：李　琴
责任监印：张正林
出版发行：华中科技大学出版社(中国·武汉)　　电话：(027)81321913
　　　　　武汉市东湖新技术开发区华工科技园　　邮编：430223
录　　排：武汉三月禾文化传播有限公司
印　　刷：广东虎彩云印刷有限公司
开　　本：787mm×1092mm　1/16
印　　张：12.5
字　　数：326千字
版　　次：2022年1月第1版第5次印刷
定　　价：38.00元

前　言

当前，我国提出要加强农业的基础地位，走具有中国特色的农业现代化道路。渔业是农业大系统的重要组成部分，实现渔业现代化是我国现代农业发展的重要内容。渔业实现机械化是渔业实现高效生产的重要保证，是现代渔业发展的重要保障。从某种意义上说，渔业科技的进步就是渔业生产实现机械化的过程。从渔业捕捞机械到水产品养殖、加工机械，从单一的设备研制发展到与设施工程相结合的系统工程，近年来，我国逐步形成了渔业装备的研发体系，推动了渔业生产力的发展。

目前，渔政管理、渔船检验、渔船设计制造管理与维护、水产养殖、水产品加工等企事业单位和管理部门，都需要掌握渔业机械化相关技术的人才。本书是为适应培养应用型、复合型高层次人才的需要，提高从事该领域工作人员的综合素质，根据我国高校海洋、水产类专业开设的“渔业机械化概论”课程教学计划规定的内容而编写的。全书共分六章，分别介绍了渔业机械化的作用、发展趋势，水产养殖机械，渔业捕捞机械，水产品加工机械，渔船常用辅助机械，渔业机械标准等内容。

本书在分析各种渔业机械的特点和最新渔业机械标准的基础上，力求突出重点、精简内容，论述深入浅出。通过本教材的学习，使学生掌握国内外渔业机械的发展历史，各种渔业机械的工作原理、结构、设计方法以及发展趋势，拟解决的关键技术问题，并能够运用学过的相关理论和知识解决实际问题，提高分析问题和解决问题的能力，为从事本专业的工作打下坚实的理论和实践基础。

本书由郑雄胜担任主编，张玉莲、方旭波担任副主编。参加本书编写的有：浙江海洋学院郑雄胜（第1章、第2章、第3章第1节和第2节、第4章、第5章），浙江海洋学院张玉莲（第3章第3节、第4节和第5节），浙江海洋学院方旭波（第6章）。全书由郑雄胜统稿，由浙江海洋学院李水仙负责本书部分图表的绘制、修改。

在编写过程中得到了中华农业科教基金和浙江海洋学院船舶与海洋工程学院学科建设基金的大力支持和帮助；宁波捷胜海洋公司的阮志栋提供了许多有价值的资料。谨在此表示衷心的感谢！

由于编者水平有限，书中难免有不妥和错漏之处，敬请广大读者批评指正。

编　者

2014年8月

目　录

第1章　绪　　论

渔业机械化是随着渔业生产发展的需要而逐步发展起来的，而机动渔船、渔业捕捞机械、水产养殖机械、水产品加工机械、水产品装卸运输机械和渔业电子仪器等的开发使用，又促进了渔业生产的发展。据《2012中国渔业统计年鉴》资料：2011年全国渔业总产量（又称水产品总产量）为5603.21万吨（不包括中国台湾，以下同），2011年全国渔业经济总产值为15005.01亿元（按当年价格计算，以下同），其中渔业产值为7883.97亿元，约占农业总产值的10%。由此可见，渔业机械工业已成为我国渔业经济的重要组成部分。

1.1　渔业机械化的作用

渔业机械化是实现渔业现代化和提高劳动生产率的重要保障，有助于向市场提供更多的水产品，促进渔业经济的繁荣。其作用具体如下。

(1) 保证水产品高产、稳产和安全。

2011年全国捕捞产量（包括海洋捕捞和淡水捕捞）为1579.95万吨，占全国水产品总产量的28.20%。其中机动渔船的捕捞产量占全国捕捞总产量的95%以上，机动渔船水产品产量较同吨位的非机动渔船成倍增加。而且机动渔船抵御自然灾害的能力强，能到近海、外海、远洋作业，而非机动渔船一般只能在沿岸或沿海作业。采用传统工艺的淡水池塘养鱼，亩产量一般在400 kg以下，难以抵御自然条件变化（如高温、缺氧等）带来的危害，产量不稳定。采用机械化和工厂化方式养鱼能缩短养殖周期，提高生产率，达到500～1000 kg的亩产量，甚至更高，产量既稳定又可起到节约用地、少挖鱼池的作用。水产加工采用机械化设备，能解放手工劳动，将劳动生产率提高数倍、十多倍甚至数十倍。

(2) 提供高质量的鱼品。

采用制冷装置建立渔船—渔港—销售地—销售点冷藏运输链，建造渔港冷库、加工厂、冷藏车、冷藏船，以及运输活鱼、活虾的活鱼车、活鱼船等，能保证鱼品的品质和风味。

(3) 节省渔区劳动力。

节省渔区劳动力，将劳动力用于扩大渔业再生产或进行多种经营，促进渔业生产的发展。进行机械化捕捞、养殖，节约下来的渔区劳动力可投入扩大渔业再生产，也可投入同渔业有关的产业进行配套综合生产，如制冰、冷冻、加工、修造船与机电设备、制绳、制网、修筑码头以及水产品运输贸易等，繁荣渔业经济，或投入水产品工业、副业及商业生产。对于渔船，由于减少了渔区劳动力，可改善船上的生产条件和生活条件。

(4) 降低渔民劳动强度。

通过研究和开发渔业生产过程所需的机械及自动化装备，可提高渔业生产效率、降低生产成本、减轻渔民的劳动强度。

(5) 促进渔区转产、转业，吸收渔区富余劳动力。

海洋渔业是我国渔区最重要的基础产业。进入新世纪以来，渔业发展面临了前所未有的严峻形势和挑战，渔业发展进入了一个关键的转折时期。在这种情况下，各渔区政府提出了“主攻养殖、拓展远洋、深化加工、搞活流通、转移行业”的历史性重大决策，号召渔民上岸，转产、转业。另外，由于实现渔业机械化，渔业机械制造业，水产品精深加工业，鱼虾饲料加工业等新的渔业行业应运而生，因而扩大了渔区劳动力就业的机会。

1.2 渔业机械工业的发展概况

渔业机械（又称渔机）是渔业生产专用的各种机械设备的总称，通常分为捕捞、养殖、加工以及渔业辅助机械四类。捕捞机械即捕捞作业中用于操作渔具的机械设备，其有助于提高捕捞效率，降低能源消耗。养殖机械是水产养殖过程中所使用的机械设备，用于构筑或翻整养殖场地、控制或改善养殖环境条件，其有助于提高养殖生产的集约化程度，降低养殖成本，实现健康养殖。加工机械包括原料处理机械、成品加工机械和渔用制冷装置等，其有助于提高水产品的价值，保证产品质量安全，实现规模化生产。除捕捞、养殖、加工以外的机械，统称为渔业辅助机械，包括渔船辅助机械、渔网加工机械、水产品运输机械等。

近几年，我国加快更新、淘汰木质渔船，推广使用设施完备的钢质捕捞渔船及先进的捕捞设备，渔船现代化水平得到了快速提升；积极推行浅海生态健康养殖、标准化池塘养殖、集约式工厂化水循环养殖模式，推广增氧机、自动投饲机等先进机械，水产养殖业得到长足发展；通过从国外引进大型先进加工机械，实现了贻贝、紫菜等优势养殖产品的加工及出口，推动了海洋食品、药物等的发展。我国是世界上渔船数量最多的国家，现有渔船 106 万余艘，约占世界渔船总量的 1/4，但是我国渔业生产方式落后，危旧渔船数量也居世界第一。我国 106 万余艘渔船中，80%左右是木质渔船，80%左右是小型渔船，机动渔船仅占 65%左右。我国是水产养殖大国，但发展方式比较落后，规模化、集约化程度不高，水产养殖机械化、自动化水平低，迫切需要优良的现代化装备，以推动我国水产养殖业发展方式的转变。2011 年年末，我国规模以上水产品加工企业达 1837 家，水产加工行业的机械化几乎达到 100%。

1. 渔业捕捞机械的发展概况

捕捞机械是渔船上为配合捕捞生产而配备的专用机械，按渔船作业方式可分为拖网、围网、流刺网、定置网和钓具等捕捞机械。我国的捕捞机械研究始于 20 世纪 60 年代，随着海洋渔业船只从木帆船向机帆渔船和钢质渔船转变，捕捞机械的研究在个别进口仪器或设备的基础上开始起步，到 20 世纪 70 年代至 80 年代，进入全面发展时期。中高压液压技术的应用推动了我国捕捞装备技术的快速发展，使捕捞装备水平跃上了新台阶。高海况打捞设备在载人航天工程中的应用，标志着捕捞装备技术获得了突破性拓展。双钩型织网机的问世，实现了我国织网机工业零的突破。8154 型双拖尾滑道冷冻渔船和 8201 型围网渔船的成功设计建造，成为我国渔船建造史上的经典。渔用定位仪和探鱼仪的广泛应用彻底改变了我国的捕鱼传统，渔用 GPS 又将捕捞技术向前推进了一大步。但是，基于对海洋渔业资源的保护，从 20 世纪 90 年代中期开始，我国渔船捕捞装备的发展逐渐进入了一个平台期。

我国渔船上的捕捞机械主要是根据渔船作业方式来匹配的。目前国内渔船主要有拖网、围网、流网、张网、延绳钓、鱿钓等作业方式。拖网以底拖网为主；围网以中小型围网为主；流网和张网以群众性渔船为主；延绳钓以金枪鱼延绳钓和延绳笼为主；鱿钓主要以远洋作业为主。

目前我国绝大部分作业渔船的船龄都较长，其配备的捕捞机械和助渔导航等设备都相对落后，如拖网作业的捕捞设备绞纲机，虽然已采用液压传动技术，但在控制技术方面和自动化技术方面的水平还相对落后，产品规格也相对较小。我国围网作业的捕捞装备主要有绞纲机、动力滑车、舷边滚筒、尾部起网机、理网机等；此外，有一种被称作多滚筒的围网起网机，虽然已研制成功，但却由于作业习惯的问题还没有得到推广。一般国内围网渔船的捕捞装备是部分采用机械化设备，许多作业程序还是依靠人力完成，自动化水平相对较低。以上各方面都反映出我国渔船及捕捞装备的技术水平与渔业发达国家相比还有很大差距。

2. 水产养殖机械的发展概况

我国水产品养殖总量占世界的60%以上，2011年全国水产品养殖产量为4023.26万吨。20世纪80年代以来，我国的海、淡水养殖业发展很快。现有水产养殖机械主要包括增氧机械、挖塘及清淤机械、投饲机械、活鱼及活鱼苗(种)运输装备等，其中增氧机械是水产养殖专用机械，是我国海、淡水养殖业实现稳产、高产的最关键、最不可缺少的设备，是我国生产量最大、使用最广泛的渔业机械。近几年，渔业机械化的突破性科研成就，主要体现在水产养殖方面，包括工厂化水产养殖系统技术、池塘生态工程化控制技术和深水网箱养殖系统技术等。

1) 增氧机械和池塘开挖、清淤机械

我国的增氧机械主要有叶轮式、水车式和射流式三种形式，主要用于亩产量在500 kg以上的池塘、工业化封闭式循环养鱼或静止水养鱼系统以及对虾、鳗鱼养殖池等，对精养、高产起到了重要作用。据初步估计，全国各种系列的叶轮增氧机保有量已达到数百万台，年产量约为20万台。叶轮增氧机为我国渔业创造了巨大的经济和社会效益。水车式增氧机是随着20世纪80年代养鳗业的兴起而开始从国(海)外引进的，它的开发主体是生产企业。目前它的产量约占增氧机械总产量的25%。射流式增氧机主要适用于特种水产品养殖及工厂化养殖，产量约占增氧机械总产量的5%。当前各种不同类型、不同功能的增氧机械被不断研制出来，并广泛应用，极大地促进了水产养殖业的发展。池塘开挖、清淤机械的开发研究始于1963年，发展至今主要有立式泥浆泵、水力式挖塘机组、潜式池塘清淤机等。

2) 投饲机械

投饲机械的研究开发始于20世纪80年代中期，但直至90年代中期以后，养鱼户们才逐渐认识到使用投饲机可以提高饲料利用率，并可以增产、增收，其产销量才开始大幅度提高。2008年，国内各种类型投饲机械的年产量达到16万台，产量仅次于增氧机械。目前，投饲机械的形式主要有气动式、螺旋输送式、离心抛物式，也有电子控制的投饲船、鱼动式投饲机。产量比较大的机型为离心式投料、机械振动式下料装置。近年来开始出现为深水网箱养殖系统设计的投饲机械：应用气力输送工艺为深水网箱设计的投饲系统，其输送距离为50 m，投饲能力为500 kg/h；深水网箱投饲机，它的核心部件是引射器，以一定的水流将饲料抛向网箱，可向多个距离不同的网箱提供饲料。

3) 活鱼运输装置

为适应水产养殖业的发展以及市场对活鱼需求量与日俱增的趋势，国内已研制出装有增氧和水过滤设备的各种海、淡水活鱼运输车和船用活鱼运输装置，该类活鱼运输装置普遍具有增氧、水净化和保温功能，可连续运输20 h以上，鱼的成活率大于90%。

4) 鱼用饲料加工设备

鱼用饲料加工设备在国外已逐步从禽畜饲料加工机械中分离出来，自成体系。水产养殖只有全面实现机械化、现代化，产量和质量才能明显提高。目前，饲料生产设备的制造水平、种类和性能完全可以满足我国饲料业的发展。水产饲料生产设备的种类已基本齐全，包括粉碎设备、混合设备、制粒设备、膨化设备、冷却喷涂设备、稳定干燥设备、称重包装设备等。我国的鱼用饲料加工设备主要有颗粒饲料熟化设备、膨化饲料加工设备、颗粒饲料涂膜设备、鲜软颗粒饲料加工成套设备、一步法颗粒饲料加工成套设备、先沉后浮颗粒饲料加工成套设备、常温常压浮颗粒饲料加工设备、超微粉碎加工成套设备、微囊饲料加工成套设备等。

5）深水网箱

深水网箱是海水养殖从内湾浅水向开放性水域发展的关键装备，必须具备能抵抗恶劣海况的抗风浪、抗水流能力。1998年，我国海南省率先引进挪威HDPE重力式大型深水抗风浪网箱，其显著的经济效益和社会效益引起了养殖业的高度重视，相关国家支持项目随即启动。虽然我国在深水抗风浪网箱方面的研究起步较晚，但通过"九五"、"十五"国家科技攻关项目，已经取得了多方面的技术突破，已先后研制出浮绳式、HDPE重力式、金属框架重力式、碟式和多层结构鲆鲽类潜式等多种形式的抗风浪网箱，其中HDPE重力式网箱发展最快，对该型网箱的研究也相对比较深入，并以较快的速度实现了引进消化及国产化推广。目前国内已有多家企业根据水域特点，生产HDPE重力式网箱及钢质全浮式升降网箱，形成了独有技术，工艺和结构已接近国外产品。目前在浙江、山东、福建、广东、海南等多个沿海地区已建立了十多个抗风浪网箱养殖示范基地，网箱数量达4000多个。抗风浪深水网箱研究成果的推广，对于改造传统网箱养殖业，加速海水养殖增长方式的转变，拓展海水养殖的发展空间，以及引导渔民转产、转业和增收都具有重要的意义。

深水抗风浪网箱中较早研制的HDPE双管圆形深水抗风浪网箱，其网箱周长可达50 m，最大养殖水体为2380 m^3，单网箱可养鱼15～20 t，在高海况和1 m/s流速海况条件下，可保证网箱系统和养殖鱼类的安全。该项目在抗风浪网箱材料选择和性能试验等研究方面具有创新性，并且发展了离岸工程化生态养殖这一海水养殖新模式。深水抗风浪网箱养殖技术与设施解决了网箱国产化生产技术和相关的网箱工程设施及控制技术的难点，增强了对养殖条件的人工控制能力，实现了网箱工厂化生产，其研究成果获得2005年中国水产科学研究院科技进步一等奖及2007年中华农业科技进步二等奖。鲆鲽类网箱离岸养殖设施技术，具有较强的抗风浪、抗水流性能，具有良好的推广价值。南方冷水性鱼养殖网箱以冷水性鱼（俄罗斯鲟、杂交鲟等）为养殖对象，使鲟鱼在南方水库度夏存活率达到了100%。

工业化养鱼技术是养殖业现代化的标志。工业化养鱼首先要解决养殖的水质问题。20世纪80年代，我国开始了与集约化养殖技术有关的装备及系统配置的研究工作。工业化养鱼应用工业生产模式，养殖方式包括温流水养鱼、冷流水养鱼、电厂余热养鱼、机械化高密度养鱼、工厂化全封闭水循环养鱼、鱼菜共生、流动式养鱼等。现代工业化养鱼中采用的机械系统主要有排水系统、水处理及鱼菜共生系统、增氧系统、水质监控系统、水体消毒系统、反馈对答式投饲系统、计算机管理与国际联网系统、控温系统、排污与污水处理系统及配电系统等。现在，我国各养殖区域发展尚不平衡，多数仍以传统农业化养殖为主，今后要快速发展还必须以工业化养鱼为发展方向。

3. 水产品加工机械的发展概况

水产品加工装备技术的研究是伴随着捕捞和养殖生产的发展以及市场对水产品加工机械的需求而逐步开展起来的，包括原料处理机械、藻类加工机械、水产品速冻机械、鱼糜加工机械、鱼粉加工机械等专业系列装备。我国最早的水产品加工设备研究始于20世纪60年代。1968年研制的鱼片联合加工机械，集去鳞、去内脏、去鱼头及剖鱼片功能于一体，该机从原料鱼进入到鱼片送出一次完成。

1）冷冻鱼糜生产设备

20 世纪 80 年代，我国开发了水产品深加工机械，用于综合利用低值海水产品，开发淡水养殖品种的加工产品，以及生产方便食用的鱼糜制品，以满足市场的急迫需求。冷冻鱼糜制品生产设备的研制工作也从此开始。鱼肉采取机（1992 年），用于对已去鳞、去鱼头、去内脏的海、淡水鱼进行肉骨分离以及进行虾类的采肉，是鱼（虾）糜生产中的关键设备；同期完成的鱼糜精滤机用于对经过漂洗、脱水后的鱼糜做进一步的过滤；鱼丸成形机（1993 年），用于将经配料、调味后的鱼糜加工成鱼丸；斩拌机（1996 年），集斩碎、擂溃、搅拌等功能于一体。20 世纪 90 年代中期完成的鱼糜脱水机，用于将经漂洗的鱼糜脱去水分。由此形成了完备的成套冷冻鱼糜生产线。该成果在山东、福建、浙江、广东等地有很大范围的推广。

2）海带综合利用加工设备

20 世纪 80 年代初，为了解决全国海带大量积压的问题，国家经济贸易委员会、国家水产总局下达了海带工业利用主要设备的研制项目，经过 6 年攻关，解决了因设备落后造成的难以有效地从海带中提取褐藻胶的问题，先后研究开发出褐藻胶造粒机、快速沸腾式烘干机、褐藻酸螺旋脱水机和褐藻胶捏和机等单机。上述设备的应用，实现了我国海带工业综合利用生产设备的国产化，使我国从 1984 年起不再进口同类国外设备。

3）制冰、冷藏设备

片冰机是一种快速、连续、自动生产片状冰的设备，用片冰替代块冰，成本低、冷却快、损耗小。1978 年和 1983 年，卧式片冰机和立式片冰机先后问世。1989 年，具有国内领先水平的管冰机及其配套设备研制成功，该设备可用于渔船、铁路冷藏车加冰保鲜，获得 1992 年农业部科技进步二等奖。其相关成果——“自动化管冰机配套在铁路冷藏车加冰系统上的研究”，因为解决了冷藏车加冰的技术难题，获得 1993 年铁道部科技进步二等奖。

4）其他加工机械

1982 年研制的冷热风干燥设备，用于当时大量捕获的马面鲀的风干加工，取得显著的经济和社会效益，获得 1983 年农牧渔业部技术改进二等奖；1988 年研制的高温高压灭菌装置，灭菌锅内采用热水循环，温度波动小，杀菌效果好，推广成效显著。

2002 年，国内第一台完全国产化的全自动紫菜加工机组在南通诞生，该设备将条斑紫菜原藻加工成标准干紫菜，又进一步开发了二次加工，即食产品的成套加工设备。新一代智能型紫菜生产线多项技术超过国际先进水平，并拥有全套知识产权，成果推广应用也相当成功，改变了我国作为紫菜养殖大国加工设备依赖进口的局面。该全自动紫菜加工机组项目获得 2003 年南通市科技进步特等奖。

1.3　渔业机械工业的发展趋势

1. 国外渔业机械的发展现状

1）养殖装备及工程

国外水产品养殖总量远不及我国，但先进国家养殖业的产业化程度要超出我国许多，养殖形式主要是水循环工厂化养殖和网箱设施养殖，装备及设施技术较为先进，工业化程度更高，信息化技术已有相当程度的应用。西方发达国家在养殖业的食用安全、水资源利用、环境影响等方面有严格的要求，其社会经济和生产力水平较高，体现在养殖装备与工程上，主要表现为系统技术的高度完备性和高综合水平上。工厂化养殖系统，从对输入的水、鱼种、饲料的控制开始，经可控的水循环系统，程序化、自动化、数据化操作的生产系统，到输出产品鱼的质量控制、污染物的处理等，在高效、可控制、无污染方面达到了相当高的工业化水平。其中，水循环技术可达到零换水的水平，水资源的需用量和废水的排出量都达到很低的指标。一些新的技术与方法已成功地应用于养殖工程系统中，如生物反硝化技术、植物共生技术、微藻共生技术、养殖专家系统等，达到了较高的系统配置和应用水平。海上网箱养殖设施系统根据不同的生产要求和水域条件得以发展，主要有鲑养殖系统、抗风浪网箱养殖系统、金枪鱼网箱养殖系统、拖弋式网箱及游弋式网箱养殖系统等。其中，拖弋式网箱可用于将养殖对象区域性转移，如围网捕捞金枪鱼时，将鱼由捕捞海域向养殖区域的转移等；游弋式网箱可将网箱封闭航行，能经常变换养殖位置，选择理想水域，避免海域污染。各类养殖系统的优点在于：包括网箱结构、现代化操作管理手段在内的系统技术有相当高的配置水平和非常好的应用效果，如鱼类监视、环境监测、机械化操作技术等，非常适合于产业化生产管理的要求。

2）远洋捕捞装备

世界海洋渔业先进国家大型作业船只的装备和助渔仪器具有一定的先进性和系统配套上的完整性，如大型围网作业机械、延绳钓机、鱿钓机械等，其作业性能、自动化程度、工作稳定性等都达到相当高的水平，是国内远洋捕捞企业必用的配备。国际海洋渔业进入仪器捕鱼的瞄准捕鱼时代，其所用设备主要有小型船用雷达、无线电通信、水平探鱼仪、网位仪、曳纲长度计和张力计，以及拖网作业状态控制系统等，实现了全球性、全年的、大规模的工业化生产。

3）水产品加工与流通装备

由于经济水平和饮食结构方面的原因，发达国家在水产品加工与流通方面具有相当高的应用水平和装备技术水平，主要体现在鱼、虾、贝类的自动化处理机械和小包装制成品的加工设备等方面。自动化处理机械包括清洗、分级、（鱼体）开片、去皮（壳）、冻结等流程化工序，具有处理效率高、质量稳定、实现了数据化管理等优点，可向市场提供各种优质、方便加工的生制品。制成品的加工机械包括各类适合消费者习惯和口味的小包装熟制品、熏制品、炸制品、鱼糜制品、生食制品等，技术手段多、品种丰富，为大规模的产业发展提供了关键支撑。水产品流通装备的技术水平在于快速流通和低温保障上，从鱼离开水面开始，鱼体的保温、保鲜措施，渔市场的电子交易，集装箱化转移，冷藏运输等，形成流程化的系统，确保每一类的水产品到达预定的市场位置时具有稳定的质量。

2. 我国渔业机械的发展趋势

我国渔业装备及工程科技的发展将顺应我国渔业未来发展的趋势及其对渔业装备现代化的要求。

（1）养殖设施及装备方面　无污染、低消耗、有投资回报效益、保证食用安全等将是未来养殖设施及装备科技发展所追求的目标。工厂化养殖设施及装备将越来越注重生产系统的节水、节能和达标排放，追求投资回报率将引导系统技术水平不断升级，主要品种标准化生产模式及养殖专家软件系统将是规模化生产的主要支持手段。池塘养殖和内湾网箱养殖生产系统将注重设施化与生态化的结合，在健康养殖的前提下提高生产的集约化程度，减小对自然水域环境的影响。随着新技术、新材料的运用，深水网箱养殖设施，包括生产的各个环节配套将更为全面，达到安全生产和操作方便的要求，更利于产业化生产。海上养殖设施技术的研究还会向更新的形式发展。

(2) 远洋捕捞装备方面　有利于国际性渔业生产竞争，有利于保护渔业资源的选择性捕捞，将是捕捞生产对装备及其工程化技术的基本要求。捕捞装备将逐步实现国产化，中国在世界船舶、机械制造业方面的优势将为远洋渔船的自主建造提供基本条件，市场对国产化的要求将会促使科技工作迎头赶上。随着社会科技水平的迅速发展，在现有声呐技术、GIS技术、GPS技术的平台上，有助于选择性捕捞、准确性渔政管理的助渔仪器将会有越来越大的发展需求，并达到相当高的技术水平。

(3) 水产品保鲜、加工与流通装备方面　随着社会的现代化进程，国际贸易的竞争日益激烈，产业竞争优势由劳动密集型向质量、技术密集型提升，水产品保鲜加工与流通装备将有很大的发展空间。高效的鱼(虾、贝)类处理装备将替代人工，为水产品加工业的规模化、产业化发展提供基本手段。水产品精深加工、综合加工及提高质量保证的装备技术将不断提高。为适应不断增加的市场需求，生产各类制成品的技术及装备将日渐丰富。水产品流通技术也将随着现代物流业的发展形成独特的体系。

3. 国家与产业发展需求

党的十七大报告提出了"统筹城乡发展，推进社会主义新农村建设"的发展要求，指出"解决好农业、农村、农民问题，事关全面建设小康社会大局，必须始终作为全党工作的重中之重"。发展现代农业总的思路和目标是：用现代物质条件装备农业，通过现代科学技术改造农业，用现代产业体系提升农业，用现代经营形式推进农业，用现代发展理念引领农业，通过培养新型农民发展农业，提高农业水利化、机械化和信息化水平，提高土地产出率、资源利用率和劳动生产率，提高农业素质、效益和竞争力。

渔业是农业的重要组成部分。大力发展渔业，是开拓新的农业资源、增加食物总量、保障国家粮食安全的重要措施。我国渔业正处在从传统渔业向现代渔业的转型期，实现传统渔业向现代渔业的跨越，是新时期渔业发展面临的一项长期而艰巨的任务。现代渔业是相对传统渔业而言的，遵循资源节约、环境友好和可持续发展理念，以现代科学技术和设施装备为支撑，运用先进的生产方式和经营管理手段，形成农工贸、产加销一体化的产业体系，构建经济、生态和社会效益和谐共赢的渔业产业形态，实现可持续发展，是现代渔业发展的基本前提。

当前渔业实现可持续发展面临的主要问题包括：海洋捕捞资源衰退与生态修复的问题；渔船装备陈旧与安全、节能的问题；养殖模式落后与健康养殖、资源节约、环境友好的问题；水产品加工产业链过短与深加工、机械化加工的问题，渔业生产方式转变与生态化、精准化、数字化、智能化的问题等。这些问题都与渔业装备及工程技术水平有关，本质上也反映了渔业现代化进程中，实现工业化必然要面对的问题。

水产养殖模式的转变，需要符合"健康养殖、资源节约、环境友好、高效生产"的要求，需要通过设施化和机械化水平的提高，保证养殖水环境，提高生产效率，节约养殖用水，控制富营养物质的排放，修复养殖环境生态，达到"以水养鱼"的集约化高效生产的要求。海上网箱养殖需要顾及水域生态环境，向外海发展，要提高设施及装备的可靠性和操控性。工厂化养殖需要在水循环利用、节能、成本控制等方面进行系统优化和适用模式构建。养殖生产的机械化、数字化水平需要进一步提升。

海洋捕捞装备需要提升机械化水平。近海捕捞需要发展节能型标准化渔船，以提高燃油利用效率，降低生产成本，提高选择性捕捞的能力，发展玻璃钢渔船。远洋捕捞需要提高船舶及装备的现代化水平，实现大型围网、拖网、延绳钓捕捞装备的国产化，提升渔业资源探捕、渔场判别的能力。

水产品加工的机械化水平需要进一步提升。需要以大宗水产品品种，尤其是养殖品种为对象，发展水产品综合加工设备，提高机械化水平和质量控制能力，为规模化生产、工业化加工提供装备保障。

4. 拟解决的关键技术问题

1）水产养殖工程领域

（1）池塘生态养殖方面：池塘养殖生态系统物质与能量流动模型的构建；池塘养殖水循环利用与排放的控制；池塘底泥的高效清除与再利用；生态化、机械化、智能化养殖的可持续养殖模式等。

（2）工厂化水循环养殖方面：水循环养殖系统物质与能量流动模型的构建；高密度水循环条件下养殖对象的反应机制、养殖生态环境构建的边界条件、饲喂策略；工厂化养殖专家系统的构建；养殖设施工程的经济性；养殖设施的建造与运行规范。

（3）改进、提高现有的各类网箱制作技术和工艺：重点为强流下网衣的漂移和有效容积的保持，包括网衣水下清洗技术及设备、夜间警示装置、鱼类起捕设备、网箱养殖监测系统等配套设施的研发，高强度网衣新材料和网衣防污损材料的研发，网箱产品的安全性能的研究，深水网箱的动态仿真与实际结合的理论研究修正等。

2）水产捕捞装备领域

（1）中小型玻璃钢渔船的设计、建造规范与施工工艺标准化体系的完善；渔船船型优化、船机桨优化匹配以及主机余热利用、节能机电产品集成应用等节能关键技术；标准化系列渔船的设计与装备系统集成技术。

（2）捕捞渔具动力模型的构建以及与捕捞设备参数合理匹配关键技术；远洋渔船捕捞装备机电液集成与系统可靠性问题；依托现代助渔导航仪器的海洋精准捕捞、船位实时监控、海上遇险互救和数字化海洋渔业管理系统的关键技术。

3）水产品加工装备领域

（1）大宗水产品物流设备系统：物流设备系统研究，包括鲜活水产品运输保活、休眠唤醒和储运冷链等关键技术研究；水产品原料品质与规格快速判别装置研究；捕捞低值鱼、养殖对虾鲜度指标数字化技术研究；品质等级及判别标准的制定；智能化原料品质、规格判别；品质与规格信息化等。

（2）鱼糜高效分离技术与关键设备：捕捞低值鱼、养殖淡水鱼等鱼糜加工工艺及设备创新；新型分离设备的开发；鱼糜高效加工与节水、减排技术的集成；鱼糜制品油炸、蒸煮设备优化及适度油炸（蒸煮）、油（水）质控制技术研究等。

（3）海珍品规模化加工装备：海参、鲍鱼柔力分级；海参活体运输与干制品复水；海参规模化加工成套设备研发；蒸煮、干制、腌渍加工关键设备研发等。

（4）副产品综合加工技术：虾头油、水和固形物高效分离；虾油精制；将虾头蛋白质等营养物质用于食品等。

5. 主要研究方向和研究重点

1）资源节约型水产养殖装备与工程技术

（1）养殖环境智能控制装备与技术　以提高养殖系统水资源、饲料资源利用率为目标，以自动化、数字化技术为平台，开展养殖环境智能控制技术的研究，构建水产养殖数字化技术体系；在采集养殖水质信息的前提下，开展关键技术的研究，研究不同养殖模式下水质综合指标的分布规律及监测点采样方法优化技术、模糊判别技术，开发水质智能预警系统；研究池塘系统分布式控制集成技术，提高养殖工况系统控制的准确性和可靠性；研究溶解氧精准控制、饲料精准投喂技术与系统装备，提高水循环养殖系统氧利用率与饲料利用率。

（2）工厂化养殖工程技术　开展工厂化水循环养殖工程在硝化反应模型、硝态氮转化模型、旋流积污水动力特性、纯氧增氧特性等方面的基础理论研究，构建海水、淡水及冷水鱼工厂化养殖系统模型，解决其中的关键工艺、技术和装备的问题；开展全人工条件下养殖技术研究，开发养殖专家系统与精准投喂技术，实现自动化、智能化控制；开展工厂化养殖室外生态设施净化技术与室内水循环净化技术的结合研究，构建适应国情的低投资、低运行成本的经济型水循环集约化养殖设施模式。

（3）池塘养殖生态工程技术　针对我国大面积养殖池塘在健康养殖、水资源利用、富营养物质排放等方面存在的突出问题，开展池塘集约化养殖生态控制系统技术研究，构建不同养殖区域以人工湿地、水生植物、好氧反应等为主的低生态位能量吸收模型，以达到水质优化、循环利用和排放控制的目的；开展池塘"测水养殖"专家系统与精确投喂技术研究，构建池塘养殖系统数字化、智能化技术平台；开展池塘设施结构与构筑物标准化技术研究，优化池型和给排水管渠等，以提高土地利用率和设施系统建设的工程经济性；开展池塘清淤与底质微生态修复技术研究，开发池塘淤泥有效处置和肥料化利用技术，养护底质生态，解决鱼塘短时间老化的问题；开展传统养殖池塘生态工程化改造技术研究，形成改造设计规范。

2）渔业节能技术与应用

（1）渔船节能技术　以降低渔船能耗为目的，开展渔业船舶工程系统节能技术与集成应用研究，重点研究主要作业渔船船型节能优化技术，构建标准化船型，设计渔船专用船型软件；开展船机桨优化匹配技术研究，提高不同作业船型、作业工况主机推进效率；开展主机余热再利用技术研究，开发余热制冷关键技术，提高能源利用率；开展船用机电产品、新能源利用等节能技术的集成应用研究，解决高新节能技术应用于渔业的共性技术问题，提高渔船系统的节能水平；研究渔船节能标准化技术，构建节能型渔船设计规范。

（2）养殖设施节能型装备与工程技术　以降低养殖设施系统运行能耗为目标，重点开展节能型关键设备与系统集成技术研究，以无动力筛过滤技术、气浮过滤技术、高效生物过滤技术，以及可再生能源调温系统和大流量、低扬程水泵为研究重点，降低养殖设施系统能源消耗水平；研究光-微藻-养殖容量能量模型，开发藻相工程化控制技术，降低系统能耗，构建节能型水循环养殖系统。

3）渔业安全生产保障装备与工程技术

（1）深水网箱精准养殖装备技术　以提高深水抗风浪网箱设施系统生产安全性为目标，开展安全生产保障系统技术研究，重点研究深水养殖网箱抗风浪、抗水流结构关键技术，提高深水网箱设施安全性能；研究不同海域、不同养殖品种专用抗风浪网箱的结构与设计规范，满足海上多形式网箱养殖对装备适用性、安全性的要求；开发满足深水网箱海上作业特殊要求的自动投饲设备、水下监测设备、活鱼起捕设备、网衣清洗设备、废物收集处理设备、养殖工作船等系统化装备，构建不同海域网箱养殖数字化专家系统，为深水网箱的规模化发展提供可靠的设施保障。

（2）开放性海域养殖设施生产保障技术　开展开放性海域养殖设施安全与系统配套装备技术研究，为养殖业向外海发展奠定基础，重点研究海上养殖平台的构建与系统装备技术，构建利用海上废弃石油钻井平台的渔业系统；研究海上游弋式养殖装备技术，构建运输船改装海上养殖平台系统；建立开放性海域养殖设施安全操作规范和设备安全标准化技术，为维护我国海洋专属经济区权益提供技术支持。

(3) 捕捞作业安全保障技术　以实现选择性捕捞装备技术为目标,开展自动化捕捞装备研究,重点研究捕捞装备、助渔导航仪器以及基于3S组网的海洋渔业信息系统技术,构建海上捕捞作业安全生产体系,降低捕捞生产风险,提高人身安全性。以提高捕捞作业安全防护措施水平为目标,开展作业机械自动化控制技术研究,提高捕捞作业的安全性。以提高渔港港区及相应水域防灾、减灾能力为目标,研究港区水域“防淤、减淤”控制技术、水域水质保护技术、水产品加工废水及废弃物处理技术等,构建捕捞作业安全保障技术体系。

4) 渔业资源合理利用的装备与工程技术

(1) 选择性捕捞装备与技术,以及远洋捕捞大型设备的国产化。

以提高选择性捕捞设备与自动控制技术为目标,开展高分辨率水声探测技术研究,开发鱼群探测、渔情分析测定技术及装备,为改变盲目滥捕、破坏渔业资源的作业方式提供先进装备。以大型远洋装备国产化为目标,开发大型围网设备、金枪鱼延绳钓装备,为提高远洋渔业的国际竞争力提供装备保障。

(2) 大宗水产品加工装备与技术。

以提高大宗水产品出口加工机械化水平为目标,开展关键技术研究,重点研究水产品综合利用技术与装备,包括精深开发、鱼糜加工、废弃物综合利用、口味改进和低温脱水干燥等;研究物流设备系统,包括鲜活水产品运输保活、休眠唤醒和储运冷链等关键技术,为水产品升值及加工提供装备保障。

6. 发展目标

在池塘养殖设施、工厂化水循环养殖设施、离岸网箱养殖设施方面,形成完善的研究体系,突破关键性技术瓶颈,体现集成示范效应,使养殖设施模式符合“健康养殖、资源节约、环境友好、高效生产”的要求,通过技术推广,促进养殖生产方式的转变。在节能技术研究方面,实现主要作业渔船的船型优化与标准化技术以及渔船玻璃钢化技术,体现降低燃油消耗的集成示范效应,突破大型捕捞装备的液压控制关键技术,使先进技术及装备的应用具有明显的节能效应,促进捕捞产业节能水平的提高。在水产品加工技术方面,围绕大宗养殖产品的综合加工,突破淡水鱼加工、海珍品加工关键技术,集成成套加工装备系统,使先进技术的推广应用有利于水产品加工的产业化、规模化发展,提升产品价值。

1.4 渔业机械化存在的主要问题

1. 渔船品种需要调整

近海小型渔船数量过多,2011年海洋机动渔船为29.06万艘,其中生产渔船为20.69万艘,主要在水深40 m以内的沿岸和40～100 m内的近海作业。船型较大的海洋机动渔船数量相对较少,这些大型渔船2/3左右在水深100 m以内的近海作业。2011年海洋捕捞产量为1241.94万吨,其中拖网及沿岸定置渔具捕捞产量占70%以上,使渔业资源受到严重破坏,而围、流、钓捕捞产量不足20%。

目前,我国在外海和远洋的捕捞量只有114.78万吨,不到2011年海洋捕捞总产量的10%,远洋捕捞的资源尚未充分利用,有很大的发展潜力。但现在我国适于远洋作业的大型拖网船、围网船、钓船等船仍不多。

2.养殖机械使用不平衡

除少数省份使用养殖机械较普遍外，较多地区主要还是依靠人力进行养殖生产，养殖机械品种较少，机械化水平不高。

近年来我国虽已研制出许多淡水养殖机械，但除增氧机、泥浆泵、青饲料打浆机、投饲机等几种机械使用较普遍外，许多机械只在少数地区得到应用。即使养殖机械化开展较好的省市，如江苏、浙江、上海、湖南、湖北等省市也是如此，其他各地区也存在不平衡现象，从全国范围来看，主要还是依靠人力用传统的养鱼技术进行生产，致使淡水鱼养殖产量的迅速提高受到限制。

海水养殖机械品种很少，如藻类、贝类是当前北方的主要养殖对象，2011年的产量分别为160.18万吨和1154.36万吨，合计1314.54万吨，占海水养殖总产量1551.33万吨的84.74%，至今采收、加工、施肥机械的品种仍较少。

3.冷藏保鲜不完善

冷藏保鲜设施虽已有很大发展，但制冷、制冰保鲜装置的发展很不平衡，沿海少数地区设备过剩，利用率不高，而有不少地区设施却仍然不足。

渔船冷藏保鲜设备薄弱。装有制冷设备的渔船，鱼品品质好，深受群众欢迎，但目前全国数量不多，尤其是适用于远洋渔业用的如金枪鱼制冷设备等大型超低温制冷设备及相应技术比较落后，主要依赖进口。目前还有不少渔船没有制冷设备，仍然采用带冰生产模式，鱼品质量一般，由于一个航次的生产周期长达一个月，夏季捕捞的鱼类易变质。全国带有低温制冷设备的渔船、冷藏运输船、收鲜船近年虽有所增加，但数量仍不多，陆上冷藏运输车不能满足生产需要。

渔港冷库分布不均，主要集中在大、中城市及部分渔业经济较发达的中、小城市的渔港和市场。不少渔区很少，甚至没有冷库，而有冷库的部分地区也存在运输方面的问题，设备利用率不高。

4.渔业机械产品与渔业生产需要不相适应

总的说来，渔业机械产品的可靠性、适应性、经济性较差，一些产品由于存在价格高、质量差、性能指标落后等缺点，影响推广；而有些专业渔业急需的一些机械至今仍无产品，如滩涂养殖作业的深层耕耘机、运输机械，多种贝、藻类的采收机械，浅海养殖专用的多功能作业机械及外海作业的捕捞机械、助渔导航仪器等。此外，推广工作也不得力。这些都影响了渔业机械化的进展。

5.渔业机械工业技术管理落后

管理制度尚欠健全，技术管理力量薄弱，渔业机械产品的标准化、系列化、通用化水平较低，品种少、型号杂、质量低，零部件的通用互换性差，维修困难，产品更新换代缓慢，产品调研、设计、技术储备、技术转让、技术培训等各环节缺乏统一的技术政策。而且产品生产布局分散，多数产品投产的批量少、成本高、利润低，致使产品质次、价高的现象长期未能扭转。近年来，有的地方相继引进了一些渔船和渔业机械，少数较为先进，但也有不少性能落后的产品，加上品种繁杂，给管理维修工作带来了困难。

6.渔业机械科研机构较少，技术人员不足

渔业机械科技人员大部分在工厂从事专业设计，研究实验人员少。全国研究水产加工机械、淡水养殖机械、捕捞机械及绳网机械的专门研究机构屈指可数，全国只有少数工作人员断续参与渔业机械的调研工作，但人员分散，未能形成力量。这些都严重限制了渔业机械研制工作的开展，影响了渔业机械化产业的发展。

1.5　发展渔业机械的意见

渔业机械化是渔业现代化的重要标志。加快推进渔业机械化和渔机工业发展，对于增强渔业综合生产能力、建设现代渔业、拉动渔村消费需求具有重要意义。由于我国渔业生产力低、资金不足，所以渔机产品要实行大、中、小型并举，以中、小型为主，机械化与半机械化并举，机械与人力结合的方针。当前，应特别重视那些投资少、见效快、收益大的中、小型机械。我国渔业区域辽阔，各地的经济条件、生产状况和技术水平发展差异很大，故应在注重经济效果的前提下因地制宜、逐步实施。

1. 调整海洋机动渔船的种类及渔具、渔法

调整渔船种类是合理利用资源的有效措施之一，2011 年，海洋捕捞机动渔船有 20.17 万艘，其中：功率为 44.1 kW(60 马力)以下的渔船有 13.89 万艘，占 68.86%；功率为 44.1～441 kW 的渔船有近6.13 万艘；功率为 441 kW(600 马力)以上的渔船只有 1510 艘，其中大多为远洋渔船。目前，海洋机动渔船大多用拖网、定置网等在水深 40 m 沿岸内作业或在 40～100 m 的近海作业，只有部分在外海或远洋作业，对资源破坏严重。为此，急需调整渔法，积极发展围、流、钓作业及其所需的小型围、流、钓用起网或起线机，大力发展大型远洋渔船，同时严格限制新增机动渔船，并且每年逐步淘汰一批落后的对渔业资源破坏力大的渔船及渔具。

增加在 100～200 m 水深的外海的围网和拖网作业及远洋作业，是合理利用资源，增加外海及远洋产量的有力措施，重点为新建或更新外海、深海及远洋渔业渔船，根据在一类航区捕捞作业的特殊要求，推广研制新型拖网船、围网船、延绳钓渔船或多种作业渔船，在注重经济效果的前提下，提高船舶性能，采用节能或能燃用重油的动力机，配备效能较高的绞机、围网起网机、起钓机械、水平探鱼仪、网位计、曳纲张力计以及制冷机、平板冻结机等。少数远洋作业的大型渔船尚可加装各类加工机械，达到增加产量、提高质量的目的。

2. 重点发展养殖机械

当前渔业生产以养殖为主，增产的潜力主要在养殖业，提供机械化设备，对大力发展养殖具有重要作用。机械化对提高单位面积产量的作用很大，是发挥淡水养殖潜力的有效措施之一，应积极加以发展。现在，池塘养殖机械化已初步形成，应巩固、提高现有机具的质量和性能，配合商品鱼基地的建设，认真做好机械化养鱼的示范、推广工作，近期各省应选择经济条件较好的地区，有计划地先行实施，然后再分区逐步推广。增氧机械与投饲机械对提高产量具备关键作用，应重点进行发展。

水库要提高渔船动力化和捕捞机械化水平，实现水库赶鱼下网、起网、起鱼、称量、运输机械化。应总结推广机械化网箱养鱼。

浅海滩涂海水养殖工作作业环境困难，劳动强度大，机具品种少，且不少性能欠佳。当前急需发展耕耘机，使之能适用于泥沙、底质和增加作业深度。研制经济适用的小型的采收海带、牡蛎、缢蛏、珍珠贝等的采集机械，以及海带、贻贝、牡蛎等的加工机械，在巩固、发展贝、藻类养殖、加工机械的同时，应积极发展鱼虾养殖人工育苗设备及相关设施。

饲料是发展养殖业的关键，应大力发展鱼虾饲料加工机械设备，除提供部分大型成套的饲料加工机械外，应积极发展中、小型单机，使渔民买得起、用得上，且要求见效快。

3. 加快发展保鲜设施，着重提高水产品质量

解决腐烂变质鱼货，减少盐干鱼在加工品中的比重，进一步改善和提高其他水产品的质量，是渔业机械发展的方向之一。

提高水产品质量应从渔船入手，否则劳而无功。应统筹兼顾渔船、渔港、销售地，逐步形成远销、冷藏、运输网络。

发展渔用制冷装置，尤其是适合于远洋渔业的超低温制冷装置。加强渔船第一线保鲜是提高水产品质量的有效措施。现有渔船择优加装制冷装置，新建渔船全部装备制冷装置，并着重安装冻结设备。

加强渔区冷库建设是提高水产品质量的另一重要技术措施，根据商品鱼的提供量，合理布点、积极建设，相应扩大制冰和冻结能力，对少数经济条件优越、鱼品货源充足的渔村，应扶持其兴建冷库。

4. 认真做好先进渔业机械的推广

渔业作为我国“三农”领域的重要组成部分，占农业产值的比重很大，渔业机械化的发展关系到渔业的现代化，事关渔业增效、渔民增收和全国农业现代化发展进程。渔业、农机部门要加强协作，共同制定切实政策，充分调动渔民特别是养殖渔民购机、用机的积极性，直接拉动渔业机械产品的市场需求。实践证明，只有依靠有效政策的拉动，才能使农(渔)民直接受益，拉动产业发展，加快产业结构调整，促进发展方式转变。

5. 充分利用农机购置补贴政策，解决资金来源，加速渔业机械化进程

我国实现渔业机械化面临资金来源及劳动力出路问题。从现实情况出发，渔民不可能有大量资金用于渔业机械化的改造，目前，渔区应充分利用国家的农机购置补贴政策，一要加强政策宣传，让渔业主管部门了解农机补贴的补贴范围、补贴对象、工作机制、管理制度、操作程序和补贴目录等，把实施好农机购置补贴政策作为一项重要工作抓紧、抓好；二是切实加强组织领导，安排专人负责，农机、渔业部门要强化沟通协调，及时掌握工作进度；三是及时宣传和组织拟购机渔户，按照国家农机部门公布的年度补贴机种、机型和生产厂家，及时到渔户所在地县级农机部门申请报名，争取补贴计划指标。

6. 切实做好渔业机械化技术指导工作

切实掌握目前我国使用渔业机械的底数，帮助、引导用户相对集中地选用先进适用、技术成熟、安全可靠、节能环保、服务到位的渔业机械和渔具。农机、渔业等部门要加强配合，联合开展培训，适时召开现场会、演示会，推广使用先进机具，让渔民真正成为既懂得养殖技术又能熟练操作养殖设备的多面手，实现养殖业的现代化，达到增产增收的目的。

第2章　水产养殖机械

2.1　水产养殖业的地位

当今人类所面临的人口、资源、环境三大难题日益突出。出于战略性考虑，世界各国已从过去只重视海洋捕捞转向同时重视发展水产养殖。人们认为这是当今世界渔业生产的一个重大特点，也是渔业生产的必然发展趋势。

要大力发展水产养殖业，光靠大自然恩赐或靠人工苦干是不行的，关键是要实现养殖机械化。以对虾养殖为例，要达到高产，除了要适当提高放苗密度外，还要提高对虾养成期的成活率，这样就不但要保证苗种质量，提高配合饲料的质量，防治病害，还要加强池水交换能力，进行水体增氧、净化和监测。这些措施都离不开养殖机械化的实施。

1990年我国水产品总产量就已达到世界第一，统计显示，2011年全国水产品总产量达5603.21万吨，人工养殖扩张迅速，人工养殖水产品产量为4023.26万吨，占总产量的71.80%。渔业经济总产值达15005.01亿元，水产品出口超过1098.80亿元，渔民纯收入达10011.65亿元，保持快速增长趋势。

另据联合国粮农组织统计，2011年世界渔业总产量为1.54亿吨，渔业生产量的增加，多半归功于养殖渔业的迅速发展。

2.2　水产养殖机械的类型

水产养殖机械是水产养殖过程中所使用的机械设备，用于构筑或翻整养殖场地，控制或改善养殖环境条件，以扩大生产规模，提高生产效率。根据养殖水质的不同，大体可分淡水养殖机械和海水养殖机械两大类。

1. 淡水养殖机械

淡水养殖机械按机械功能主要可分为以下五大类。

1）排灌机械

其作用一般是利用各类水泵给鱼池灌注清新水，调节鱼池水位，防洪排涝以及排除污水。在排灌中，达到要求的水质、水温、水量和促进浮游生物世代交替，提高鱼池初级生产力。

常见的排灌机械有轴流泵、混流泵、离心泵、深井泵和潜水泵等。

2）清淤、挖塘、筑堤机械

通用类的土方工程机械有单斗挖掘机、多斗挖掘机、水陆两用挖掘机、推土机、铲运机等。这些设备清淤、挖塘、筑堤工效高，但投资大，较适于较大面积鱼池和其他养殖水域工程。国内目前普遍推广的有以泥浆泵为主体的水力挖塘机组，可同时完成挖、装、运、卸、填等五道工序。近年来，还成功研制出了潜式池塘清淤机。此外，还有挖泥船、动力索铲和具备机械脱水造粒功能的泥浆处理装置等。

国外广泛采用各式各样的土方工程机械。如与履带式拖拉机配套的推土机，各种形式的挖掘机、开沟机、铲运机、牵引机以及水力机械化土方工程设备等。日本还制造了一种可深入水下推土的潜式水陆两用推土机，可在陆地上和不超过7 m深的水下挖掘。国外土方工程机械普遍采用液压技术，通过液压进行操纵与驱动，机具结构紧凑、操作方便、负载能力强。由于机械具有大型化和科技含量高的特点，作业工效高。

3）饲料采集、加工、投喂及施肥机械

饲料采集机械主要是陆上和水下割草机，常见的有三种类型，即联合收割机、旋转式收割机和人工背负的圆盘式收割机。此外还有吸蚬机、吸蚬泵。

饲料加工机械包括青饲料切碎、打浆机械，饲料粉碎机械，饲料混合、搅拌机械，颗粒饲料加工、破碎机械和轧螺蚬机械等。

投饲机械有喷浆机（液态饲料投饲机），鱼动、机动、气动及太阳能投饲机、投饲车、投饲船，目前在国外工业化养鱼和机械化池塘养鱼中应用广泛，在我国北方地区也得到了普遍推广。

施肥机械以粪泵为主要设备，有施肥机、车、船。

4）增氧机械，水质调温设备及水质检测仪器设备

增氧机品种很多，常见的有叶轮式、水车式、充气式、喷水式、射流式增氧机以及各种形式的增氧船等。近年来研制出的新产品有管式增氧机、涡轮喷射式增氧机、风力增氧机以及多功能水质调温设备，包括锅炉系统、电热线加热器、电热棒、稀离子加热器、热交换器、热泵、太阳能调温设备、水温自控系统，必要时还配以温室。热泵是一种新型节能调温装置，比常规调温设备节电50%左右。它可加温也可降温，在国外工业化养鱼系统中已广泛使用。

为了控制水质，必须配置一系列水质检测仪器设备，如溶氧仪、氨测定仪、PH测定仪、水温计等。

5）赶捕机械、运输机械

赶捕机械有各种绞纲机、起网机、电赶鱼机、电脉冲装置、气幕赶鱼器、电赶船、拦网船等。在我国北方，还推广使用了一系列的冰下捕鱼机械，包括冰上钻孔机、冰下电动穿索器等。现在，大型养鱼场、水库、湖泊已开始采用吸鱼泵。

运输机械包括各种活鱼车、活鱼船和活鱼箱。

池塘养殖机械化较发达的国家如日本、以色列等，从饲料采集、加工、投喂、水体交换、增氧、水质净化到鱼苗孵化等，均较广泛地采用机械装备。

工业化养鱼较先进的是日、德、美等国。德国使用自动、连续养鱼系统，特别是应用各种高效的水质生物净化装置，养殖密度为100 kg/m^3。年产50 t虹鳟的养殖工厂只需一人管理。该国施特勒马蒂克养鱼装置的机械化、自动化和放养密度之高闻名于世。

在美国，鱼类的人工繁殖、苗种培育也已工业化。其工厂一般由亲鱼引导系统、亲鱼培育系统、亲鱼驱赶系统、亲鱼检查系统、人工授精系统、人工孵化系统、苗种培育系统、起捕与自动计数系统等八个部分组成，全部由计算机自动控制。成鱼养殖工厂也广泛采用先进技术，如使用计算机、遥控、闭路电视、太阳能养鱼装置等，生产效率高。一个工厂年产鱼苗约1亿尾，鱼种200万～300万尾，全厂工作人员仅5～10名。

近几年来，我国水产养殖机械化发展比较快。部分城市郊区和商品鱼基地的池塘养鱼生产，其作业已基本上或部分实现机械化。这些作业内容主要是池塘建筑，池塘管理，水质净化，增氧，饲料采集、加工、投喂，鱼苗、鱼种及成鱼、活鱼运输，鱼虾收获、孵化、育苗以及越冬温室调控等。

在现有的一百多种池塘养殖机械中，有将近一半是农牧机械与通用机械，专用机具约占一半。

在水库养鱼机械方面，也有一定的发展，主要表现在动力化、捕捞机械化，以及拦引鱼设备和网箱设备使用方面。四川长寿湖水库、浙江新安江水库和甘肃刘家峡水库等拦引鱼和养鱼设备机械化程度较高。

实现池塘养鱼机械化应符合我国国情。实现全盘机械化是相当困难的，也不够经济。机械化的起步，要讲究经济效益。先从一些技术上可行，能增产增收，而人力不能胜任的机械设备着手。对于那些只能减少劳动力，减轻劳动强度，而不能有效增产增收的项目则应暂缓。依照先易后难、卓有成效、逐步配套填空补齐的原则，按需实现机械化。在实现机械化的同时，应相应改革落后的不合理的一些养殖工艺，使两者互相适应。

2. 海水养殖机械

海水养殖机械品种繁多，主要有如下几种。

1）滩涂耕耘机械

海水养殖场主要采用滩涂耕耘机（船），安装耙、犁机具翻耕滩涂，改善蚶、蛏、蛤等贝类的养殖条件。滩涂耕耘机可进行翻土、耙土、平整、抹平、开沟、分畦等作业，使滩涂适于蛏苗等的播种和养成。

2）养殖过程作业机械

主要有养鱼用的排灌机械，增加水域溶氧量的增氧机械，投放粉状、颗粒饲料或液体饲料的投饲机械和投饲料车、投饲料船，对养殖用水进行过滤消毒的水质净化装置，使水域保持适宜水温的温控装置，藻类养殖用的打桩机、拔桩机及海带夹苗机等。

3）采收机械

用于浅海滩涂采收贝、藻类，包括以旋转刀具割下和分离海水的紫菜收割机，以及用耙、犁在水下采捕贝类的机械等。

4）饲料机械

饲料采集机械有陆上和水下割草机、吸蚬机等。饲料加工机械有粉碎、搅拌、成形、烘干或冷却、发酵、膨化等机械，以及用于切碎植物、打浆、磨浆等的机械。

5）养殖辅助设备

有向养殖场投放肥料的机械，用于起放网箱和清洗网箱的设备等。

国外贝类采捕机械应用较多，如美国、日本等国的牡蛎采捕联合加工船、贝类水力采捕机以及荷兰的贻贝采捕器。西班牙、法国还设立了贝类净化工厂。目前法国已注册的贝类净化工厂有 20 个之多。日本还发展了滩涂工作车、挖掘机、耕耘机和海底充气搅拌船等机具。

海藻养殖方面，日本的机械化程度较高。该国以紫菜养殖为主，有采苗用的水车式采苗机，采收紫菜用的采收机等。

世界各国也正在积极发展海水网箱养鱼技术。为了抗风浪，日本设计了一种自动升降式网箱。他们还开发了钛金属丝养殖网箱，其特点是网衣使用寿命长，不易老化，海藻、贝类不易附着，并且质量小，机械强度高。

还有一些国家发展了流动式浮动平台养鱼工厂。平台上配备有发电机组、增氧机组、饲料加工机组及自动投饲装置等。西班牙的养鱼平台直径为 60 m，平台上所有机械设备动力都采用太阳能，还设有海中录像监视器，以监测幼鱼的生长情况。

近几年来，我国海水养殖技术装备从无到有，已研制出了一系列产品，但有一部分装备水平还不高，性能不够理想。引进的部分设备由于地域空间局限性，尚难以在国内全面推广，如从日本引进的紫菜收割机在福建用不上。目前，还有大量浅海、滩涂养殖机械化项目仍然处于空白状态。由于水域环境复杂，地貌、地质差异大，又存在风浪冲击、海水腐蚀，且气候多变，导致观察不便，加上养殖对象种类繁多，栖息习性各不相同，要求作业方式多种多样，并且作业时间受干露和潮水涨落时间限制，因此，实现海水养殖机械化的难度较大。

海水养殖（简称海养）机械的研制和推广应用同样应适合我国国情，机械的开发应优先满足养殖专业户的需求。机械要力求灵活轻便，一机多用，并且坚固耐用，安全可靠，动力综合利用率高。国内有些专家认为，常用机械如海水增氧装置、饲料加工机械、投饲机、贝类和藻类采收机等应向小型化方向发展。而季节性使用的机械应向中型化、专业化发展，同机械化服务的专业化发展相适应，以提高机具利用率和保养效果，从而降低成本。海养机械同样应讲究经济效益，并针对那些劳动强度大、工效低的环节而发展，以达到显著地增产、增收的效果。同时应立足于当地的优势资源，加强节能和新能源的开发利用。海养基地一般地处偏僻的沿海，往往供电不便，而高产出的海养却要大量消耗能量。因此，必须充分利用沿海地区丰富的风能、潮汐能、太阳能以及沼气、地热、余热等资源。

2.3 鱼用饲料加工机械

2.3.1 鱼用饲料的发展特征

随着我国水产养殖业的迅速发展，网箱、流水和工厂化养殖等集约化养殖和池塘精养得到了很大的发展。饲料是鱼类养殖的物质基础，在鱼类养殖，尤其是在集约化养殖中的地位举足轻重。我国的鱼用饲料生产正朝着现代化方向拓展。鱼用饲料现代化特征主要表现在如下几点。

(1) 饲料成分配合化、混合化。

(2) 饲料配方科学化。

(3) 饲料资源多样化。

(4) 饲料生产工业化和商品流通化。

(5) 饲料颗粒化。

颗粒饲料具有许多优点，在现代化养鱼生产中，已被广泛重视和采用。它在国内外的鱼虾用配合饲料中所占比重越来越大。

所谓颗粒饲料，就是采用某种机械加工的方法，对单一饲料组分或者饲料混合物进行挤压，使其通过压粒模孔，或者经辊轧，再经切割而形成的颗粒状饲料。利用加湿、加压和加热的方法，把精确配比的，有时是粉状、不适口的或难以处理的物料，加工压制成体积比粉粒大的颗粒。这种颗粒具有一定的物理特性（包括容重、硬度、含水率、粒径和水中稳定性等）。按其物理特性的不同，颗粒饲料可分软颗粒饲料、硬颗粒饲料，也可分为膨化颗粒饲料、膜颗粒饲料以及微粒饲料。同天然饲料、手工调制饲料以及其他粉状、浆状和团状饲料相比，颗粒饲料用于鱼虾养殖具有以下十大优点。

(1) 颗粒饲料提高了饲料的品质，适口性好。在颗粒饲料加工过程中加热、加压，使淀粉部分熟化，酶的活性增强，提高了饲料的营养价值。制粒解决了粉料利于消化吸收但适口性差的矛盾。

(2) 可根据不同饲养对象和需要，选择较理想的饲料形态和尺寸，提高鱼虾摄食强度（即摄食量）和速度，减少鱼虾摄食时间。

(3) 减少饲料粉尘、水溶性营养成分的散失，从而减少饲料损失，降低饲料系数，有利于发展高密度饲养，并减少饲料对水质的污染。

(4) 可使饲料具有全价性，避免鱼虾挑食。

(5) 能适应各种不同配方的饲料加工，扩大饲料来源。

(6) 压制颗粒饲料时，通过采用较高的温度、压力，可以减少或消灭各种细菌及破坏饲料中某些有毒因子，还可以加入药物防治鱼病，有效提高鱼虾成活率。

(7) 颗粒饲料便于包装、储运，不易变质腐败，有利于商品流通化。

(8) 颗粒饲料的大小和比重均匀，运输过程中不会分层，故可保持饲料的均一性。

(9) 颗粒饲料可调剂市场，四季均衡供应。

(10) 适于机械化、自动化投饲。

可以说，颗粒化是鱼用配合饲料的一种必然发展趋势，它集中了饲料现代化的全部特征。虽然工业化生产的颗粒饲料同传统饲料相比价格偏高，但由于鱼虾养殖回报高，渔民们可以从中获得较高的经济效益，因此越来越受到鱼虾养殖行业的欢迎和重视。

2.3.2　鱼用饲料的加工工艺流程

鱼用饲料的加工方法可分为化学、生物、物理加工方法三类。其中物理加工方法是目前养鱼生产中所使用的主要方法，包括切细、粉碎、浸泡、烘干、蒸煮、混合、变形和压粒等。物理加工方法正朝着机械化、自动化方向发展，以代替笨重、低效的人工调制方法。

配合饲料的加工工艺流程安排必须符合以下几个要求：具有良好的物料加工适应性和灵活性；设备系统配套合理、紧凑；工艺流程相对完备又不出现重复工序；加工产品准确、质量稳定；技术经济指标先进、合理，并能够安全投入生产。合理安排工艺流程是一件十分复杂的技术工作。要完全符合上述各项要求，难度很大，必须因地制宜。配合饲料的加工工艺流程一般由以下六个主要工序组成：清理工序、计量配料工序、粉碎工序、混合工序、压粒工序和包装工序。其中，最基本的工序是粉碎、计量配料和混合。配合饲料的加工工艺流程如图 2-1 所示。

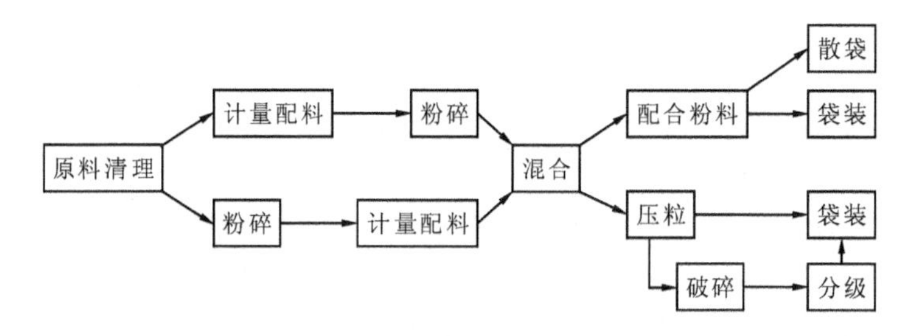

图 2-1　配合饲料的加工工艺流程

2.3.3　鱼用饲料的加工机械

现代养鱼生产中的饲料加工机械主要可分以下几类。

(1) 原料清理设备，包括各种除杂、去石、除铁设备。

(2) 饲料粉碎机械，有粉碎机、微粉碎机和超微粉碎机等。

(3) 青饲料切碎、打浆机械。

(4) 饲料混合机械。

(5) 颗粒饲料加工机械，包括饲料压制机、颗粒饲料膨化机、膜颗粒机、颗粒破碎机和微颗粒饲料加工装置。

(6) 其他机械，包括计量配料装置、分级筛、颗粒饲料油脂喷涂设备、输送机械、包装机械。此外，还有轧螺蚬机、秸秆处理机等。

1. 原料清理设备

为了安全生产，避免粉碎机、压粒机等机件受到混入物料中的沙石和金属杂质的损坏，并且不使杂质(特别是含铁杂质)被鱼虾误食而受伤害，在物料进入粉碎机等设备进行加工之前，应对原料进行筛选，将原料中混入的麻纱、沙石、金属等杂质去除。常用的设备有除杂筛和磁选装置)特别是磁选装置更是饲料加工厂和饲料加工机组中一项不可缺少的辅助设备。

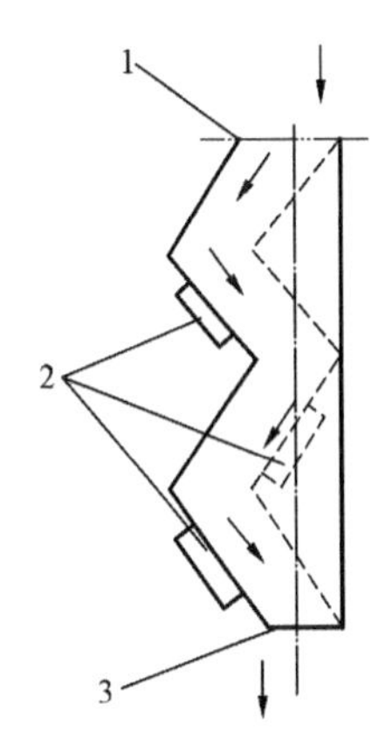

图 2-2　QZY 系列"之"字形磁选器

1—进料口；2—磁体；3—出料口

磁选装置是利用饲料与铁磁性金属杂质在磁化率上的差异来清除含铁杂质的，其种类较多。结构较简单的如溜管磁选器，在倾斜的送料溜管上侧或下侧安装磁性很强的磁体若干。在"之"字形磁选器内，物料流经每一块磁体(安装在溜管左右面)，如图 2-2 所示，都随设备内壁转过一个角度再流向下一块磁体。为使物料能流畅通过，谷物用溜管的最小倾斜角为 25°，粉料用溜管的最小倾斜角为 55°～60°。倾斜角过大，对铁杂质拦截的能力会减弱。各块磁体均可向外摆动以便于清理。

比较完善的除铁装置有永磁滚筒磁选机和永磁筒。

永磁滚筒磁选机如图 2-3 所示。滚筒由不锈钢板或铜板永磁滚筒和固定不动的半圆形磁芯组成。该装置使用寿命长，磁选效率较高(＞98%)。如进料口和出料口相距较远，可配置带式滚筒磁选机(见图 2-4)。

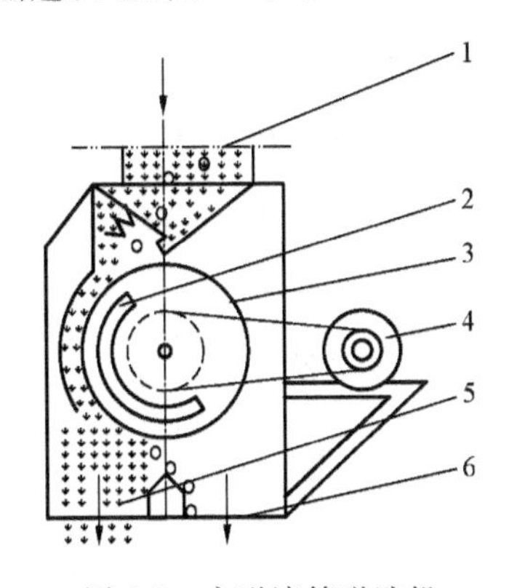

图 2-3　永磁滚筒磁选机

1—进料口；2—磁选组；3—转鼓；
4—电动机；5—净料出料口；6—铁质出料口

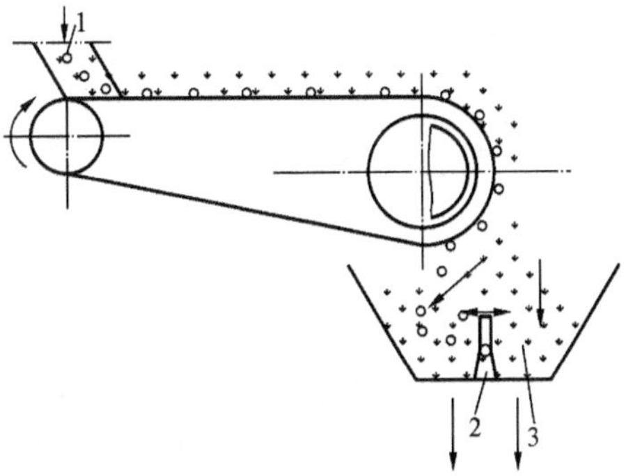

图 2-4　无磁性带式滚筒磁选机

1—进料口；2—铁质出料口；3—净料出料口

永磁筒由内、外筒两部分组成(见图 2-5)。内筒即磁体，用钢带固定在外筒门上。磁体由 64 块永磁铁和 6 块导磁板组装而成，其磁极极性沿圆柱体表面轴向分段交替排列。工作时，物料由进料口落到内筒锥顶表面，并沿磁体外罩表面滑落，其中铁质密度较大，在重力、弹跳力、磁场力作用下沿磁体表面向下滑落。下落时，每经一个磁极都将翻转一次，可排除铁杂质

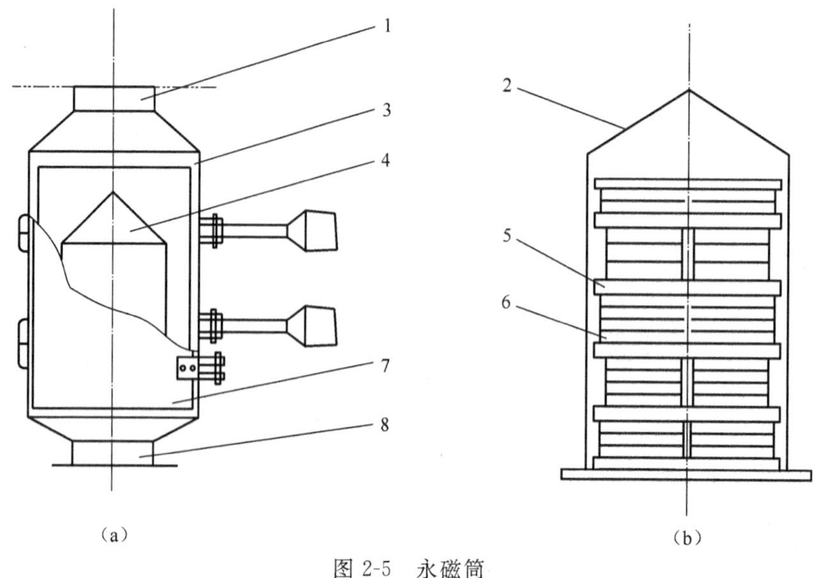

图 2-5　永磁筒

(a) 总体结构；(b) 磁体

1—进料口；2—不锈钢外罩；3—外筒；4—磁体；5—导磁板；6—永磁铁；7—外筒门；8—出料口

与磁筒之间所夹物料，铁质最终被磁体吸住，而非磁性的物料则从出料口排出。

2. 饲料粉碎机械

饲料粉碎方法很多(见图 2-6)，基本上可分为压碎、锯切碎、磨碎和击碎四种。粉碎机的粉碎作业常是以一种粉碎方法为主，辅以另一种或两种以上的方法综合进行。饲料粉碎的目的，首先是增加饲料表面积，使饲料与消化酶接触面增加，有利于鱼虾、畜禽消化吸收；其次，原料经粉碎后，各种配料容易均匀混合。合适的粉碎度能促进饲料在制粒时的糊化、软化，有利于提高制粒效率与质量，从而提高饲料的商品价值。

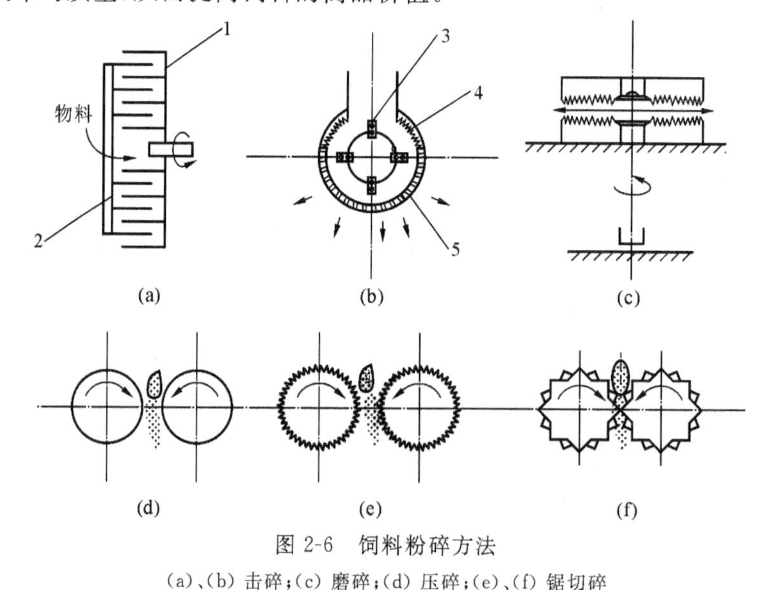

图 2-6　饲料粉碎方法

(a)、(b) 击碎；(c) 磨碎；(d) 压碎；(e)、(f) 锯切碎

1—动齿盘；2—定齿盘；3—锤片；4—齿板；5—筛片

1) 锤片式粉碎机

(1) 结构和工作原理　锤片式粉碎机是目前应用最广泛的饲料粉碎机。粉碎机一般由喂

料斗、转子、锤片、大齿板、小齿板、筛片、送料风扇、输料管等组成，外接集料筒。粉碎室由转子、锤片、大齿板、小齿板和筛片等组成(见图 2-7)。

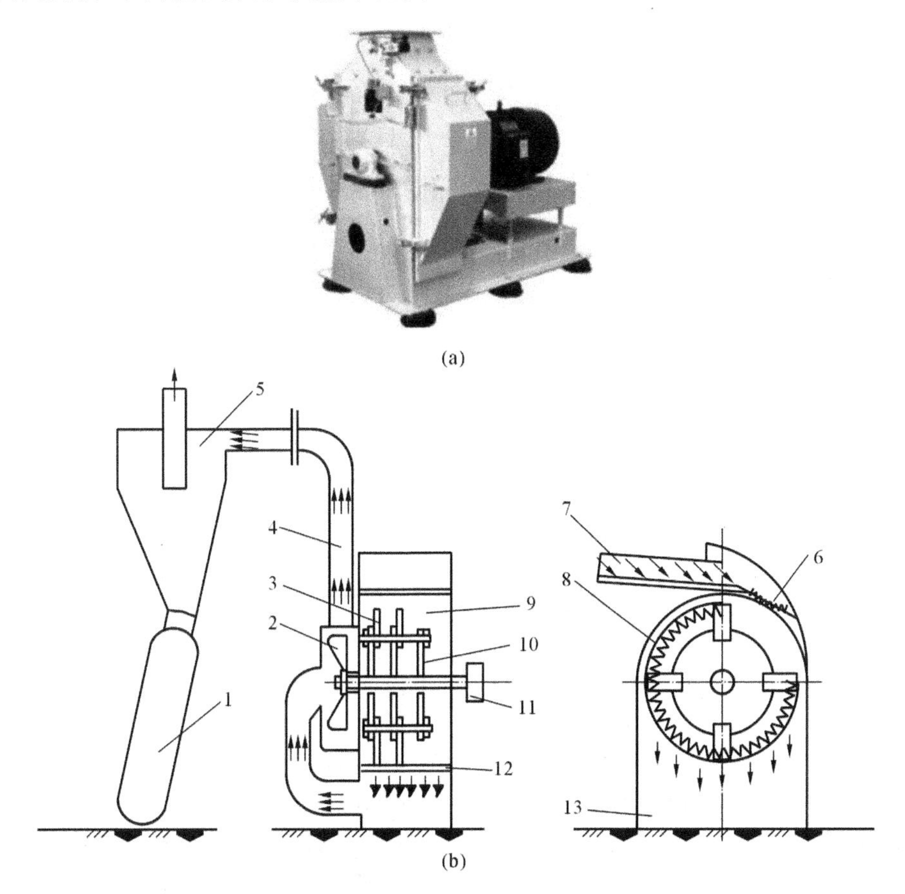

(a)

(b)

图 2-7　锤片式粉碎机

(a) 外观；(b) 结构

1—集分筒；2—送料风扇；3—锤片；4—输料管；5—集料筒；6—小齿板；7—喂料斗；8—大齿板；9—粉碎室；10—转子；11—带轮；12—筛片；13—机体

当物料由喂料斗喂入后，受到线速度为 60～90 m/s、高速旋转的锤片的锤击，又与机体内部的大、小齿板相撞击。物料间的撞击、摩擦以及筛片对物料的摩擦、刮削作用，使得物料逐渐被粉碎。碎屑通过筛孔排出，被吸进送料风扇内，再被吹入集料筒。

粉碎机按进料方式可分为切向进料、轴向进料和径向进料三种形式。

图 2-7 所示为切向进料圆筛式锤片式粉碎机。物料随锤片回转，沿圆的切线方向喂入，筛片配置在粉碎室的底部。这样布置排粉过筛容易，但筛子易损坏。

图 2-8 所示为侧筛式粉碎机，其筛片寿命可延长，可把风机装在机体内，省去管道，这样结构紧凑，但生产效率较低，能耗较高。可以通过增大风压、提高真空度等措施，加快排料，有效提高生产率。

锤片式粉碎机通用性强，可粉碎谷物和含粗纤维的粗饲料，并适用于加工湿度较高的物料，物料粉碎度较容易控制。加工过程由于风机的作用，饲料温升不高，从而工作部件较耐用，工作可靠，结构紧凑，且生产率较高。但主轴转速高，能耗大。成品粒度的均匀度较差，粉末多，但作为鱼用颗粒饲料的原料是无妨的。

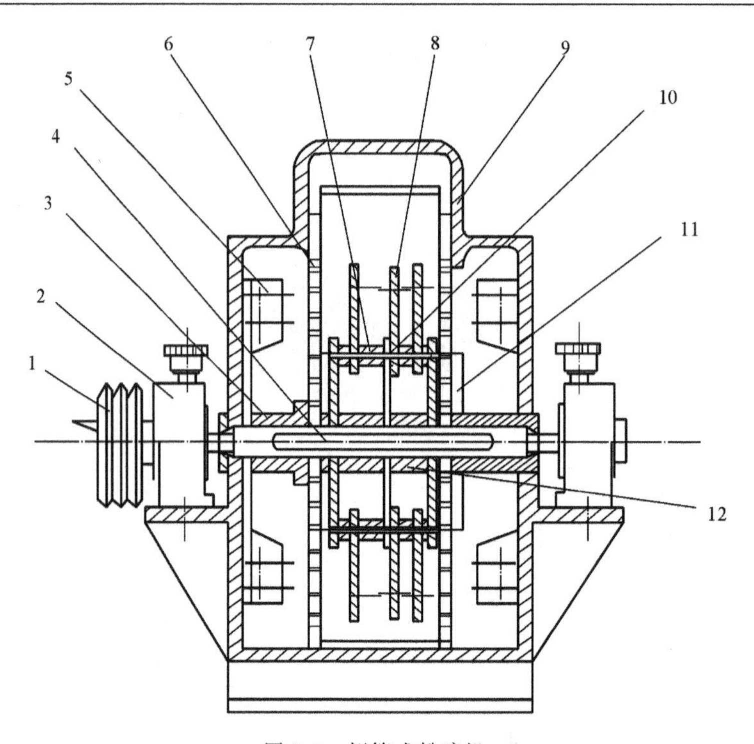

图 2-8　侧筛式粉碎机

1—带轮；2—轴承座；3—防漏环；4—主轴；5—风机；6—筛架；7—定距套；
8—锤片；9—机壳；10—销轴；11—锤架；12—锤架定距套

劲锤式粉碎机的结构与锤片式的类似，不同之处是其锤片不是用铰接销连接，而是固定安装在转盘上的。劲锤式粉碎机转盘上间隔安置了长锤和短锤各一对，并设有外齿圈（固定在侧盖上）和内齿圈（固定在机体上），如图 2-9 所示。该机型粉碎能力强，物料粉碎较细，但振动较剧烈，机器制造工艺较复杂，而且一旦物料混入金属杂质或石子，就可能损坏机件。

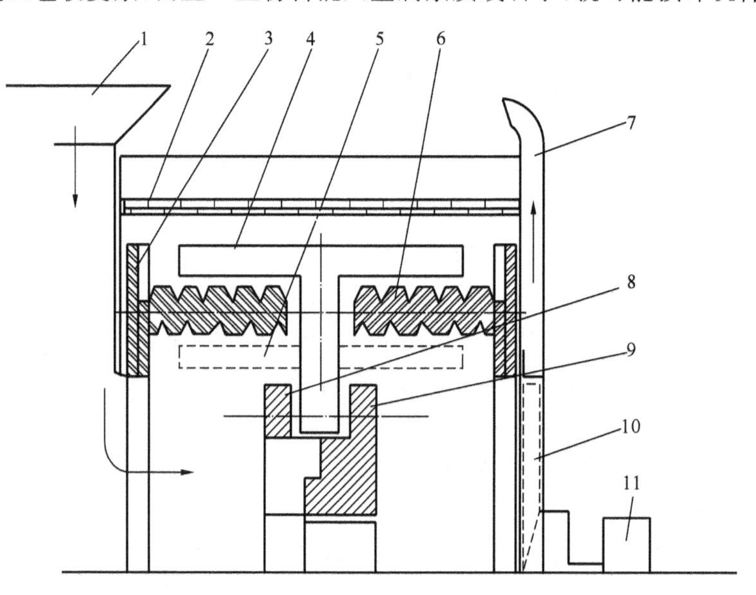

图 2-9　劲锤式粉碎机长、短锤配置

1—进料斗；2—筛圈；3—内齿圈；4—长锤；5—短锤；6—外齿圈；7—送风管；
8—压圈；9—压盘；10—风机；11—带轮

（2）冲击粉碎机理与理论 锤片式粉碎机采用无支承粉碎方式。过去，人们认为物料进入粉碎机进料口附近即被锤片击中、破碎，并以高速冲向齿板和筛片，加速粉碎。近年来国内外学者采用高速摄影的手段进行粉碎试验，对冲击粉碎机理有了新的认识。观察表明，单粒玉米粒喂入粉碎室后，首先被锤片旋转时产生的气流所带动，之后在大多数情况下，玉米粒受到的是偏心冲击，在冲击点与玉米粒重心之间会产生一个旋转力矩，旋转运动变成热能损失掉，玉米粒边缘处稍有破裂，线速度稍增，而不破碎。玉米粒受到正面冲击的机遇较少，但只有这时，玉米粒才会碎成大小不等的碎渣。而群体玉米粒进入粉碎室时，在锤片冲击作用和锤片高速回转时所产生的气流作用下，粉碎室四周会出现物料环流（气流）层，这将降低冲击作用，增加摩擦功耗。粗粒由于具有较大离心力，会紧贴在筛片表面；细粒则处于环流内层，难以及时从筛孔排出，从而会增大功耗，并且降低锤片、筛片和齿板对颗粒的冲击效果，同时使粉末增多，产品均匀度降低。

试验表明，锤片式粉碎机的工作主要由两方面作用构成：一方面是锤片对饲料的正面冲击作用；另一方面是锤片、筛片、齿板和饲料以及饲料和饲料之间相互摩擦、搓蹭作用。因此，要提高锤片式粉碎机的生产率，首先要提高筛片过筛能力，克服其排粉效率低于粉碎效率的缺点；其次，在结构设计上应尽可能破坏物料环流层，使细粒能及时排出，增大粗粒受冲击的几率，避免无意义的过度粉碎。

研究粉碎理论的作用：一是确定用外力破碎物料时所做的功；二是分析研究影响冲击粉碎效果的主要因素和提高粉碎效率的途径。

影响冲击粉碎效果的因素十分复杂。当今对冲击粉碎过程的研究还很不充分，现有的几种冲击粉碎理论，都不能全面反映各种因素的影响。因此，至今还没有一个被普遍公认的理论。

（3）双转子粉碎机 单转子粉碎机虽然结构简单，但锤片对物料实际打击效果差，故粉碎效率不高。图 2-10 所示为日本横山工业公司生产的两种类型的双转子粉碎机，粉碎效率较高。该公司生产的双转子粉碎机，转子直径为 490～1000 mm，宽度为 190～750 mm，转速可在 1300～3200 r/min 范围内调节。

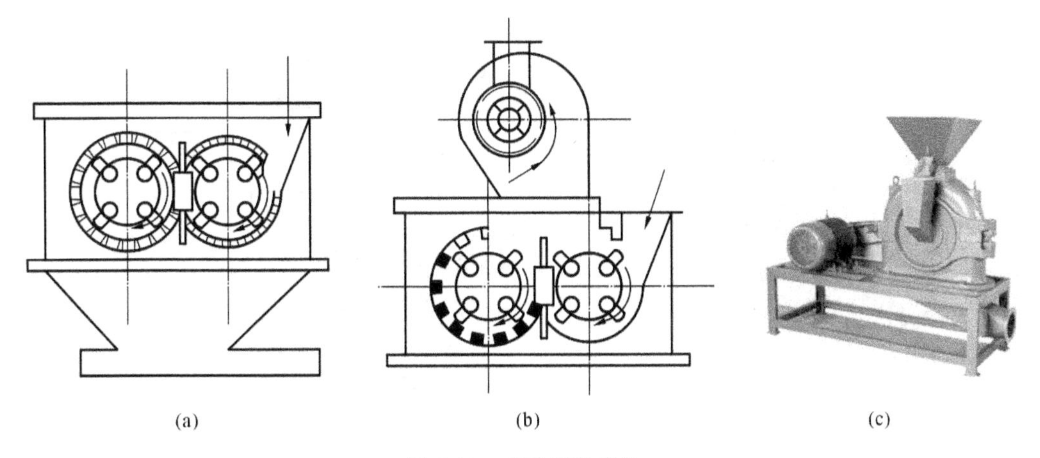

图 2-10 双转子粉碎机

(a) 底部卸料式；(b) 无筛式；(c) 外观

底部卸料式双转子粉碎机的方形机壳里装有两个相通的粉碎室，它们各自都有锤片和转子。第一个粉碎室下部筛片包角约为 165°，顶部矩形齿板包角为 100°。第二个粉碎室筛片包角为 250°,齿板包角为 70°。两个转子的旋转方向相同。饲料进入第一个粉碎室,先受到第一个转子的打击,然后进入第二个粉碎室,此时饲料运动方向正好与第二个转子的锤片的转向相同,打击作用大为增强。细粉粒穿过筛孔,由底部排出。

无筛式双转子粉碎机和前者的区别是取消了筛板而代之以齿板,并在机壳顶部安装了筐笼和吸气风扇,利用气流分选法来代替筛选法。工作时,吸气风扇将粉碎室内的空气通过筐笼向上吸走。气流保持稳定的速度和压力,并可调节。粉碎室内合乎要求的细粉粒将被气流吸走,通过筐笼和风机排出。筐笼起滤网作用,防止飞溅出来的粗粒饲料混入风机,从而被留在粉碎室内继续被粉碎。

我国研制成功的 9JMF-55 型双转子无筛(或有筛)粉碎机,即属于此类机型。它的转子上还设有一套小锤片,既可增强粉碎冲击和摩擦效果,又能控制粉碎粒度,有利于对粗纤维含量高的牧草、秸秆类物料进行粉碎、分级。

(4) 立轴式反射型粉碎机　它由喂料斗、粉碎室、锤片和排料风扇等组成(见图 2-11)。喂料斗设在粉碎室的侧壁,底部设喂料螺旋。粉碎室的顶部有筒形筛、排料风扇和出料口。粉碎室侧壁有一环形辅助进气口,其作用是引入少量空气以改变粉碎室内气流的流动方向,使粉碎过的饲料分离出来。粉碎室底部中央有一圆形主进气口。工作时,大部分空气由此进入粉碎室。要求主进气口处的气流速度大于饲料的悬浮临界速度,但小于金属、石块等杂质的悬浮临界速度。这样,粉碎室内的饲料不致由此散落,而混杂在饲料内的杂质却能顺利地从此口中排出,锤片又不致被一层粉碎了的饲料环流层所包围,从而提高粉碎效率。饲料喂入粉碎室,受到锤片的打击而粉碎。这时,从主进气口流进的气流就夹带着这些粉碎的饲料沿粉碎室的内壁向上升,经过辅助进气口时,即产生旋涡,再流向筒形筛。符合粉碎要求的细粒饲料穿过筒形筛由出料口排出。粗粒回落,再度被粉碎。成品粉碎粒度的控制靠调节气流量和更换筒形筛的办法来实现。

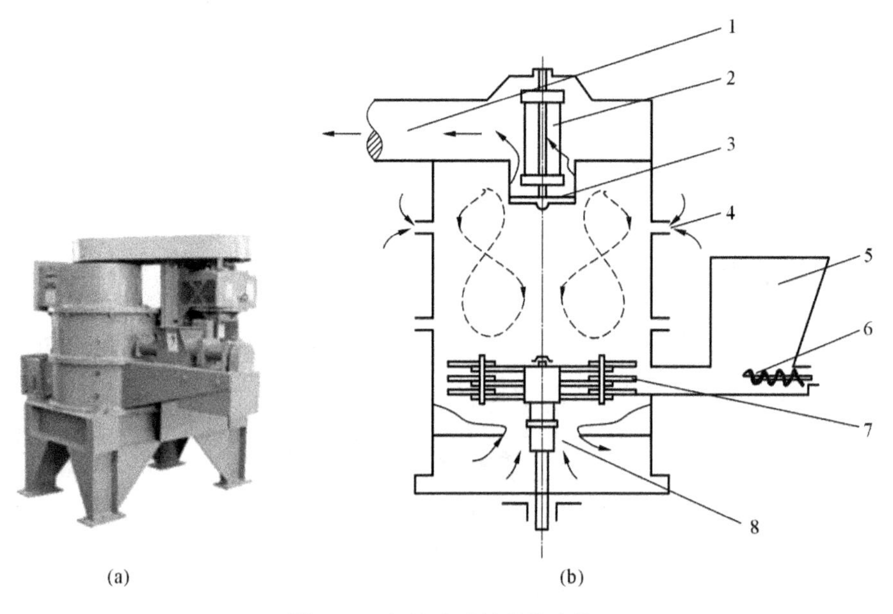

图 2-11　立轴式反射型粉碎机

(a) 外观;(b) 结构

1—出料口;2—排料风扇;3—筒形筛;4—环形辅助进气口;5—喂料斗;6—喂料螺旋;7—锤片;8—圆形主进气口

2）爪式粉碎机

爪式粉碎机的结构和工作原理如下。

爪式粉碎机是靠高速转动的动齿盘上的动齿爪来进行物料粉碎的。工作时，物料由进料管通过控制闸板借自重轴向进入粉碎室。首先，物料被动齿爪剪切并被打进动齿爪与定齿盘上的定齿爪的工作间隙内，然后被抛向四周。在抛甩过程中，物料继续受到动、定齿爪的撞击、搓擦作用，颗粒逐渐被粉碎成细粉粒。高速转动的动齿盘形成的风压作用，使细粉粒穿过筛片上的筛孔而排出，较大的颗粒仍留在粉碎室内，继续被粉碎。

粉碎机（见图2-12）由进料系统、粉碎系统、出粉系统三个系统组成。

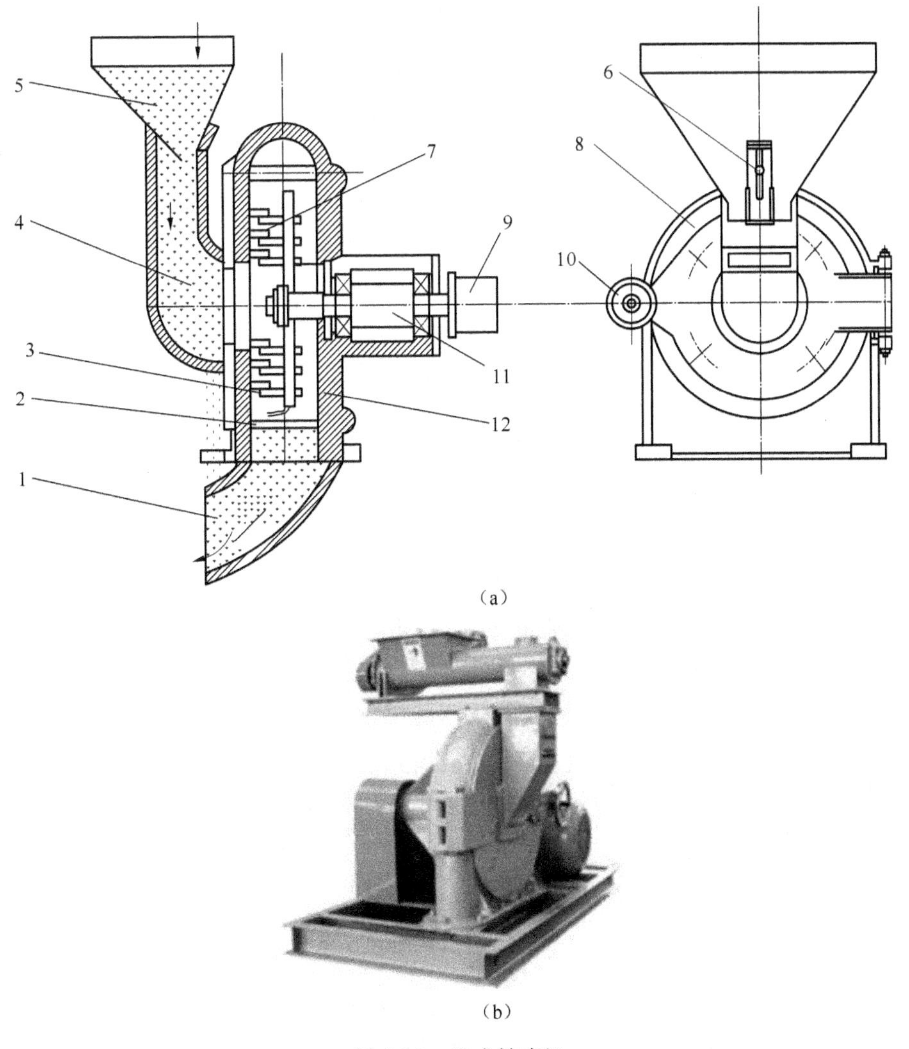

图2-12 爪式粉碎机

(a) 结构；(b) 外观

1—出粉管；2—筛片；3—定齿盘；4—进料管；5—盛料斗；6—控制闸板；7—动齿盘；8—粉碎室盖板；9—带轮；10—压紧手轮；11—主轴；12—机体

粉碎机的部件包括机体、主轴、动齿盘、定齿盘、筛片等。机体、定齿盘和粉碎室盖板均用灰铸铁HT200制成。定齿盘面铸有2～3圈共16～28个定齿爪，其内、外两侧铸成弧形凹槽（见图2-13），对饲料具有剪切作用。

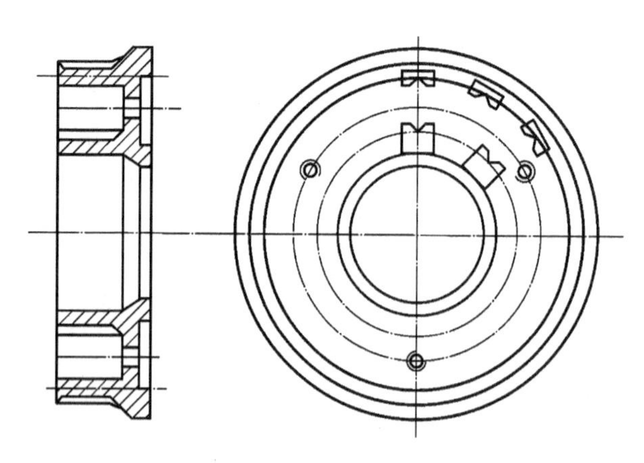

图 2-13　定齿盘

定齿盘、粉碎室盖板与进料部分用螺钉紧固在一起，它们可以绕一纵轴转动，打开粉碎室，以便观察、排除故障和清理粉碎室。经验表明，如取下定齿盘不用，对粉碎机的生产率影响不大，但此时粉碎物料会直接撞击筛片，使筛片寿命大为缩短。

动齿盘由齿盘、扁齿、圈圆齿等组成。动齿盘最外圈装有 4～5 只扁齿，内侧装有 2～3 圈圆齿，共 8～12 只，均用 45 钢制成，其工作面经热处理，硬度为 40～48HRC。动齿盘组装后，必须进行静平衡试验。动齿盘转速为 3000～5600 r/min。

筛片用薄钢板冲孔制成，呈圆筒状，两侧插装在筛圈的环形槽内，更换、装拆方便。

动齿盘的扁齿外缘与筛片间的径向间隙为 18～20 mm，此间隙过大会导致反料，将细粉吸入，或堵塞筛孔，使粉碎效果下降。筛片的筛孔直径为 0.5～3.5 mm，共有 12 个规格。

爪式粉碎机现已系列化，动齿盘最大直径 D 有 270 mm、310 mm、330 mm、370 mm 和 450 mm五种，粉碎室宽（动、定齿盘端面之距）B 在 45～80 mm 范围内。

爪式粉碎机体积小，质量小，饲料成品粒度细，粉尘少；但转速高，功耗大，齿爪易磨损和损坏，工作可靠性差，对多纤维的干饲料尚不能很好适应，工作时噪声也较大，现常用于饲料二次粉碎工艺中的二级粉碎。

3. 青饲料加工机械

青饲料是指新鲜的、含水量高的农作物和水生植物的根、茎、叶、果，如绿肥作物茎秆、薯藤等。它们是植物蛋白的重要来源，其增产潜力很大。利用青饲料养鱼，是我国养鱼业的传统，可就地取材，加工方便，成本低，营养价值高，鱼爱吃。适于水产养殖场使用的青饲料切碎机、打浆机主要有以下几种。

1）立轴多尖刃式青饲切碎机（三水打浆机）

图 2-14 所示为 Q-250 型青饲切碎机。在立轴上端装有一个旋转滚筒，滚筒的上端面和侧面各装有十多把尖刃刀，即动刀。在料筒内壁也相应安装若干尖刃刀，即定刀。尖刃刀采用中碳钢经淬火处理。滚筒上方的喂料斗很大，加料方便。滚筒转速为 1000～2000 r/min，刀尖最大回转直径为 300 mm，功率为 0.75～2.2 kW。壳体为圆桶形，用 2 mm 钢板焊成，内径为 315 mm。被打碎的浆料被刮板刮到排料口而排出。切碎程度可用活门调节。此类机型适用于加工含水量高的青饲料，如水浮莲、水花生、水葫芦等，也可加工浸泡过的黄豆。加工水葫芦的生产率为 1500 kg/h，加工藤蔓的生产率为 750 kg/h，但不大适用于加工纤维质含量多及坚硬的饲料。该机器结构简单、功耗小。

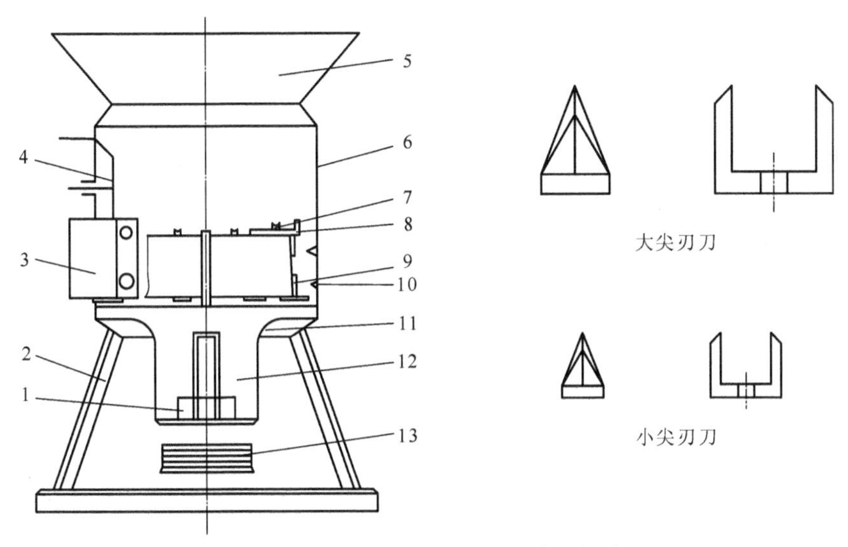

图 2-14　Q-250 型立轴多尖刃式青饲切碎机

1—轴承；2—支架；3—排料口；4—活门；5—喂料斗；6—壳体；7—大尖刃刀(动刀)；8—刮板；9—小尖刃刀(动刀)；10—小尖刃刀(定刀)；11—止推轴承；12—底座；13—带轮

2）立轴转刀式青饲切碎机

立轴转刀式青饲切碎机(见图 2-15)的主要部件是转子，它上方安装了两把立刀、两把拨料刀，中间装有 3 排共 9 把动刀，每排错开 120°安装。圆筒形机壳内壁上相对于动刀的位置安装了 3 排共 6 把定刀。刀具材料为 65Mn，热处理后硬度为 50～55HRC。动、定刀切割间隙保持在 2～3 mm。拨料刀除有切碎作用外，还可拨动喂入的饲料，以加速进料。喂料斗呈漏斗状，以减少物料从切碎室向上喷料。饲料在切碎室内自上往下流动，并不断受动、定刀切割。在排料口处设挡板(活门)。当出口被部分挡住时，出料较慢，饲料被切得细碎些。当出口大部分被挡住时，饲料可以被打成浆状。9D-400 型青饲切碎机便属此类设备。

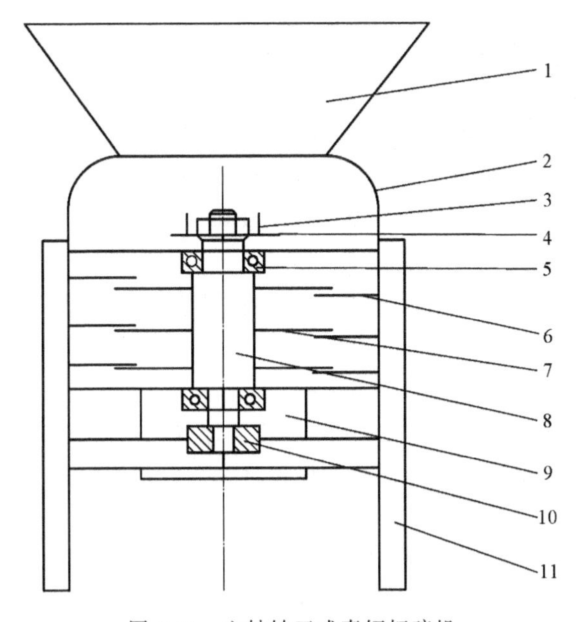

图 2-15　立轴转刀式青饲切碎机

1—喂料斗；2—立筒；3—立刀；4—拨料刀；5—轴承；6—定刀；7—动刀；8—主轴；9—排料口；10—带轮；11—机架

3）卧轴销连刀片式青饲切碎机

切碎机由转子、机架、喂料斗、排料口及动力部分组成(见图 2-16)。转子部分与锤片式粉碎机转子有些相似。转子主轴上等距地固定了 4 个十字架,十字架外端的 4 个圆孔各用一根圆钢穿过固定,圆钢上套有若干隔套和刀片。刀片销连接在四根圆钢上,并按螺旋线排列成四组。刀片的前面与转轴呈一角度,在切碎过程中物料会做轴向移动,直至被排料板排出机体外。刀片回转外圆与机壳内壁间隙不大于 5 mm。为增强对物料的切割作用,机壳内壁装有阻击肋。该切碎机结构简单,使用方便,生产率高,适应性好。但因刀片对物料有一定锤击作用,会造成多汁饲料的浆水流出,影响饲料质量。9FCQ-39 型青饲切碎机即属于此类机型。

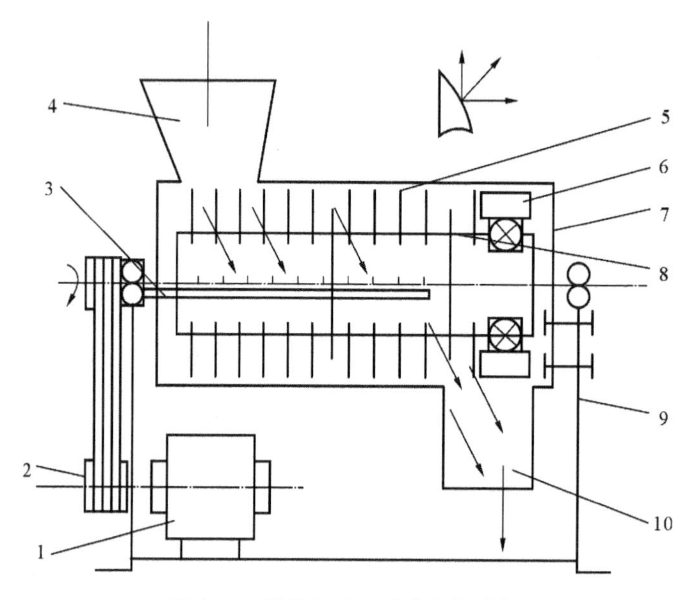

图 2-16　卧轴销连刀式青饲切碎机

1—电动机;2—带轮;3—转轴;4—喂料斗;5—刀片;6—排料板;7—粉碎室;8—刀轴;9—机架;10—排料口

青饲料打浆机与青饲切碎机没有很严格的区分。一般来说,打浆机是周期性作业,打完一份青饲料,将浆料排出后,再打第二份,而切碎机是连续作业。切碎机多用来加工含纤维较多的青饲料,打浆机多用来加工含水分较多的青饲料。打浆机加工的饲料被切碎打烂成草浆,有时加工时还要加水,饲料大部分被混合在水中,呈浆状。而切碎机一般只切碎而不打烂成浆。在实际生产中,二者往往混用。

为保障农、牧、渔民的安全生产,打浆机和切碎机的设计和制造应严格符合有关安全技术要求。否则,不允许生产和销售。

4. 饲料混合机械

对于混合饲料生产,一般所说的混合主要是指固体物料之间的相互混合,也可以加入少量液体物料或蒸汽。用于实现物料混合作业的机器称为混合机。

对饲料混合机的基本要求如下。

(1) 混合均匀度高,卸料时机体内饲料残留量低。

(2) 最佳混合时间短,装料、卸料快,生产效率高。

(3) 结构简单,操作、维修保养方便。

(4) 功耗较低,并能适应满载启动。

混合机种类繁多。按物料流动状态不同,可分为分批式混合机和连续式混合机。分批式混合机主要是与分批式计量配料器配套,各种饲料组分按配方比例分批计量配合后再送入周期性工作的混合机分批混合。它也可以与连续式计量配料器配套。分批式混合机操作较频繁,但混合质量较好,易于控制,目前在大、中型饲料厂应用广泛。

连续式混合机与连续计量配料器配套,各种饲料组分可同时、分别地连续计量,按配方比例配合成有各种组分的物料,在混合机内连续不断地混合,混合后的物料不停地从出口排出。因此,在连续混合时,物料除了要完成扩散和对流运动外,还应保持一定的流动方向和流动速度。常见的连续式混合机有水平搅拌杆型、绞龙型和行星搅拌器型三种。

(1) 水平搅拌杆型连续混合机(见图 2-17),其搅拌器是由一段螺旋面和两段桨叶片组成的间断螺旋面,其物料混合均匀度可达 CV<10%。

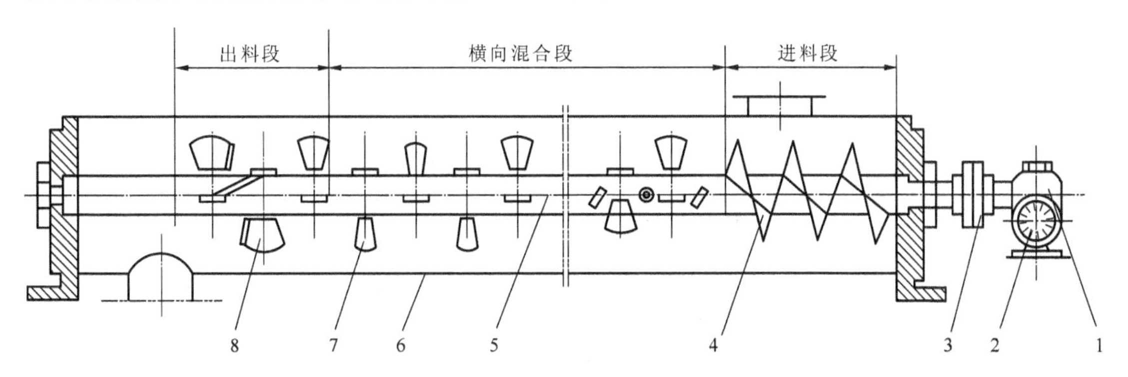

图 2-17　水平搅拌杆型连续混合机

1—减速器;2—电动机;3—联轴器;4—绞龙;5—搅拌轴;6—壳体;7—窄桨叶片;8—宽桨叶片

(2) 绞龙型连续混合机(见图 2-18),搅拌器由绞龙叶片和反向桨叶组成,它具有较好的混合性能,适于湿度较高的物料的混合,但混合室长度较大,为 3～4 m。

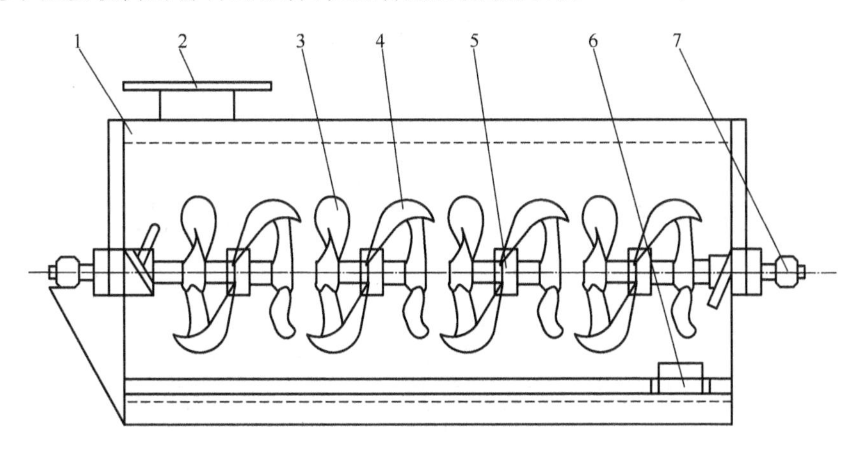

图 2-18　绞龙型连续混合机

1—机体;2—进料口;3—反向桨叶;4—绞龙叶片;5—搅拌轴;6—排料口;7—轴承座

(3) 行星搅拌器型连续混合机(见图 2-19),搅拌作用强烈,混合均匀度高,CV 值可控制在 5.6%～10.8%范围内,但充满系数要严格控制在 0.4～0.5。

连续式混合机操作较简便,但更换配方时流量调节较麻烦,而且两批物料间互混问题较严重,多用于小型饲料厂。

按容器运动状态的不同,混合机可分为容器固定式与容器回转式两类。

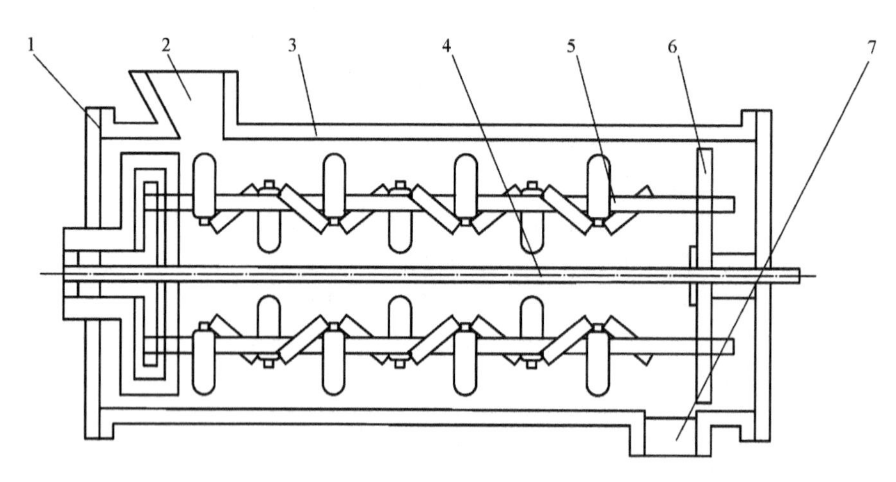

图 2-19　行星搅拌器型连续混合机

1—减速器；2—进料口；3—壳体；4—主轴；5—行星搅拌轴；6—随动盘；7—排料口

容器回转式混合机又称滚筒式混合机，其主要工作部件是滚筒，其形状、结构形式繁多，如图 2-20 所示。滚筒内一般无搅拌部件，混合过程中，通过滚筒回转把物料提升，使它超过正常的静止角，然后靠重力作用自由降落下来，如此不断翻动，达到混合物料的目的。V 形混合机是一种较常见的滚筒式混合机，也属于分批式。滚筒式混合机的均匀度较高，混合粉料时还可加入少量液体组分，但占地面积较大，混合周期长，充满系数较小(0.3)，功耗较大，在饲料厂中多用于预混合。

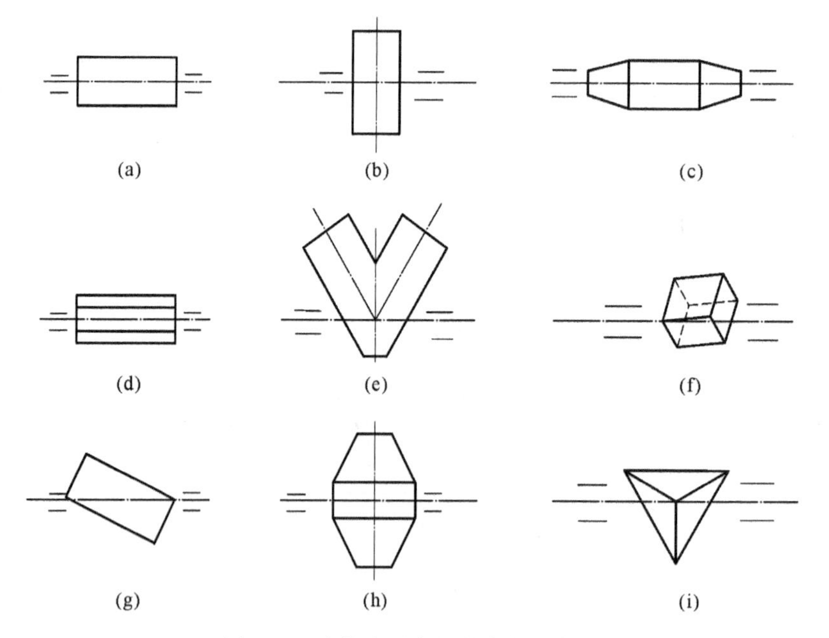

图 2-20　滚筒式混合机的滚筒示意图

(a) 水平圆柱形；(b) 垂直圆柱形；(c) 水平鼓形；(d) 多面体形；(e) V 形；
(f) 六面体形；(g) 倾斜形；(h) 垂直鼓形；(i) 八面体形

容器固定式混合机内部配有可转动的搅拌部件，其种类也是多种多样的，常见式样如图 2-21所示。混合机又可分为立式混合机(垂直绞龙式混合机)、卧式混合机和圆锥行星绞龙式混合机。圆锥行星单绞龙式混合机的结构如图 2-22(a)所示。通过曲柄的带动和齿轮的传动(见图 2-23),使绞龙在围绕锥形筒体公转的同时又进行自转,使筒内的物料既有上下混合,又有水平方向的搅动。因此行星绞龙混合机混合作用较强,混合时间短,混合质量好,较适于预混合加工。目前国内还生产有 DSH 型悬臂非对称双绞龙式混合机,其结构原理如图 2-22(b)所示,其规格有 0.5 m^3、1 m^3、2 m^3、4 m^3、6 m^3、10 m^3。

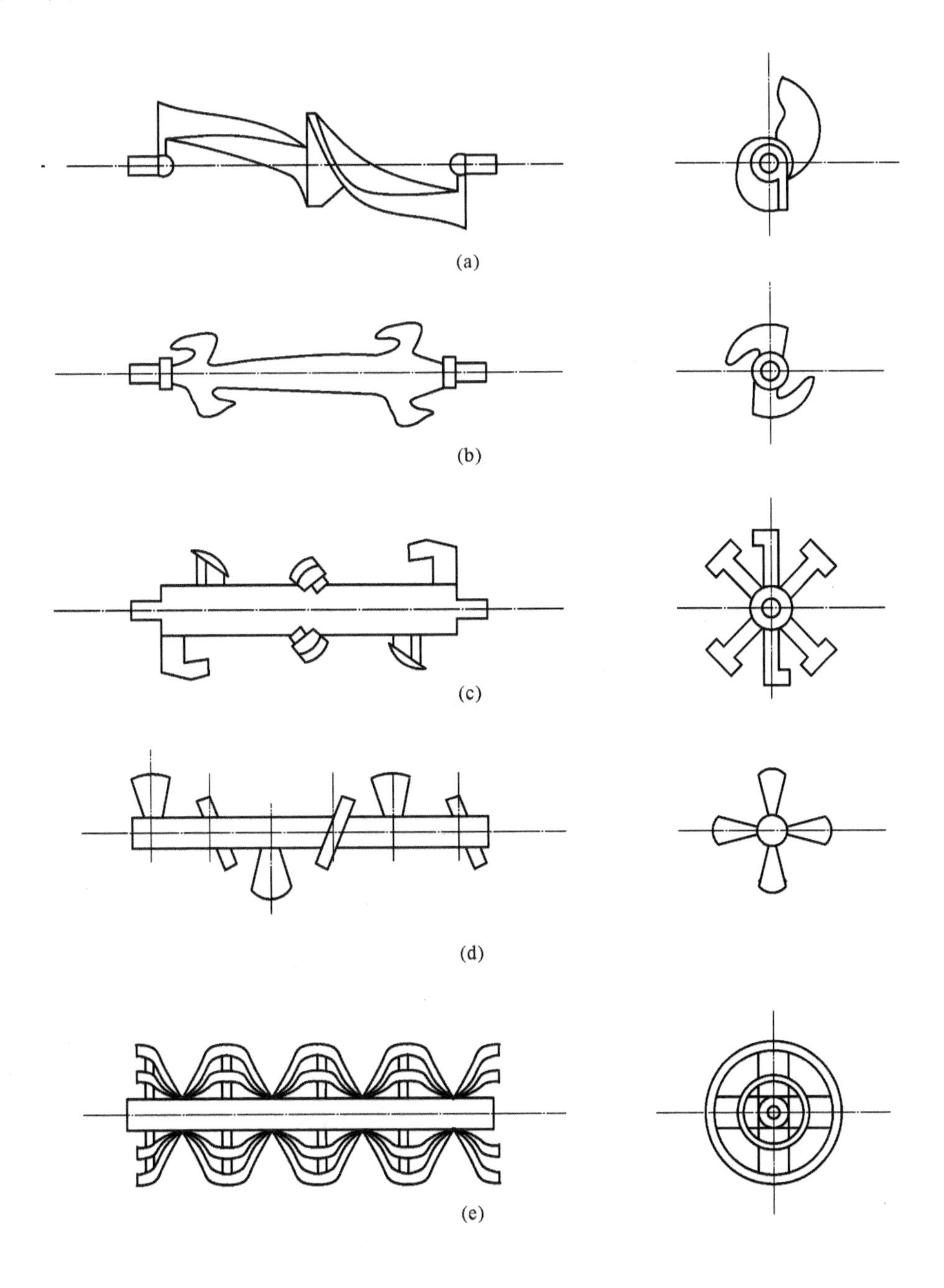

图 2-21　搅拌部件

(a) Z形;(b) 四叶片形;(c) T形;(d) 可调桨叶形;(e) 单层或双层螺带形

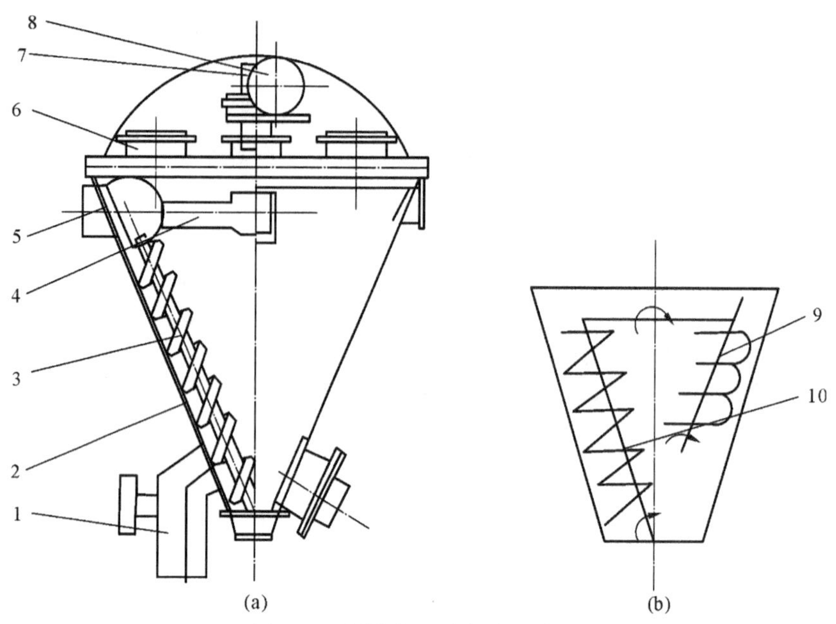

图 2-22　圆锥行星绞龙式混合机

(a) 单绞龙式；(b) 双绞龙式

1—排料口；2—机体；3—行星绞龙；4—转臂；5—耳架；6—进料口；7—减速器；8—电动机；9—短绞龙；10—长绞龙

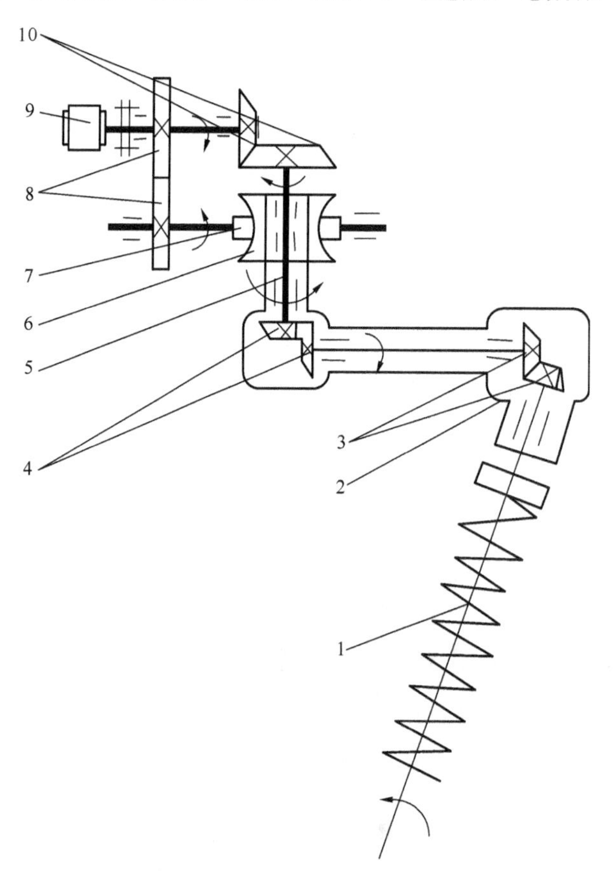

图 2-23　圆锥行星绞龙式混合机的传动系统

1—绞龙；2—曲柄；3,4,10—锥齿轮；5—空心轴；6—蜗轮；7—蜗杆；8—直齿轮；9—电动机

卧式与立式混合机种类很多，包括前述的几种连续式混合机。目前配合饲料生产最常用的还是分批卧式螺带混合机和立式混合机。它们结构较简单，又能达到较高的混合均匀度，特别是分批卧式螺带混合机生产效率较高。

5. 颗粒饲料压制机

颗粒饲料压制机分为软颗粒饲料压制机和硬颗粒饲料压制机两大类，其中硬颗粒饲料压制机是目前应用普遍、发展迅速的一种饲料压制机，国内外广为采用的是环模式和平模式两种，经加工后的硬颗粒饲料，品质显著提高。

1）硬颗粒饲料压制机的用途、特点

（1）主要用于压制含水量较低（17%～18%）的物料（又称饲料）。经烘干冷却后，颗粒成品含水量保持在11%～13%，颗粒表面光洁，有适当硬度。颗粒长径比均匀。若饲料含水量过大，则会产生糊状物，使产品质量降低，并导致模孔堵塞。

（2）加工干饲料时可加热水或过热蒸汽，使其具有凝聚性、流动性和可塑性。饲料中的淀粉通过蒸汽加温蒸煮和挤压摩擦发热的加温作用，产生部分熟化（即α化）并变软。加热还会使蛋白质黏性增加。因此，饲料中可以不添加黏合剂，饲料经制粒后，外形与理化特性将发生变化，不仅适口性变好，鱼虾摄食量增加，在水中的稳定性也会提高。

（3）饲料中最高含油量不得大于2%～3%，油分将使颗粒变软，质量下降。如需要含油量高的颗粒，可在压粒后对其表面做涂油处理。

（4）适用于轧制粗饲料。硬颗粒饲料压制机，特别是平模式机可以压制100%粗纤维饲料。这是其他形式的饲料压制机做不到的。但纤维素含量过高会使产量降低，钢模磨损加剧。

2）调质处理

压粒前，饲料中加入过热蒸汽或热水进行混合搅拌，使饲料产生部分或全部熟化，这个过程称为"调质处理"。这是压粒工艺中的一个重要手段。其作用主要如下。

（1）提供雾状水分，使粉粒表面蒙上一层薄薄的水膜，在温度、压力和机械搓擦作用下，水分很快渗入粉粒内部，从而增加饲料的流动性，减小饲料进入模孔时的摩擦力，降低主机功率消耗，延长压模和辊轮的使用寿命。

（2）加热饲料，使之熟化或半熟化，变柔软，黏性增加并具有塑性。这样既有利于压制成形，增加颗粒硬度，提高饲料的耐水性，降低粉化率，又能提高饲料的品质和产量，便于鱼虾消化，降低饲料系数。

由于水分、热量、压力和机械剪切的综合作用，造成淀粉颗粒直链、支链结构完全破坏，形成α淀粉，这个过程称为淀粉α化，亦称熟化或糊化。这是一个不可逆反应。α化提高了淀粉吸收大量水分的能力，还能够提高淀粉酶对淀粉键的破坏速度，把淀粉转化为比较简单和易溶的碳水化合物，因此，可以使其更易消化。而非熟化的淀粉颗粒（称β淀粉），只能吸收少量水分，并且不能彼此黏结。

含水量和温度是α化的主要条件，饲料含水量不能低于17%，温度一般控制在82～85 ℃。一般的规律是，纤维质多的饲料要求进机蒸汽压力大，蛋白质和脂肪比例较高的饲料则要求蒸汽压力较低。调质时间也是重要保证之一，一般需要15～20 s，有的产品还需要更长时间。

为了对饲料进行调质处理，一般在压制机上的压粒器前设置调质器(见图 2-24)，有时还在压制机前单独配置一台调质罐，对饲料进行较长时间的调质处理，以保证饲料充分熟化(见图 2-25)。

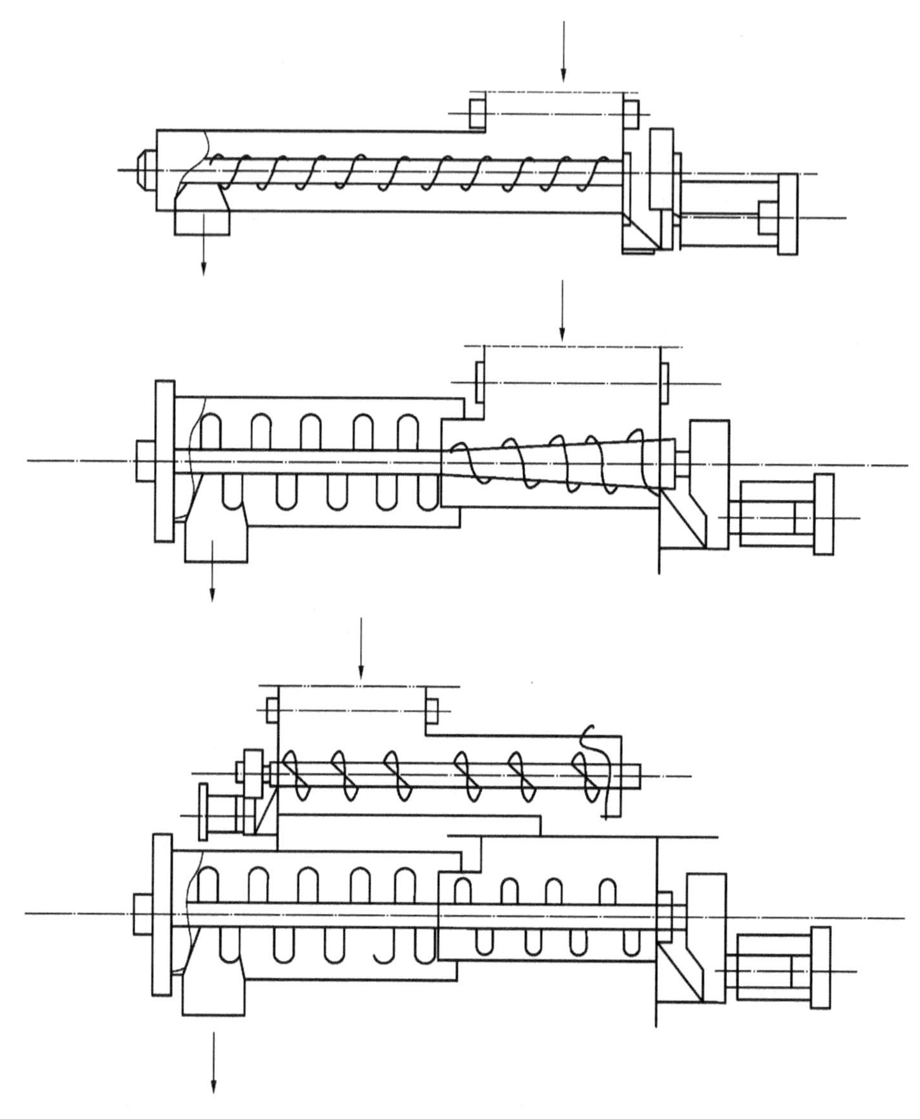

图 2-24　调质器

目前世界各国对调质处理越来越重视。为了强化调质，采用前熟化工艺、后熟化工艺或前后熟化工艺，以改善饲料制粒性能。后熟化工艺主要用于鱼虾饲料生产，其工艺流程：饲料→调质→压粒→蒸制→干燥→冷却→颗粒包装。此工艺流程与常规工艺流程的主要不同之处是压粒后增加一道蒸制工序，然后进行干燥、冷却。

3）环模式颗粒饲料压制机

压制机由动力系统、压粒机构、调质器和进料机构组成(见图 2-26)。压制机顶部是进料螺旋输送器，由直流电动机经减速器或液压马达传动，无级变速。在进料口有的还装磁选机构，以清除物料中混入的铁质异物。为了防止突然超载，滚轮架轴上装有保险销和过载保护器，可与停车装置联动。

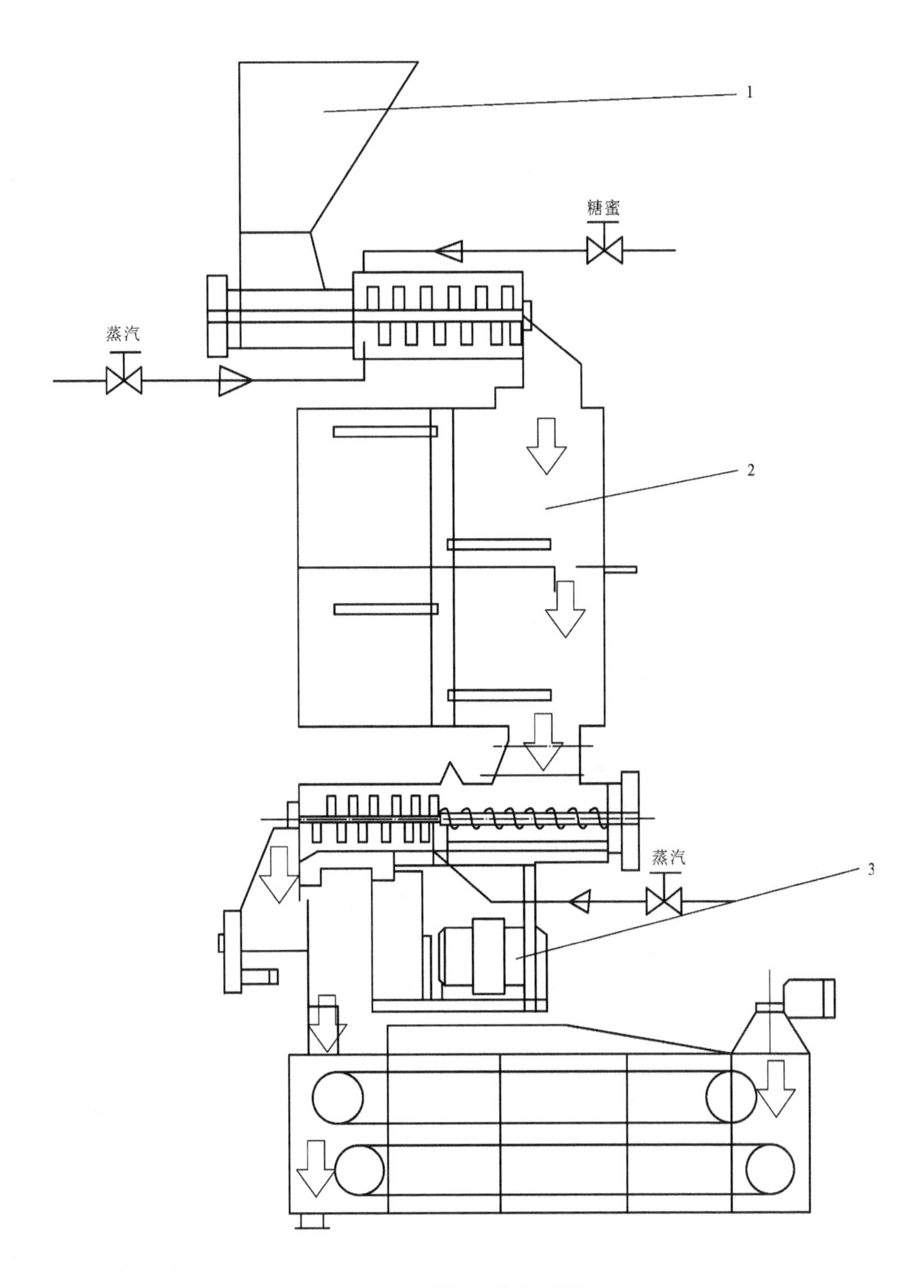

图 2-25 带调质罐的压制机

1—粉料箱；2—调质罐；3—动力系统

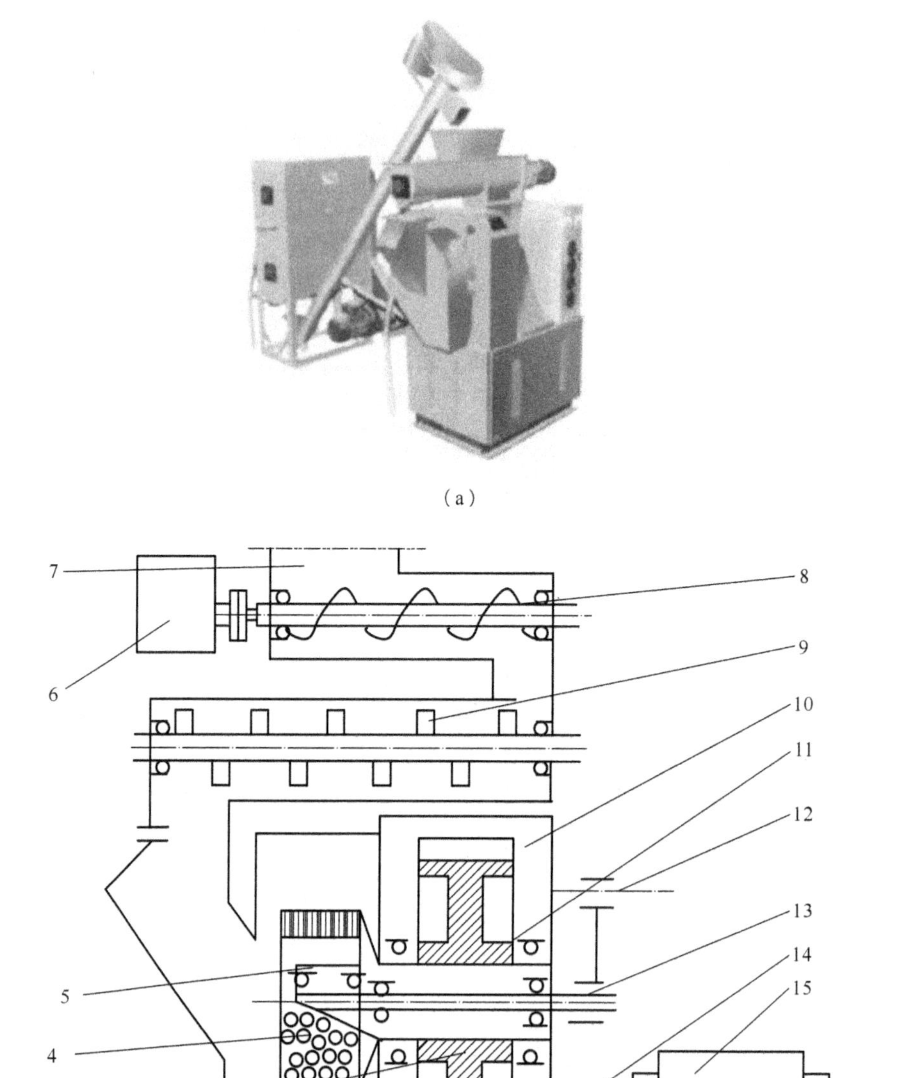

图 2-26　环模式颗粒饲料压制机

(a) 外观;(b) 结构

1—主动齿轮;2—排料斗;3—大齿轮;4—环模;5—压辊;6—减速器;7—进料口;8—输送器;9—调质器;10—机体;11—空心转轴;12—保险销;13—实心转轴;14—联轴器;15—直流电动机

调质器(又称混合搅拌器)采用桨叶式或搅杆齿式,可得到强烈的搅拌效果。调质器设有蒸汽喷头。蒸汽先经水、汽分离,成为干蒸汽,然后进入调质器内,气压为$(1\sim3.5)\times10^5$ Pa,对饲料进行加热和湿润。在压制粗料时,有时还要喷热水加温、加湿。饲料在压制机内的流程如图 2-27 所示。

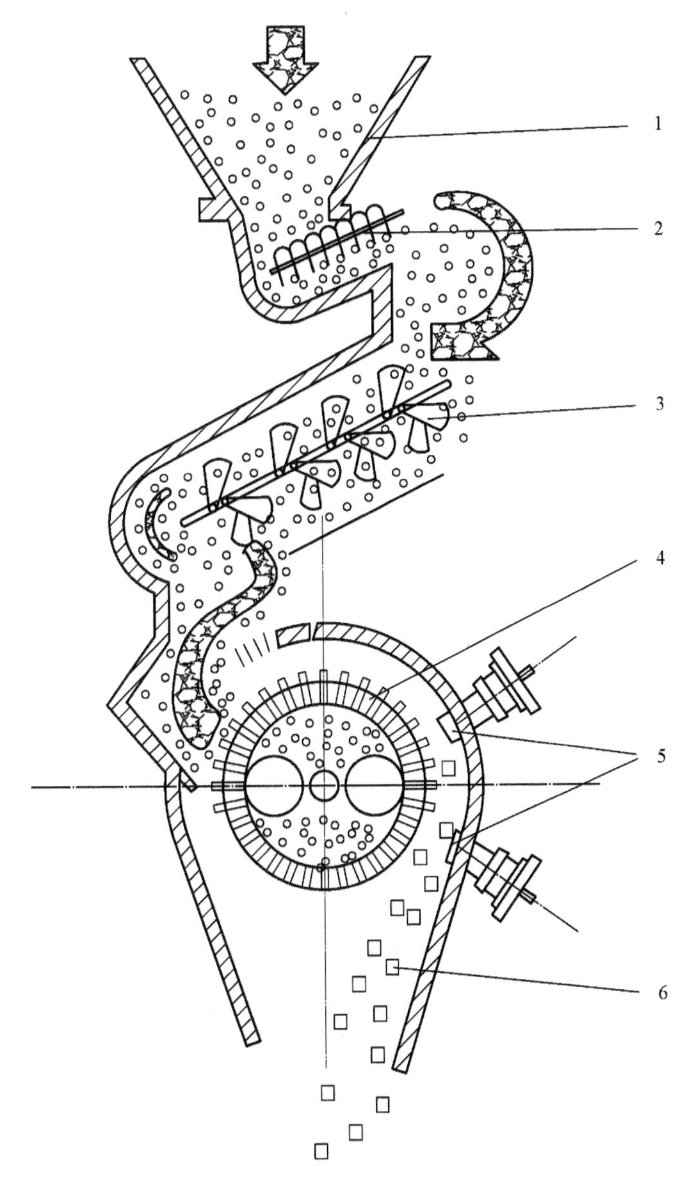

图 2-27　硬颗粒饲料压粒流程图

1—进料斗；2—定量输送系统；3—调质器；4—压粒机构；5—切刀；6—颗粒饲料

压粒机构主要由 1 个环模和 1～3 个压辊(大多数配 2 个)组成。环模由电动机通过齿轮箱驱动回转。为增大与饲料间的摩擦力，压辊表面加工了很多条齿槽。压辊在滚轮架上可自由转动但不公转。压辊与环模内壁间有 0.2～0.5 mm 的间隙，可按所加工饲料的不同要求进行调节。间隙过大，生产率低，甚至压不出颗粒；间隙过小，会加快压辊和环模之间的磨损，降低其使用寿命。同时，各压辊与环模间的间隙要一致，否则会产生偏磨，甚至使机器发生振动，颗粒质量变坏。

一般在颗粒小时，环模线速度略高，颗粒大时，环模线速度略低。通常认为环模线速度以 4～5 m/s为佳，此工况下压出颗粒质量较好，生产效率高，且噪声低。

为了保证颗粒长度均匀一致，在环模外面固定若干把切刀(一般切刀数量与压辊数一致)，鱼饲料粒长一般为粒径的 1.5～2 倍，对虾颗粒饲料还应更长些，以适应其抱食习性。

主电动机要求有较大的启动扭矩,这样不易出现闷车现象。减速箱采用斜齿轮传动,可减少振动,噪声小。国外产品有的采用变速电动机,可按需要调整最佳环模线速度。为防止过载,保证环模安全,动力传动系统设有过载保护装置。当环模扭矩过大时,压辊固定轴的保险销便被剪切断,保护装置发出信号,使电动机停转。

4) 平模式硬颗粒饲料压制机

平模式硬颗粒压制机均为立式结构,压粒机构主要由一个平模和一组压辊(4～5 个)组成。平模式压粒机构可以看成是环模式压粒机构的展开,环模的半径无限大,即成为平模(见图 2-28)。平模平均线速度一般为 3～5 m/s,模辊间隙则控制在 0.1～0.3 mm。除压粒机构及其相适应的传动系统外,平模机其他组成部分同环模机大同小异。

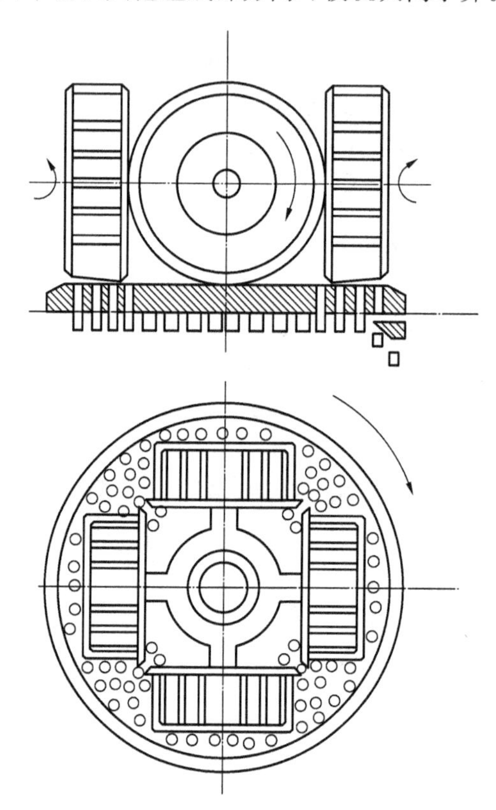

图 2-28 平模式硬颗粒压制机的工作原理

6. 颗粒饲料膨化机

1) 颗粒饲料膨化机的用途、特点

颗粒饲料膨化机的用途、特点如下。

(1) 饲料经膨化处理时,从高温(130～150 ℃)、高压(4～6 MPa)环境下突然进入常温、常压环境,产生迅速膨化。饲料中的淀粉得到糊化,蛋白质组织化(即纤维化),颗粒膨松化。饲料品质得到提高,其适口性改善,消化率提高,饲料系数降低。膨化对饲料具有灭菌消毒效果,从而减少鱼类消化道疾病。

(2) 饲料膨化后,颗粒发泡多孔,体积大,密度小,能长时间漂浮于水面,不沉不散,减少水溶性营养物的散失,方便观察鱼类摄食,可回收饲料,避免鱼类过食,减少残饲对水质的污染,既减少饲料损失,又提高鱼虾成活率。

(3) 可按不同养殖对象对饲料的不同要求,把饲料加工成浮沉性能及形状、规格不同的颗粒。

(4) 膨化机可以加工含有尿素及禽畜粪便的配方，也可加工如稻壳类等含有木质素的粗饲料，但要求原料中含有一定量的淀粉。不宜加工黏性大、易糊的原料(如蜜糖)。加工过程对维生素 C 等有破坏作用。

(5) 耗电量较大，每吨膨化饲料耗电 50 kW · h 以上，故产品成本较高。但这部分开支可从饲料较高的报酬中回收。颗粒饲料膨化机是 20 世纪 70 年代开发的新型饲料加工机。近年来发展较迅速，世界各国十分重视利用膨化颗粒饲料进行水产养殖。目前所采用的膨化设备基本上都是螺杆挤压式膨化机，或称为挤爆式膨化机。

2) 螺杆挤压式颗粒饲料膨化机

(1) 结构与工作原理。

螺杆挤压式膨化机的产量从每小时几十千克到每小时数吨，结构差异也较大。图 2-29 所示为一种典型单螺杆式膨化机。它由料斗、输送器、调质器、膨化腔、切粒机构、电动机与传动系统等组成。螺杆挤压式膨化机上的输送器、调质器和硬颗粒压制机上的基本相同。物料在调质器内通过 0.4～0.6 MPa 的低压蒸汽或热水，均匀预热到 80 ℃左右，含水量达25%～30%。国产机型一般属中、小机型，只有料斗，没有输送器和调质器。物料在机外混合好再加水调湿搅拌，然后倒进料斗。膨化腔由螺杆、机筒、模头和阻力模板等组成。螺杆在机筒内旋转，物料不断受到挤压、剪切、摩擦，温度、压力逐渐升高。在膨化腔内，温度达到 120～170 ℃，压力达到 3～10 MPa(一般压力达到 4.5 MPa 以上)，迫使物料从模头的模孔中连续射到腔外。在这瞬间突然卸压、膨爆，水分快速蒸发，物料脱水凝固，人们称其为"闪蒸膨胀"。在腔外，物料由切刀切断，便得到膨化颗粒。据实验，含有足够水分的淀粉在 80～90 ℃时完全糊化，约需要 3 h；在 100 ℃时，约需要 20 min；而在 3 MPa、120 ℃时，仅需要 40 s。因此，在膨化腔出料端，物料可以充分糊化。螺杆挤压式膨化机可连续供料和膨化，故生产率较高，适用性强。螺杆与主轴一般是悬臂连接，二者之间多采用花键连接，也有采用销钉或摩擦锥连接。出料端由于物料对螺杆发生"楔"的作用，使整个螺杆在机筒内居中转动。

膨化机根据有无外部辅助加热，可分为自热式和外加热温控式两种。对于自热式膨化机，饲料在膨化过程中所需热量全部通过螺杆转动，使物料受挤压、摩擦而产生，不需从外部对物料或机筒进行加热。自热式膨化机开机后一般有一个短暂的过渡期，在这几分钟内颗粒质量不稳定。为了防止过热而使物料烧糊，往往还需设置水套对机头或机筒进行冷却降温。对于外加热温控式膨化机，饲料在膨化过程中所需热量，部分来自外部加热，并能实现温度自动控制，以满足各种工况条件，保证膨化颗粒质量均匀一致。因此，这种机型膨化效果好，适应性强，生产率较高。

加热方式主要有以下几种。

① 蒸汽或热水加热。从机筒外通进热蒸汽或热水，或用蒸汽调温、调湿物料。其优点是物料加热温度均匀，不易焦煳，结构简单，产品成本低。但必须配备锅炉，热效率较低。一般用于生产率较高的设备上。

② 电阻丝加热。利用电热丝加热机筒后再把热传到物料上。结构较简单，外形尺寸较小，但由于径向形成较大温度梯度，导致温控不够灵敏，影响产品质量。此外，预热升温时间稍长。

③ 电磁感应加热。通过电磁感应在机筒内产生电的涡流而使机筒发热，从而使机筒内的物料得到加热。此法升温较快，径向温度梯度小，温控灵敏，节能效果好。但加热器径向尺寸

（a）

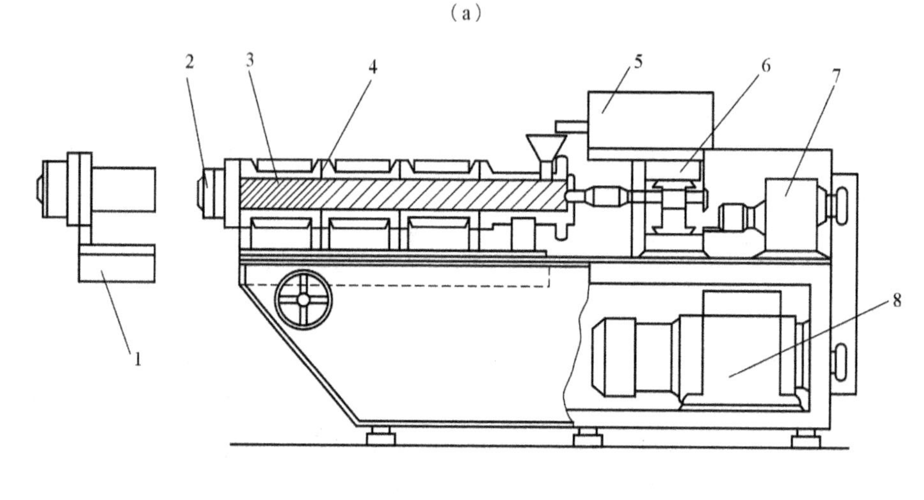

（b）

图 2-29　单螺杆式膨化机

(a) 外观；(b) 结构

1—切料机；2—模头；3—螺杆式输送器；4—调质器；5—料斗；6—传动齿轮箱；7—减速器；8—电动机

大，在机筒上装卸不很方便。

④ 远红外线加热。这是近年来发展起来的一种加热技术。它利用远红外线辐射元件发出的远红外线被物料直接吸收而转变为热能，从而使物料得到加热。远红外线是辐射传播的，不需通过介质，因此，能量损失小，加热效率比其他加热方式高。又因远红外线可透入被加热物料内部，使物料表面与内部的温度同时升高，故加热均匀，有利于提高膨化颗粒的质量。

后三种加热方式虽设备稍复杂些，耗电量也大些，成本稍高，但它们不必配置锅炉及其管道系统，机动性好，在一般渔区均可推广应用。

(2) 螺杆的基本功能和膨化腔内饲料的状态。

螺杆根据其功能和结构，一般可分为三段，即供料段、压缩段和膨化段（又称均化段），如图 2-30 所示。

第一段：供料段。其功能是从料斗接收并获得定量的物料，将其初步压实，再输送给第二段。

第二段：压缩段。其功能是加强对物料的挤压、翻滚、剪切和摩擦作用，从而进一步压缩、捏和物料，使物料升温，增大其流动性和塑性，并可以将物料中空气排出。在压缩段末端，物料已基本接近黏流状态。

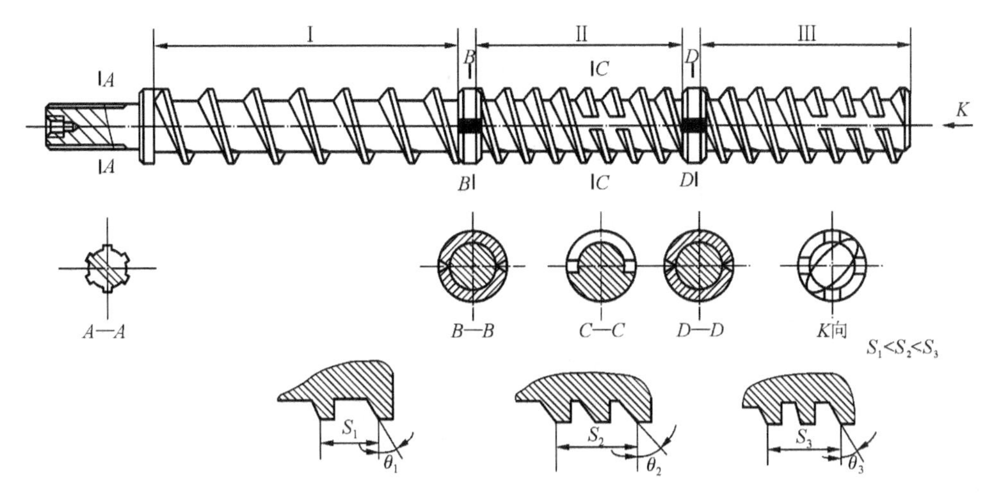

图 2-30　膨化机螺杆的结构

Ⅰ—供料段(单头螺纹)；Ⅱ—压缩段(双头螺纹)；Ⅲ—膨化段(双头螺纹)

第三段:膨化段。进一步挤压和捏和物料,使物料均匀混合,充分 α 化,温度升高,蛋白质变性。在膨化段中,物料已处于黏流状态,并且能定量而流畅地被连续挤出模头孔口,并得到充分的膨化。

为达到对物料进行压缩和捏和的目的,一般采取逐段减小螺旋槽容积和增大螺纹导程的办法,以使压缩比沿着螺杆轴向逐渐增大。为此,可使螺旋槽逐渐变浅(螺纹底径变大),螺距逐渐增大,并逐段增大螺纹背侧倾角。有的机型还在膨化段内腔采用圆锥体形(锥度在 4°～8°之间为宜)。还可以在压缩段和膨化段采用双头螺纹形式。

物料在膨化段的流动状态是很复杂的。研究膨化段如何确保物料能得到充分膨化,并能将物料定量、定压、定温地挤出模头,对获得稳定的产量与质量是很有意义的。

物料在膨化段的流动可看成由四部分组成(见图 2-31),即正流、横流、倒流和漏流。

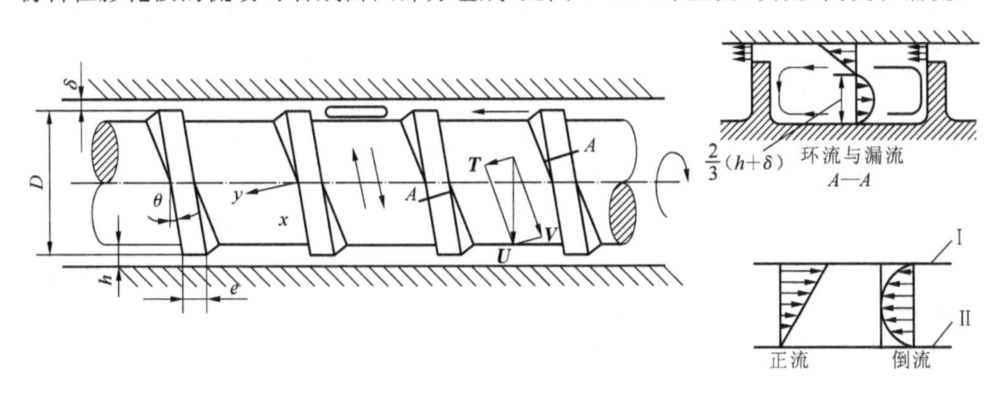

图 2-31　挤压螺杆中物料流态

Ⅰ—机筒内壁；Ⅱ—螺杆底径表面

正流是物料沿螺旋槽方向(x 方向)向模头流动,它是由于物料在螺旋槽中附着机筒而产生的。物料这时在螺杆外形成“饲料螺母”。$\boldsymbol{U}$ 是机筒与螺杆相对转动的速度,$\boldsymbol{U}$ 在 x 方向的分速就是正流的速度 $\boldsymbol{V}$。正流起到挤出物料的作用。

横流为物料朝着与螺纹方向相垂直的方向的流动,是由 $\boldsymbol{U}$ 的分速度 $\boldsymbol{T}$ 所引起的。横流将使物料在螺旋槽内产生翻转,形成环流,从而促进物料的捏和和热交换,有利于物料的均匀化和膨化。它对挤出量，即总生产能力的影响可以忽略。

倒流又称逆流。由于阻力模板、模头阻碍物料在正流方向的流动，形成了压力下的回流，其方向与正流方向相反。

正流与倒流合成，称为净流。有两种极端情况：当机头完全敞开时，机头压力为零，倒流不存在，净流等于正流；当机头完全封闭时，倒流等于正流，净流便等于零。

漏流是由于压力梯度而在螺杆外径与机筒间隙中所形成的物料倒流，其方向沿螺杆轴向倒退，它也将引起物料的损失。由于螺杆外径与机筒间隙通常很小，正常情况下(如零件未发生严重磨损，模头无堵塞等)，漏流要比正流、倒流小得多。

以上四种流动沿螺旋槽深度方向的速度分布是不一样的：正流靠近螺杆底径处时，速度趋近于零，靠近机筒内壁处时，速度值最大；倒流则是按抛物线变化的；横流在螺旋槽内上下方形成两个方向相反的流速，因而与正流和倒流一起形成螺旋槽内的涡流。

2.4　挖塘清淤机械

2.4.1　池塘清淤的意义

池塘是养殖的基础环境，但由于死亡的生物体、鱼虾的排泄物、残剩饲料和有机肥料等不断地沉积，加上泥沙混合，使池塘底部逐渐形成一层沉积物，通常称为淤泥。淤泥中除含有大量的有机物质外，还含有大量的无机营养成分，因此被称作“池塘肥料的仓库”。适量的淤泥对养鱼生产是非常有利的，能起到一定的保肥和调节肥度的作用。然而，淤泥过多，会恶化水质，造成缺氧死鱼。因为淤泥中的有机物质氧化分解需消耗大量的氧，而在缺氧条件下分解则不完全，会产生硫化氢、氨、有机酸、低级胺类等有害物质。在夏、秋高温季节，遇到天气不正常，如下雷阵雨或突然转北风时，池塘表层水温将迅速降低，引起池水对流，上层含氧量较高的水传到下层去，下层水上升。还原性的有害中间产物被带向上层，这些物质一方面迅速氧化而大量消耗氧，造成整个池塘缺氧，另一方面也可能直接危害鱼虾。在这种情况下，就很容易发生泛池，引起鱼虾大批死亡。此外，淤泥过多也容易导致鱼虾病变。因为在缺氧还原条件下，酸性增加，水质恶化，病菌易于繁殖；同时在不良环境中，鱼虾体内抵抗力减弱，容易发生各种疾病。

因此，养殖池塘中过多的淤泥必须清除。传统的清淤方式是靠人挖肩挑，劳动强度大，效率低。目前鱼虾养殖池塘的淤积问题日趋严重，严重地制约了鱼虾养殖业的发展。因而，养殖池塘清淤机械化是亟待解决的一大课题。

2.4.2　清淤机械的类型

养殖池塘的开挖和清淤工程可采用土建工程机械，如单斗挖掘机、多斗挖掘机、推土机、装载机、铲运机、铲车、索铲和全液压水陆两用挖泥船等。这些土建工程机械工作效率高，通用性好，但投资大，清理小池塘时又显得设备过大，使用不便，利用率不高。

20 世纪 70 年代中期，我国研制出泥浆泵，并应用于池塘清淤作业。20 世纪 80 年代后，各种类型的清淤机械应运而生。这些机械各有千秋，并在生产上得到了广泛应用。根据清淤机械的工作原理和结构不同，可分为下列多种。

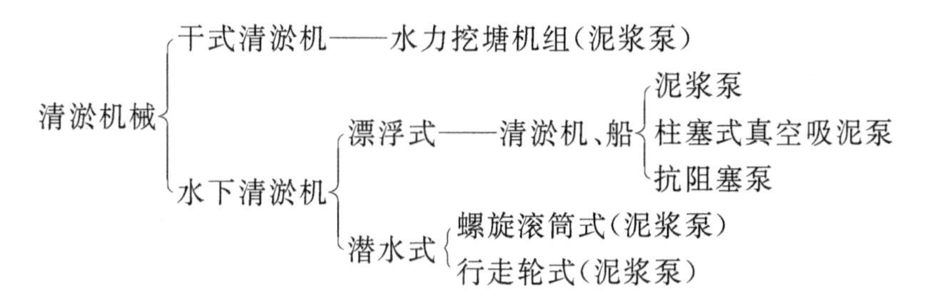

2.4.3　水力挖塘机组

机组由泥浆输泥系统(泥浆泵、浮筒、输泥管)、高压泵冲泥系统(高压泵、水枪、输水管)和配电系统(配电箱)等部分组成(见图 2-32)。

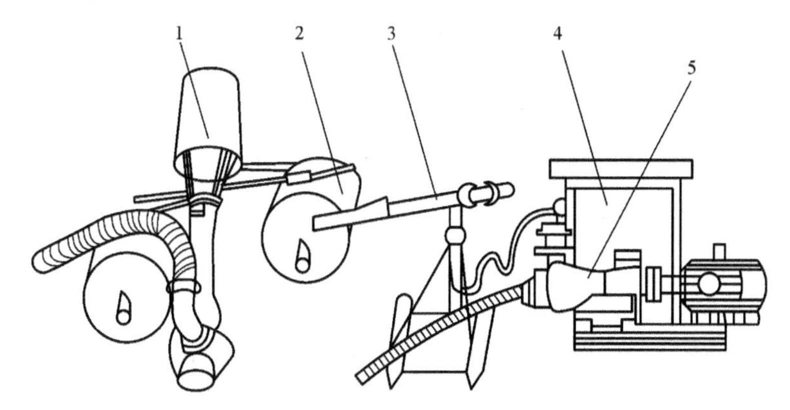

图 2-32　水力挖塘机组

1—泥浆泵;2—浮筒;3—水枪;4—配电箱;5—高压泵

水力挖塘机组是模拟自然界水流冲刷原理,借水力的作用来进行挖土、输土、填土。水流经高压泵产生压力,通过水枪的喷嘴喷出一股密实的高压、高速水柱,在人工控制下切割、粉碎土体,使之湿化、崩解,形成泥浆和泥块的混合液。立式泥浆泵置于浮筒上,可以直接在工作面吸淤泥,再通过输泥管吸送泥浆至弃土场。因此,机组可以同时完成挖、装、运、卸、整等五道工序,工效高,成本低,施工不受天气影响。机组中的主要单机也可单独使用。泥浆泵可用于排灌、吸送浆饲料和施肥。高压泵可用来抽水,人工降雨等。输泥管由若干段 ϕ100 mm 锦塑水带管和若干段 ϕ100 mm 薄铁板管组成,可根据输送长度自由组合,输送距离可长达 100～200 m。浮筒应具有较大的直径并呈流线形,有较大的浮力,能浮起泥浆泵及部分输泥管,在泥潭中推动时不拥泥。

高压泵冲泥系统由高压泵、水枪、输水管组成。高压泵宜选用比转数小的工业用高压泵,也可采用已定形的喷灌机。水力冲土所需压力根据土质、淤泥不同有很大差异。冲池底淤泥或轻壤土时,泵压力为 0.35 MPa,水枪离工作面 1～4 m 已足够;冲密实黏土及原状细沙时,泵压力需 0.75 MPa 以上。

还有的挖塘机不设高压泵冲泥系统,而是在泥浆泵前端设旋泥头,利用旋泥头把泥块打碎,然后由泥浆泵吸入,达到挖塘清淤的目的。

水力挖塘机组工效较高,开挖、清淤成本低。根据各种不同的机组型号统计,挖泥工效高低不一,从 3～60 m^3/h 不等。一套高效机组由 4～8 人分两班操作。可以昼夜不停、风雨无阻地开挖、清淤,一昼夜可开挖土方高达数百立方米,为人工手挖肩挑的 20～40 倍。开挖土方成本相当于人工挖泥的 1/2～1/3，相当于挖掘机、推土机等土方工程机械的 1/5～1/10。但机组的操作仍然比较困难，特别是人工移动浮筒及泥浆泵，往往很费力。由于水力挖塘机组的工作靠大量高压水流冲刷，需要有充沛的水源，而泥浆又要依靠自然沉淀。这需要有大面积的荒地、荒滩作淤泥排积场。此外，机组耗电量较大，但工作地点往往离供电网较远，造成供电困难。这些都限制了水力挖塘机组的进一步推广应用。

2.4.4 水下清淤机

水下清淤机可以在池塘负水的状态下进行工作，利用吸泥头（吸耙）深入淤泥层中吸泥。因此，要求它在水面或水下能够自动行走，而不像水力挖塘机组要人力牵拽，故操作方便，可带水作业，不必抽干池水。它又分漂浮式和潜水式两种形式。

水下清淤机主要性能和技术经济指标如下。

（1）泥浆浓度，指泥浆由清淤机输泥管排出时的浓度。泥浆浓度又分为容积浓度和质量浓度。

① 容积浓度，指泥浆取样经过 24 h 的沉淀后，沉淀物的体积与总体积之比，用百分数表示。

② 质量浓度，指泥浆取样经烘干后得到的干物质的质量与总质量之比，用百分数表示。

（2）清淤能力，即每小时吸出的淤泥量（m^3/h），是将吸出的泥浆经 24 h 沉淀后计算得出的。

（3）动力效率，即清淤机每耗 1 kW · h 电量吸出的淤泥量（$m^3/(kW \cdot h)$）。

（4）输泥距离，指在一定流量下能输送泥浆的最大距离（m）。

（5）要求能自动行走。潜水式水下清淤机应具有一定的爬行能力。

（6）作业水深，能适应 1.5～3 m 水深的池塘清淤作业。

2.5 增氧机械

水体中的氧气来源于两方面。一是由空气溶入水中的氧，约占 10%。在一定的温度和气压下，气体在水中的溶解达到平衡时的浓度，即为该气体在水中的溶解饱和含量。二是水体中浮游植物和藻类光合作用释放的氧，这是水体中溶氧的一个重要来源，约占 90%。光合作用产氧量同光照条件、水温、植物种类和数量以及水质肥瘦等状况有关。

在普通池塘中，鱼耗氧仅占总耗氧量的 5%～16%。氧主要消耗于水中动植物的呼吸作用和水中淤泥、残饲、腐殖质、有机肥料等有机物在细菌作用下的氧化分解过程中。

影响氧气溶解度的因素有温度、压力和含盐量。氧气及一切气体的溶解度均随水温的升高而下降。在一定温度下，氧气的溶解度随其压力的增加而增大，两者成正比关系，这也是一切气体的通性。水中含盐量越高，氧气的溶解度越小，这一点对于含盐量高的海水是十分明显的，而对于含盐量较低的淡水，氧气的溶解度所受到的含盐量的影响很小，通常不予考虑。

水中氧气不饱和程度越大，即饱和程度越小，氧气溶解速度越快。气-液接触界面越大，氧气溶解速度越快。气-液接触面搅动越强烈，氧气溶解速度越快。

水中溶氧量是鱼类等养殖对象生长三要素之一，是一项重要的水质指标。它不仅供给水生生物的呼吸需要，而且还参与水体内的化学反应，影响水质成分，对保持良好的水质起着重要的作用。因此，溶氧量与鱼类有密切的关系，是鱼类赖以生存的首要条件。

一般来说，养殖鱼类正常生活的适宜溶氧量是 5～5.5 mg/L。当溶氧量低于 2～3 mg/L

时，就会影响鱼类摄食生长；当溶氧量低于 1～2 mg/L 时，鱼即因缺氧而浮头；当溶氧量低于 0.5 mg/L 时，鱼就会窒息而死。因此，溶氧量的高低，直接关系到鱼虾的生长速度、成活率和饲料系数的高低。

2.5.1 增氧机的增氧原理

溶氧量是衡量水质好坏的重要指标之一。因此，人们常采取增氧措施。增氧方法有生物增氧、化学增氧及机械增氧三种。生物增氧法的原理是控制和促进水生植物或光合菌光合作用增氧。光合菌增氧方法在国内外已逐渐得到推广。化学增氧法是借助某一物质（如过氧化钙、过二硫酸铵等）与水作用增加溶氧，但应用不多。机械增氧法是借助于机械设备（如增氧机等）来增加水体溶氧量。此法目前得到广泛地应用。增氧机还能部分地使水中的有害气体溢出，其增氧原理如下。

(1) 使水从高位下落到低位，必然增加空气与水的接触面积，把空气带入水体，达到增氧目的。

(2) 搅动水体，增大空气与水的接触面积，达到增氧目的。

(3) 直接把空气打入水中，达到增氧目的。

(4) 用水流将空气吸入，成为“富氧水”，注入水池中，氧气扩散，达到增氧目的。

2.5.2 增氧机的渔业特性

1. 从物理学观点看

(1) 增氧：就是向水中输入含氧比较丰富的空气，实际上是一种氧的转移过程，即把空气中的氧转移到水中去。

(2) 混合：利用增氧机的搅拌作用，使池水产生水平及垂直流，以达到均匀水质、打破水体中温度、溶氧及化学成分的分层现象。

(3) 曝气：水和周围空气之间要进行气体交换，或是进行某种气体由水中分离出来的解析过程，或是进行空气某一组分及其他气体溶入水中的吸收过程，有时两种过程同时进行。这类过程在工程中称为曝气，实质上都是气体的传质，统称为气体转移过程。由上下层水流的运动与水跃，把池水中的有害物质如 CO_2、CO、H_2S 等的超饱和部分赶出水体，达到净化水质的目的。

2. 从生物学观点看

(1) 救鱼虾：当池中严重缺氧时，鱼虾会浮头，但开启增氧机后，浮头现象会及时消失。

(2) 增产：在成虾养殖过程中，对虾经常贴底，使用增氧机能使氧气传递到近底层，使对虾获得足够的氧，促进虾的生长，从而提高虾的养殖密度，直接提高产量。

(3) 节饲：池水中的溶解氧是饲料系数的函数，溶氧丰富，饲料系数就低，从而降低了饲养成本。

2.5.3 增氧机的类型和工作过程

增氧机用来增加养殖水体中水的溶氧量和改善水质，防止鱼类由于缺氧而浮头甚至死亡，可提高养殖密度，提高饲料利用率，加速鱼类生长。目前淡水养鱼采用的增氧方式主要有重力跌水式、充气式和表面搅水式三种。

重力跌水式增氧是利用水泵提水，造成水位落差，扩大水和空气的接触面积，从而达到增氧效果，是一种传统方式，增氧效率较低。

充气式增氧有两种方式。一种是利用空压机或空气泵，将被压缩的空气经输气管送至铺设在水下的散气装置，形成微小气泡，气泡在上升过程中被水体溶解。这种方式成本较高，适用于室内养鱼、孵化鱼苗和运输过程中的增氧。另一种是射流式增氧，它是利用喷射水流来吸入空气，水、气混合，共同排入水中，达到增氧目的。射流增氧设备比较简单，维护方便，投资少，主要用于活鱼运输箱和池塘养鱼。

表面搅水式增氧通过工作在水体表面的增氧机进行，依靠机械作用，增加池塘表面水和空气的接触面积，达到增氧的目的。这类增氧机在池塘养鱼中应用较多，有叶轮式、水车式、喷水式、风力式等多种类型。

目前，我国水产养殖常用的增氧机主要包括叶轮式、水车式、喷水式、射流式及最新发展的风力增氧机等几种形式，下面分别做简单介绍。

1. 叶轮式增氧机

叶轮式增氧机是增氧机械中研究开发最早、进行过多层次系统开发研究，并进行了计算机优化设计的品种，世界上只有我国将其应用于养殖业。因具有增氧能力和动力效率高的优势而广泛应用于池塘养鱼，产销量第一，约占全部增氧机产销总量的 65%以上。

从增氧机的工作状况看，叶轮式增氧机是深水增氧设备，当叶轮水平转动时，叶轮下部中央区域形成低压区（负压区），产生提水能力，底层水不断提升、对流，从而在表面水增氧的同时，使下层水也迅速增氧，所以叶轮式增氧机可以用于比较深（2～3 m）的养殖池的增氧。在水深较深的对虾养殖池使用叶轮式增氧机，其效果更好。

1）叶轮式增氧机的基本结构

各种型号的叶轮式增氧机，外形和尺寸虽有所不同，但基本结构是一致的，主要由电动机、减速箱、叶轮、撑杆、浮筒等部分组成。就叶轮而言，又分为倒伞叶轮和深水叶轮。倒伞叶轮增氧机如图 2-33 所示。

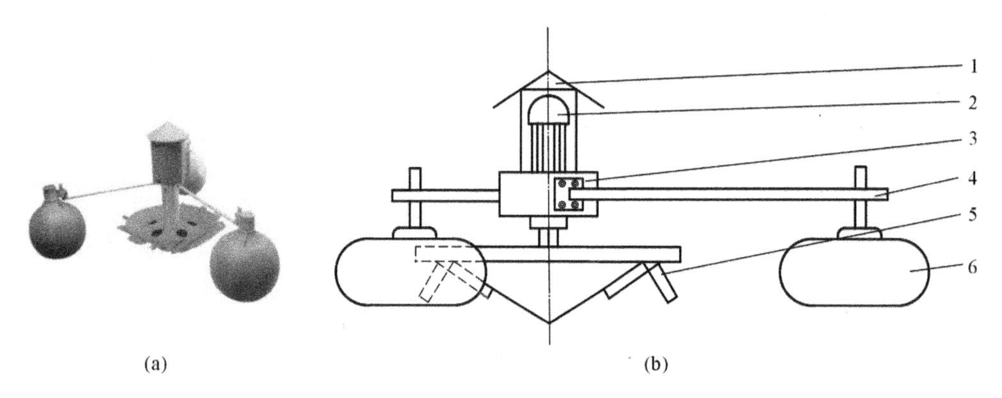

图 2-33　倒伞叶轮增氧机

(a) 外观；(b) 结构

1—罩壳；2—电动机；3—减速箱；4—撑杆；5—叶轮；6—浮筒

(1) 电动机　增氧机的动力通常采用 Y 系列四极电动机。电动机功率为 0.75～3.0 kW。电动机上应加装不碍通风的电动机罩壳，以防日晒雨淋。电源线采用三相四线橡胶电线，电动机接线柱应加弹簧垫圈，以防振动脱线。

(2) 减速箱　减速箱的作用是把电动机的转速降低，以便用较小功率的电动机带动大叶轮，增加水跃范围。通常减速箱采用二级圆柱斜齿轮减速，亦有采用 V 带减速或 V 带-齿轮减速。

(3) 叶轮　倒伞叶轮的主体为一倒圆锥体，锥角呈 120°。其上焊接了长、短提水板 12 块，起提水作用；叶片间焊接了 12 根充气管，起搅水作用，同时，又因管子中空、通大气，管子的一侧钻有一排小孔，叶轮旋转时可负压进气，从而增加溶氧效果。

(4) 撑杆　均由钢管制作,用于连接浮筒与减速箱体。一台增氧机采用三根撑杆,有的还设有水位调节装置。

(5) 浮筒　由钢板焊接而成,或注塑而成。一台增氧机采用三只浮筒。

2) 增氧原理

叶轮式增氧机浮于水面工作,不受水位变化的影响。在鱼池中运转的主要机械作用有三个方面,即增氧、搅水、曝气,是在运转过程中同时完成的。其增氧目的是通过水跃、液面更新、负压进气等联合作用而实现的。

(1) 水跃　叶轮旋转时带动水一起旋转,水在旋转时产生离心力,从叶片上甩出来形成水幕、水珠、浪花等,增加与空气接触面积,从而增氧。

(2) 液面更新　由于叶轮的提水及甩水作用,使气、水界面不断更新,将底层缺氧的水提至液表,使缺氧水与空气接触。液面更新的频率越高,则充氧的性能越好,扩散到水体中的氧分子越多,使叶轮附近的高氧水迅速扩散到水体各部,均匀水温与水质,使水中的溶氧量在水平与垂直方向的分布趋于均匀,缩小溶氧梯度。水体越小,增氧效果越显著。

叶轮有良好的提水能力,提水深度近似为叶轮直径的3倍,在浅水中运转,能把底层的浮泥泛起。经一年使用后,机位下方通常会留下一深坑。人们称其为"拱池底"。

(3) 负压进气　叶轮旋转时,在某些部位能形成负压区,因此通常在每只充气管上及每只叶片的后部钻有一排小气孔,以便负压进气,增加溶氧效果。空气从一排排小气孔中混入水体,形成气泡,又经叶片及管子的打碎使小气泡与水进一步混合,形成水花与水膜,使空气中的氧分子溶解于水。这些小气泡亦能帮助提水与液面更新,使水体雾化程度加剧,水体的密度下降,使叶轮旋转阻力降低,提高叶轮的动力效益。

2. 水车式增氧机

水车式增氧机和叶轮式增氧机同属搅水式增氧装置,但前者是卧轴式的,而后者是立轴式的。

水车式增氧机是20世纪70年代后期从日本和中国台湾引入的,现已实现自主生产。其增氧能力和动力效率稍低于叶轮式,但能产生定向水流,广泛应用于养鳗、养虾业,产销量第二,约占我国增氧机产销总量的20%。

东南亚地区各国和我国台湾地区都习惯采用水车式增氧机。它是一种浅水增氧设备,水车叶片只推动表面水体向前运动,并无提水能力,因此对下层水的增氧能力很差,并有直接损伤鱼体的危险。由于它的叶轮转速不高,对底层水提升力不大,因此不会"拱池底",适于在水深1 m左右的浅池增氧。

1) 水车式增氧机的工作原理

水车式增氧机以电动机为动力,通过减速器减速,带动叶轮转动(见图2-34)。

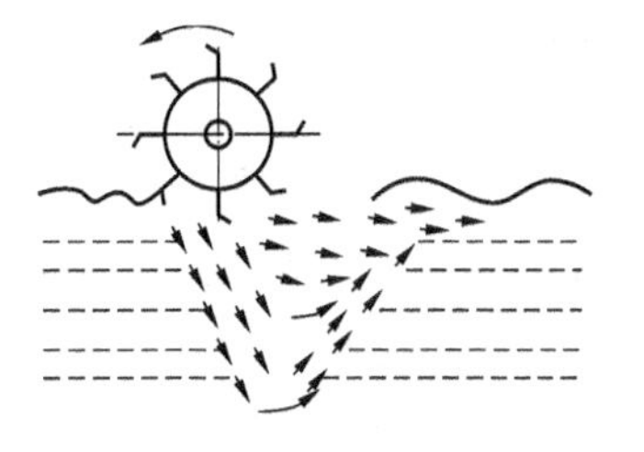
图2-34　水车叶轮运行时池中水流循环示意图

工作时,叶轮上叶片部分或全部浸没于水中。旋转过程中,叶片刚入水时,叶片击打水面,激起水花,并把空气压入水中,同时产生强劲的作用力,一方面把表层水压向池底,另一方面将水推向后流动。当叶片与水面垂直时,则产生一个与水面平行的作用力,形成一股定向的水流。当叶片即将离开水面时,在叶背形成负压,可以将下层水提升。当叶片离开水面时,它把存在叶弯处的水和叶片上附着的水往上扬,在离心力的作用下水进一步被甩向空中,从而激起强烈的水花和水露，将大量空气进一步溶解。叶轮转动形成的气流，也可加速空气的溶解。

使用水车式增氧机，可使水域处于流动状态，促进水体水平和垂直方向溶氧均匀性，特别适用于养鳗池，它可造成方向性水流，并能诱使鳗鱼上食台摄食。一台 1 kW 的水车式增氧机能使 1000 m^2 养殖池的溶氧量保持在良好水平。整机质量也较小，较大水面可装 2～3 台，并可进一步组织水流。

2）水车式增氧机的基本构造

水车式增氧机主要由电动机、减速箱、机架、浮筒、叶轮等五个部分组成（见图 2-35）。

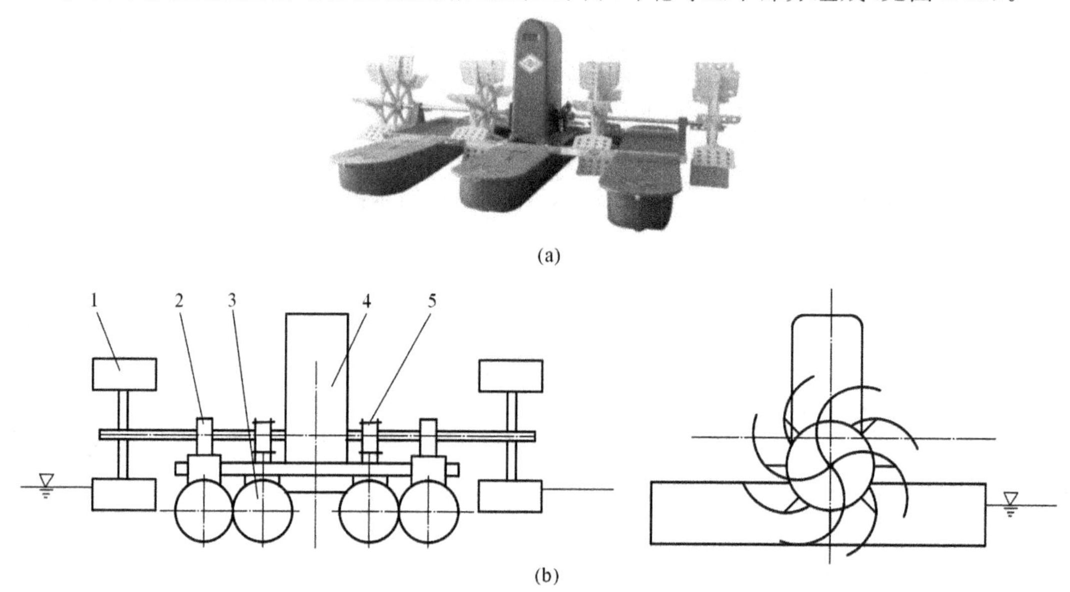

图 2-35　水车增氧机结构示意图

（a）外观；（b）结构

1—叶轮；2—轴承座；3—浮筒；4—电动机；5—减速箱及防水罩

（1）电动机　电动机功率一般都较小，在 0.5～1.5 kW 之间。大于 1.5～3 kW 的在国内较少见。

（2）减速箱　常用的有蜗轮蜗杆减速器、带-齿轮减速器和二级齿轮减速器。在电动机质量有保证的前提下，减速箱的质量决定了一台水车式增氧机的寿命。因叶轮搅水，泛起水花，故应设外罩将电动机、减速箱加以保护，但要保持良好的通风。

此外，减速箱要用机油飞溅润滑，要严格密封，并定期更换机油。

（3）机架　机架用来支承整机。电动机、减速箱、主轴、叶轮、轴承座均支承在机架上，而机架则装在浮筒上，使之保持在水平线上。机架一般用角铁焊接而成。轴承座采用杂木制成，呈单凹支承（该支承形式有利于轴承固定和润滑）。有的产品采用酚醛夹布塑胶轴承或尼龙轴承，寿命长。机架还用于将机器固定于水面上的一定位置，不致因搅水或风力而移动。

（4）浮筒　可采用两只鱼雷管形钢板焊制浮筒，支承机器。现多采用聚苯乙烯泡沫塑料或玻璃钢管。一般机型在电动机-减速箱一侧较重，故两只浮筒尺寸不相同。此外，由于考虑到工作时叶轮搅动力对机体产生一个扭矩，因此，叶轮轴系在浮筒上的支承点应偏置，使机体在静态时，与水面保持少量倾斜。而开机后，机架与水面基本保持平行。

（5）叶轮　水车式增氧机可以设单叶轮或双叶轮，甚至三叶轮，其结构也是多种多样的。单叶轮多数是在浮筒上焊几排角铁，角铁开口顺着旋转方向，在筒上呈螺旋线分布。现常见的双叶轮是采用叶片式的，即在轮壳上装 6～8 个叶片，叶片上开有小孔或长形孔，以减小质量和水的阻力，且可制造出更多的水花、水珠。

目前，两叶轮大多平衡地配置于机体和浮筒的两侧，称为双输出轴形式，其增氧和工作水流的环流效果都优于叶轮置于浮筒之间的单输出轴的机型。

叶轮可用铸铝制成，也可用尼龙制成。

3. 射流式增氧机

射流曝气作为一种充氧方法，最早是 1947 年美国密执安的 DOW 化学公司开始应用于废水处理中，其后德国、日本等国也相继应用射流曝气方法处理污水。

从国内的发展情况看，射流增氧最早应用于城市污水处理的是 1976 年西安污水处理厂。由于射流增氧机械与鼓风机械相比，其设备简单、造价低、工作可靠、维护管理方便、噪声低、动力效率较高、通用性强，所以近几年来也广泛应用于水产养殖，适用于育苗、养虾、养鱼、活鱼运输和冰下增氧等。

1）射流式增氧机的结构

射流式增氧机有多种结构形式，主要组成部分是射流器、分水器、水泵、浮筒等。

射流式增氧机的主要工作部件是射流器，又称引射器。它依靠高压流体——水，流经喷嘴后，形成的高速流——射流引射的另一种低压流体——空气，并在装置中进行能量交换与物质掺混，从而达到增氧目的。

2）射流式增氧机的工作原理

水泵输出的水体通过射流器喷嘴喷出，形成一股高速射流。而高速射流具有卷吸作用，使得射流周围的气体被卷进射流中(见图 2-36)，压力降低，使吸入室产生真空，在大气压力作用下，外界空气经吸气管进入吸入室。这样外界空气不断地被吸入，也不断地被高速射流所卷吸。被高速射流所卷吸的气体进入喉管中，被水流冲击分割成无数微小部分，形成气泡，并混合在水流中，这样将大大增加水与气体的接触面积，进而大大增强氧分子的扩散作用，加速溶氧过程。气体以微小气泡的形式存在于水流中，还有利于提高氧的吸收率。喉管中气、液两相混合流最后经扩散管喷出。喷出的混合流是一股高溶氧量的流体，促使池水的溶氧量迅速增加，起到增氧作用。

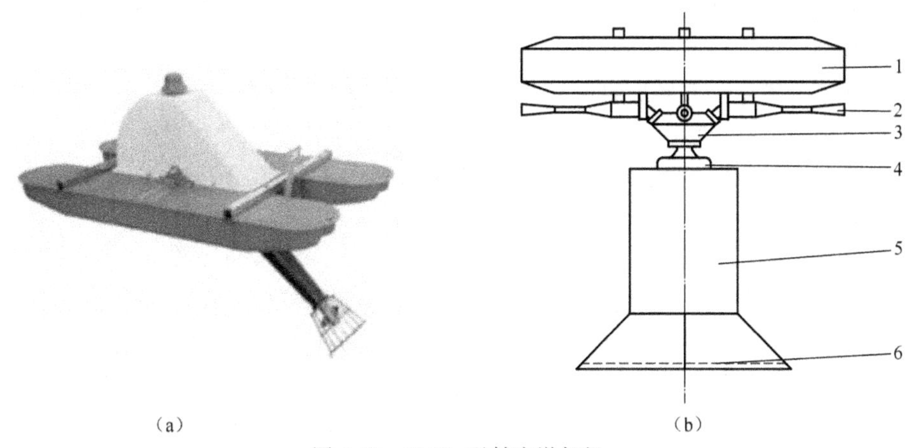

图 2-36　Y-SL 型射流增氧机

(a) 外观；(b) 结构

1—浮筒；2—射流器；3—分水器；4—水泵；5—吸水罩；6—滤网

4. 深水充气增氧机

水产养殖池塘溶氧变化规律有四个特点，其中之一就是溶氧量的垂直变化，上下层水体氧差较大，有时可高达 10 mg/L 以上，这在夏季的晴天表现比较明显。产生这种现象，主要是由于上下层水体浮游植物的数量和光照条件不同。尽管上层水体中由于浮游植物光合作用释放的氧达到饱和甚至过饱和，然而下层水体溶氧量依然很低，特别是池塘底部淤积大量有机物，因缺氧而不能进行氧化分解，常以氧债的形式存在。目前，国内常用的增氧机主要是建立在"双膜"理论的基础上，而且主要是用于中上层水体中循环增氧，对于深层水域及池塘底部的氧债尚不能有效地偿还，因此，尽管增氧机天天开，但仍会出现鱼类浮头现象。

深水充气增氧机主要建立在"偿还氧债理论"的基础上，既能利用浮游植物光合作用所释放的氧，又能有效地偿还深层水域底部的氧债，从而使水质得到大大的改善。

1）深水充气增氧机的结构和工作原理

深水充气增氧机主要由电动机、浮筒、风斗充气管、叶轮、导流管等部分组成。

晴天中午开机，叶轮高速旋转时，不断将上层过饱和溶氧水沿轴向向下推送，叶轮背后方形成负压区，随轴一起高速旋转的风斗充气管强制进气，以及水面漩涡吸入大量空气，并进入负压区，气水混合，形成的大气泡被高速旋转的叶轮撞击成无数微小的气泡，高溶氧水沿导流管流入深层水域底部并向四周扩散，从而使下层水体溶氧量增加，达到偿还氧债的目的。为了充分利用浮游植物光合作用所释放的氧，该增氧机强调中午开机，为此，还设有光控开关，能在最佳时间自控开、关机，亦可反转，抽吸底层低温贫氧水进行喷水增氧。

2）深水充气增氧机的特点

（1）由于电动机直接驱动，结构简单，造价成本低，运行可靠。

（2）由于强制进气及水面漩涡吸气，因此充气能力强；由于气泡直径小并送入水域底部，因此氧吸收率高。

（3）晴天中午开机，可将上层水体中浮游植物光合作用释放的氧送入池塘下层水体中，达到充分利用氧的目的。

（4）由于高溶氧水被送往深层水域及水域底部，因此偿还氧债效果好，使水质得到明显改善。

（5）由于充气能力强，氧吸收率高，且采用的是向下推送水体的方式，故增氧动力效率高，节省能源效果好。

（6）上下层水体循环效果好，可均匀水质和水温。

（7）噪声小，有利于鱼虾的生长及摄食。

（8）本机晴天可正转，通过光控开关实现自动开机与关机；阴天可反转，进行喷水增氧。

5. 风力增氧机

我国有 18000 多千米长的海岸线，5000 多个岛屿，许许多多的海湾、港汊和海涂，有着发展水产养殖业的适宜场所。但在这些边远的海滩往往交通不便，人口居住分散，电网难以延伸到。另外，在我国的内蒙古、甘肃等边远地区，由于严重缺电，要大力发展水产养殖业，存在一定的困难。然而，这些地区的风力资源却相当丰富。因此，充分利用丰富的风力资源，对于发展这些地区的水产养殖业非常重要。

风能在水产养殖业上的应用在国外早已开始，如日本已研制成功"风力驱动增氧装置"，捷克也已采用"风力充气式增氧装置"。在我国，利用风力增氧的研究工作起步较晚，已有的风力增氧设备，还有待于进一步发展和完善。

1）风力增氧机的主要形式

- 水平轴
  - 低速风力增氧机
  - 高速风力增氧机
- 垂直轴：风力低，按叶片结构形式可分为
  - F 型——启动困难
  - S 型——启动容易，不受风向约束，但功率系数较低

目前常见的是水平轴式风力增氧机，须迎风装置，塔架较高，安装不便。

2）风力增氧机的基本结构

FY 型风力增氧机的基本结构如图 2-37 所示，主要由风轮、空心轴、叶轮、导流管、连接座、尼龙轴承座和浮筒等部分组成。

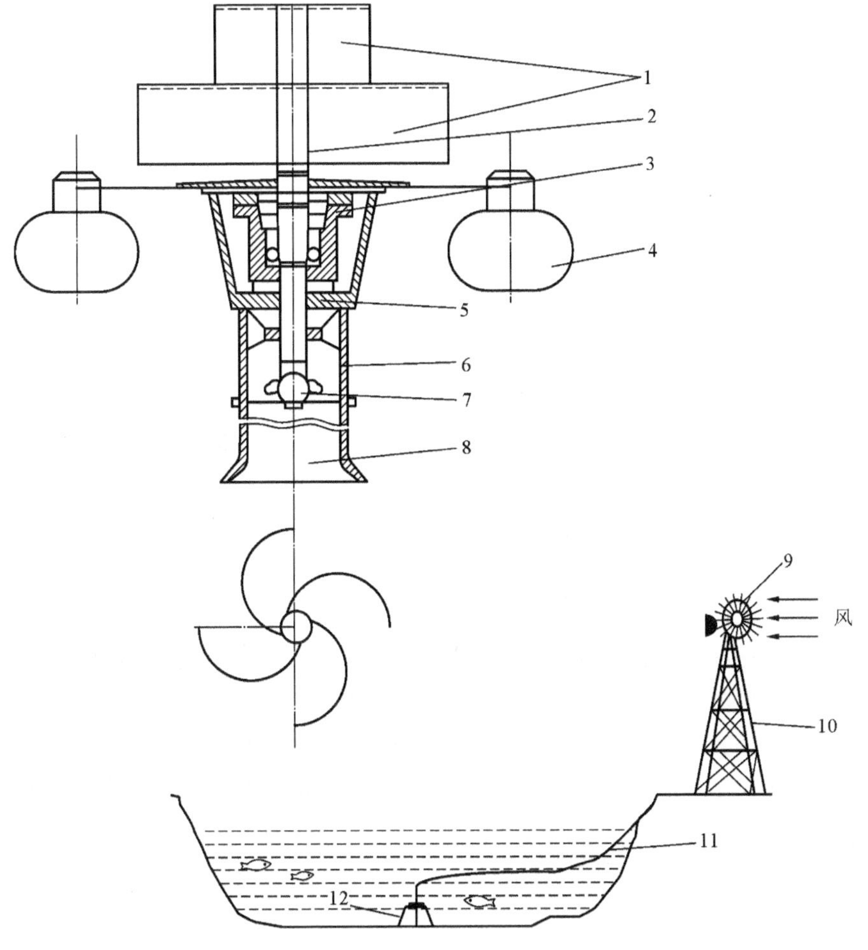

图 2-37　FY 型风力增氧机的结构示意图

1—风轮；2—空心轴；3—轴承座；4—浮筒；5—连接座；6—尼龙轴承座；7—叶轮；8—导流管；9—空气泵；10—塔架；11—通气管；12—增氧器

3）风力增氧机的工作原理

当风力作用到风叶上时，一方面，两边风叶对风的阻力不同，使得风轮转动，并带动空心轴转动，使安装在空心轴下端的螺旋桨式叶轮旋转推水；另一方面，空心轴上端进气孔由于风轮的转动而强制性进气，空气经空心轴至末端进入水体。由于叶轮旋转推水，在空心轴末端出口

处产生负压区，负压进气，气水混合，形成的大气泡在导流管中又被旋转的水流击碎成无数的小气泡，并送入深层水域，从而增加深层水域的溶氧量，达到偿还深层水域氧债的目的。

根据养殖池塘溶氧量的变化规律，在晴天，特别是中午或下午，该机若能工作，其效果更佳。

4）风力增氧机的使用特点

风力增氧机是一种以风力为能源的增氧机械，而鱼虾浮头常常发生在没有风的情况下，这就给风力增氧机的可行性画上了问号。

就养殖池塘来说，一般要刮 7 级以上的风时，才能使池塘上下层的溶氧量达到基本一致。然而 7 级风是不常见的。在常见的 4～5 级风的情况下，上下层水体无法对流。晴天，上层水的溶氧量往往达到超饱和状态，而中下层水体的溶氧量仍不足。在这种情况下，池塘底层的有机物分解不完全，就会产生硫化氢、氨、甲烷等有害物质，污染水质，危害鱼类的生长。

FY 型风力增氧机建立在气体转移理论和偿还氧债理论的基础上，只要有 3 级以上的风力，就可增氧和偿还氧债，而且是长时间工作。其目的在于尽可能增加池塘中下层水体的溶氧量，以减少养殖池塘中的氧债集中在夜间偿还的负担，水循环体，改善水质，使鱼虾在适宜的溶氧环境中生存，相应地减小或避免鱼虾浮头的可能性。

FY 型风力增氧机有如下特点。

（1）以风力作动力，可节省能源。特别适合于缺乏电源的养殖水域，可用于城郊湖泊养殖、沿海对虾养殖以及北方冰下增氧等。

（2）工作时间长，增氧及偿还深层水域的氧债效果好。

（3）利用风力作动力，同时产生强制性负压进气，因此风能利用率高。

（4）有 3 级以上的风力就可启动运行，且叶轮的转向不受风向的约束。

（5）可形成有规律的流动水域，改善水质，均匀水温，减少上下层水体分层现象。

（6）基本无噪声，有利于鱼虾的生长及摄食。

（7）该机结构简单，造价低廉，运行可靠。

6. 喷水式增氧机

喷水式增氧机是利用一只潜水电动泵将池塘内的中上层水抽吸起来，再通过锥形喷头的环形缝隙将这些水喷向空中，达到使水雾化和溶解更多空气而使整个水体增氧的目的。这种增氧机噪声小、造价较低，而且有一定美化环境的效果，主要是园林部门美化环境用，一般不用于养鱼。但切忌在表层水溶氧过饱和时开机，否则会加速水中的氧向空气中解吸的速度。

2.5.4　增氧机的评价指标

1. 增氧机的增氧能力

（1）增氧量（增氧速度），单位为 mg/L。

（2）动力效率（增氧效率），单位为 kg/(kW · h)。

叶轮式增氧机最高，射流式低得多（动力效益差 10 倍）。

2. 混合能力

混合能力指空气与水的混合时间，叶轮式的为 1～2.5 min，射流式的为 6 min。

3. 机械噪声

深水充气增氧机和风力增氧机噪声较小。

4. 其他指标

如耐久性，要求 200 h 无故障，运行平稳，无漏油等。

2.5.5　增氧机的使用要点

(1) 固定式增氧机：安装于池中央，注意用电安全。

(2) 何时开机：根据气候、水温、放养密度等具体情况而定，热天多开，冷天少开。

2.5.6　移动式增氧机组

固定式增氧机虽然具有许多优点，但还有些不够完善的地方，如氧扩散有一定范围，限制了增氧设备增氧能力的充分发挥，而移动式增氧机组则扩大了增氧的范围，增加了增氧机的增氧能力。

1. 小型两用增氧船

柴油机带动水泵，水经吸气装置从喷嘴喷出(射流式增氧机)，从而将空气带入池中。其特点如下：

(1) 喷水增氧；

(2) 喷水使船运动(喷水时产生反作用力)；

(3) 船体运动并扩大了增氧范围；

(4) 可在船上进行投饲作业。

2. YsLc-Ⅲ型移动式增氧机组

(1) 射流式增氧机装置：6 套并排向下(可射入水面下 0.8 m 深处，可满足 50 亩左右的精养虾池，每亩产量可达 200 kg)。

(2) 饲料舱：可装 500 kg 饲料。

(3) 空气舱：用于产生浮力。

(4) 船尾挂机：用于带动螺旋桨，使船运动(速度为 6～10 km/h)。

2.6　水质净化设备

在养殖水域内，水生生物之间以及生物与环境之间的相互作用、相互转化，构成了一个人工生态系统。其非生物环境包括养殖水体和水底土壤中的有机和无机物质(主要有碳、氧、氮、磷、钾、硫、钙、铁、锰、硅等元素及各种营养盐、氨基酸、腐殖质等生命必需的营养物质)，以及光、温度等生活条件。

水产养殖中把“水”放在第一位。水是鱼类栖息生长的环境，也是鱼类赖以生存的首要条件。池水的特性包括生物、物理、化学性质，并涉及以下诸多因素：水的上、中、下层的微生物，动、植物性的浮游生物群体、藻类；溶氧量、氨氮值、污泥、废屑、残饲、粪便和各种化合物含量及污染情况；池水温度、透明度、酸碱度等。

自然状态下的池塘，水体温度取决于气温和光照。工业化养鱼和机械化静水高密度养鱼则可采用各种调温设备及温室进行调控。

水质处理机械是一类能够改善水质、增加水体溶氧量的机械的统称。水质处理机械种类繁多，并各有千秋，按其功能来分，可分为水质改良机和水质净化机两大类。水质改良机的功能类似于增氧机;水质净化机主要是用来处理水体中的有机物和氨氮等有害物质。

1. 水质改良机

水质改良机由船形吸头、导流管、潜水电动泵、快速接头、输流管、喷头、喷头浮子、环形浮筒等部分组成(见图 2-38)。

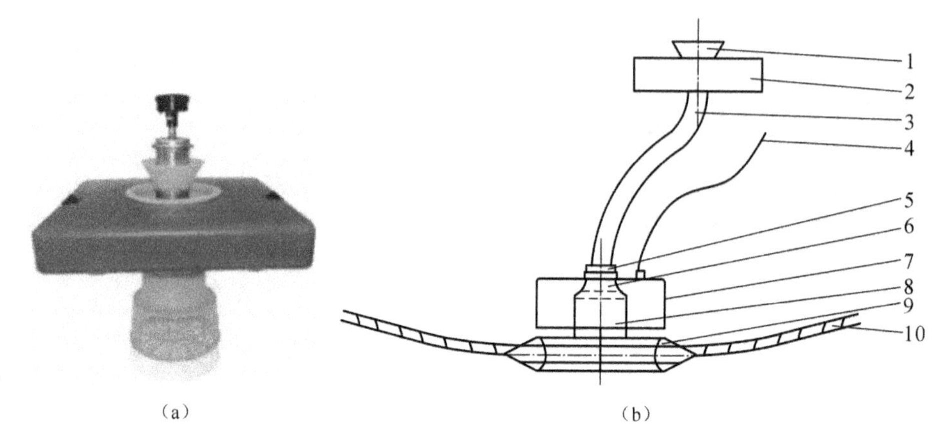

图 2-38　DSG 型水质改良机

(a) 外观;(b) 结构

1—喷头;2—喷头浮子;3—输流管;4—电缆;5—快速接头;6—潜水电动泵;
7—环形浮筒;8—导流管;9—船形吸头;10—牵引绳

该机是潜入水下工作的,船形吸头底部与池底淤泥相接触,喷头浮在水面上。船形吸头上部设有吸水口,底部设有吸泥口。潜水电动泵外壳与导流管内壁为流体通道。船形吸头两端系有牵引绳,靠人力牵引移动机器。

开机并移动时,从吸水口进入的水流和吸泥口吸上的淤泥,被搅拌混合成泥浆,然后经流体通道进入泵体,再经输流管到喷头,被喷至空中。这样,可促使淤泥中的有机物及其中间产物在空气中氧化分解,并去除对鱼类有害的气体;泥浆落于上层富氧水中进一步氧化分解,从而达到白天偿还氧债,减少淤泥夜间耗氧量的目的,避免或减轻鱼类清晨的浮头现象;同时也可增加水中的营养盐类,促进浮游生物大量繁殖和生长。

当机器处于选定的某一水中位置而不移动时,开动机器可抽吸底层低温贫氧水并喷射至空气中,成为喷水式增氧机。清晨开机,增加水体溶氧量,防止鱼类浮头;晴天中午开机,促使上下层水体对流,增加底层水溶氧量,亦起到偿还氧债的作用,而且有助于促进上层水中浮游植物的光合作用。

卸下喷头,装接施肥管后,移动机器,即可抽吸淤泥为塘埂上的植物施肥。

整机或卸出潜水电动泵单独使用,均可用于抽水排灌。

因此,水质改良机具有四种功能:翻喷塘泥、喷水增氧、喷施泥肥、抽水排灌。

2. 水质净化机

生物转盘和生物转筒统称水质净化机。它适用于蟹苗和贝苗繁殖,罗非鱼越冬,鱼种培育,鲤、鲫鱼早春繁殖等,可达到不流水、不换水而净化水质的目的。

生物转盘和生物转筒在净化水质的机理方面完全相同,都是利用生物膜来净化水质。但在结构方面两者有所不同:前者的工作部件是转盘,生物膜附着在盘片上;后者的工作部件是转筒,在转筒内塞满填料(如塑料球、塑料管状物等),生物膜就附着在填料上。

2.7　投饲机械

2.7.1　投饲要求

良好的饲料配方和饲料状态是取得理想的水产养殖效果的重要物质条件。但一种科学的配方并不一定就能获得预期的养殖效果。在鱼种、水质保证的前提下，主要取决于是否正确掌握好合理的投饲技术。

鱼虾摄食强度随水温、水质而变动。如果投饲不当，投饲过少，则鱼虾只能处于维持代谢的状态，甚至减重；投饲过多，不但会造成饲料的浪费，还将造成鱼虾过食，引发鱼病，使死亡率增高，而且残饲在水中溶散，分解变质，将使水质恶化，影响鱼虾正常摄食与生长。

正确的投饲技术要求掌握"四看"、"四定"和"一检查"，恰当地确定投饲量和投饲时间，以达到提高饲料利用率，减少水质污染的目的。所谓"四看"，即看天气（如光照、气温等）、水质（如溶氧量、污染情况等）、季节和鱼虾摄食状态。"四定"就是投饲要定位、定时、定量和定质。"一检查"就是在投饲过程中，要注意观察，检查池中有无过剩的饲料。一般来说，对肉食性的有胃鱼类一般日投饲次数为 2～3 次，而对无胃鱼类原则上应以连续投喂为宜，但在生产上不可能无限制地增加投喂次数。

我国池塘养鱼以鲤科鱼类为主，少量多次投喂是较合适的。

2.7.2　投饲机械化

池塘和网箱高密度养殖，依靠人工来实现"四定"投饲，是很难满足鱼类生长要求的，而采用机械化投饲，就能较妥善地解决这个问题。使用渔用自动投饲机，实行少喂多投及自动、半自动或鱼动的方式，不但可以减轻渔民劳动强度，节省劳动力，还可提高饲料利用率，减少对水质的污染，使鱼虾摄食均匀、增重快、规格整齐、鱼病少。

国外鱼类养殖业已广泛应用自动投饲机。德国、奥地利等国在养鲤池中使用投饲机，与人工投饲相比，颗粒饲料消耗平均减少 17%～18%，饲料系数显著降低，鱼增长迅速。俄罗斯、挪威等国家提出的发展池塘养鱼的主要措施，其首条就是在鱼池中安装摇摆式自动投饲机，可使鱼产量增加 20%～25%。他们还配套了装饲机，向一台投饲机装料，只需花 3～4 min 的时间。

我国对投饲机的研究、开发始于 20 世纪 80 年代初。品种从驱动方式分，有电动式、太阳能式、鱼动式；从投料方式分，有离心式和气力式。然而一直以来，开发的多，推广使用的少。这是由于：我国劳动力多且价廉；用户对使用投饲机能取得增产、增收的效果认识不足、体会不深；投饲机本身在技术上、工况适应性等方面尚存在一些不足之处。

20 世纪 90 年代中期以来，我国城乡人民生活水平提高很快，劳动力价格随之上升；使用投饲机能取得增产 10%左右、节饲 15%左右的显著效果已被实践所证明，并被养鱼户所认识；投饲机本身所存在的问题也已被逐步克服，且售价不高，因而其产销量开始直线上升，1993 年产销量达数百台，1997 年猛增至 6000 余台。目前，投饲机已成为主要渔机产品之一，进入高速发展、大批量生产阶段。

2.7.3　投饲机械的类型

1. 从应用范围分

（1）池塘投饲机：这是投饲机中应用最广、使用量最大的一种。由于池塘养殖饲料主要为颗粒饲料，其抛撒机构一般使用电动机带动转盘，靠离心力把饲料抛撒出去。根据池塘大小，其抛撒面积为 5～10 m^2。

（2）网箱投饲机：根据使用状况分为水面网箱投饲机和深水网箱投饲机。单个水面网箱面积一般为 5 m×5 m，抛撒位置应在网箱中央，抛撒面积一般控制在 3 m^2 左右，面积过大可能使饲料随水流涌出网箱。深水网箱投饲机需把饲料直接输送到距水面几米以下的网箱中央。

（3）工厂化养鱼自动投饲机：一般用于工厂化养鱼和温室养鱼，要求投饲机每次下料量少且精确，抛撒面积一般在 1 m^2 左右。此类投饲机能够联网进行远距离监控，实现自动化管理。

2. 从投喂饲料性状分

（1）颗粒饲料投饲机：由于颗粒饲料广泛使用，此类投饲机使用量最大，技术也较成熟。

（2）粉状饲料投饲机：粉状饲料一般用于鱼苗的喂养。由于鱼苗的摄食量较少，每次投喂量要精确。目前此类投饲机应用较少。

（3）糊状饲料投饲机：主要应用于鳗、鳖等的自动投喂，其应用范围较窄。

（4）鲜料投饲机：主要应用于以冻鲜鱼饲喂肉食性鱼类的网箱养殖中。

2.7.4　投饲机

1. 液态饲料投饲机

图 2-39 所示为投饲喷浆机的结构，该机采用拖拉机作为动力，采用离心泵作为输出泵，通过操纵杆控制张紧轮进而控制水泵启动或停止。喷洒器有两根支喷管，与水平线各呈 45°夹角，各装一个球阀，顶端以螺纹连接，各装一个喷嘴。喷嘴的大小和形状直接影响饲料的喷洒距离、速度和均匀程度。不同的饲料粒径对喷嘴规格也有不同的要求，因此要配备几套不同规格的喷嘴。

该机体积小，轮距窄，拐弯调头灵便，车体质量小，对道路压力小，适于道路狭窄、行驶条件差的池埂、塘坝。

2. 鱼动投饲机

训练鱼类在固定时间、固定地点吃食，并使之形成条件反射，这是节省饲料行之有效的手段。我国渔民早就掌握了这种经验：投饲时，先往池中泼点水、敲击几下食桶，鱼就会游到食场周围来摄食。它们从装有撞料板或小球的鱼动投饲机摄取饲料，并且只要有一小部分鱼学会触动撞料板或小球就足够了。因为当这些“领头鱼”作用于投饲机构的垂直杆时，投撒出的饲料就不仅可供给它们自己食用，也可供给那些尚未形成条件反射的鱼摄食，而且鱼类具有模仿以形成条件反射的特性，它们经过一段时间的“观察”后，也会形成条件反射。重要的是要确定鱼触动工作部件一次，颗粒饲料的最适宜投放量。一次投放的饲料量不宜过多，以便使鱼群处于兴奋和寻食状态。鱼类可以形成一种特性，即为了摄食，它们能游至水的上层，甚至可以到表层侧身躺着。因此，鱼动投饲机的工作部件、机构系统可以是多种多样的。

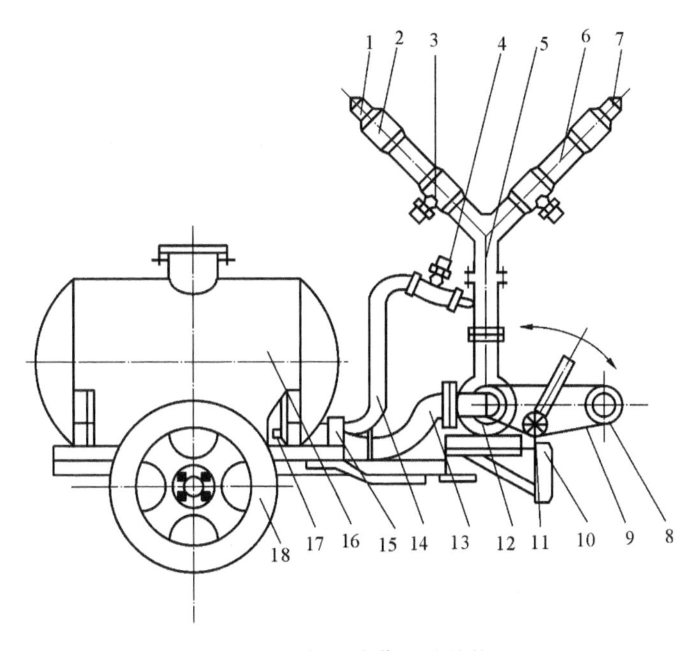

图 2-39　投饲喷浆机的结构

1,7—喷嘴;2—管接;3,4—球阀;5—主喷管;6—支喷管;8—带轮;9—带;10—支架;11—张紧轮;12—水泵;13—出料管;14—回料管;15—阀门座;16—料罐;17—回料嘴;18—车轮

图 2-40 所示为鱼动投饲机的结构。该机由万向节、撞料板、垂直杆、挡板、料筒、料斗等组成。在无鱼撞击撞料板时,饲料被挡板挡住不能落下;当鱼撞动撞料板时,挡板对料筒做相对运动,饲料就通过增大了的间隙撒落水中,完成一次投饲动作。该机构十分简单,不需电器控制元件,不消耗动力,造价也低廉,适用于体长 15 cm 以上的吞食性鱼类的投饲。颗粒饲料尺寸在 ϕ6 mm×10 mm 以下时适用。

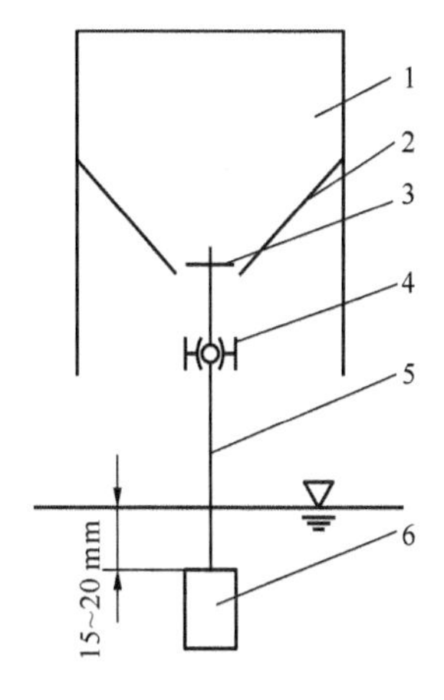

图 2-40　鱼动投饲机的结构

1—料筒;2—料斗;3—挡板;4—万向节;5—垂直杆;6—撞料板

3. 自动投饲机

自动投饲机一般由机壳、料筒、排料器、饲料抛送器和时间控制器等组成。有的还附有增氧装置。投饲机可设计成固定式和移动式两种。移动式投饲机还可发展成投饲车、投饲船。投饲机的工作过程可分为两个动作:第一个动作是使料筒内的饲料形成流量一定的稳定的饲料流,对饲料起分配作用;第二个动作是将饲料均匀地投撒在水面上。两个动作可以同时进行。第一个动作由排料器完成,第二个动作则由饲料抛送器来完成。

随着高密度养鱼和机械化养鱼的发展,传统的人工投饲和采用食台喂食的方法,已很难满足鱼类生长的需要。使用投饲机不仅可减轻劳动强度,提高饲料的利用率,而且能减少对水质的污染,使鱼虾摄食均匀,减少鱼病。

投饲机的投饲地点应选择在较开阔、安静的进水口旁边。

图 2-41 所示为自动投饲机的结构。该机主要由料筒、排料器、鼓风机和定时器四部分组成。排料器安装于料筒出口处,由排料轮、排料杯、固定弹片、调节弹片和调节螺杆组成。工作

时，排料轮的转动带动固定弹片振动。同时，通过调节螺杆对调节弹片的张开度进行控制，料筒中的饲料被均匀地排入排料杯并送入喷管，然后依靠鼓风机的风力喷撒到鱼池中。投饲量可按需要无级调节。喷撒距离为 1.5～3.0 m，单机可用机械式定时器（昼夜钟）控制，多机组合则可采用可编程时间控制器实现全自动控制。以 24 h 为工作周期自动循环，全自动定时、定量投饲。最小时间调节单元为 1 min。

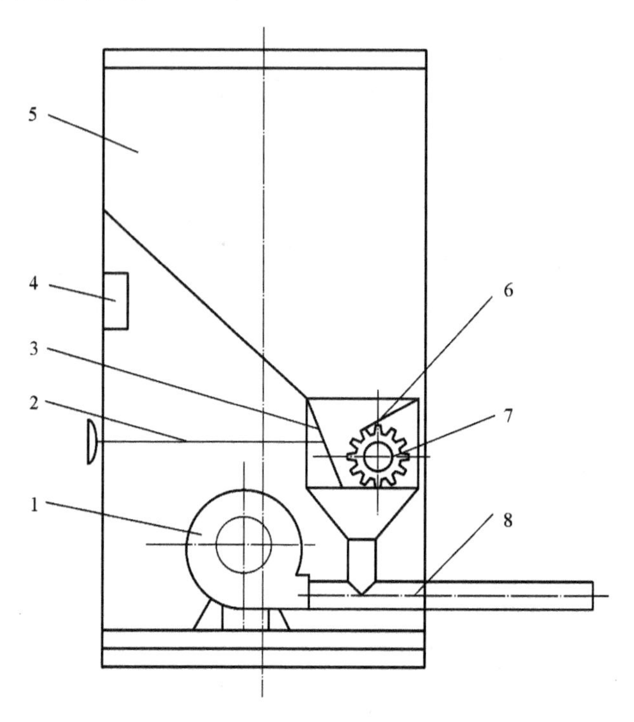

图 2-41　自动投饲机的结构

1—鼓风机；2—调节螺杆；3—调节弹片；4—定时器；5—料筒；6—固定弹片；7—排料轮；8—喷管

第 3 章　渔业捕捞机械

渔业捕捞机械是指在渔业捕捞作业中用于操作渔具的机械设备，通常具有如下特点：结构牢固，能在风浪或冰雪条件下作业，可承受振动或交变冲击；具有防超载装置，能消除捕捞作业中的超载现象；操作灵活方便，能适应经常启动、换向、调速、制动等多变工况的要求及实现集中控制或遥控；防腐蚀性能较强。渔业捕捞机械的性能、质量，直接关系到渔船的经济效益和渔业捕捞、起货作业的安全，也是捕捞生产现代化的关键之一。

3.1　渔业捕捞机械的分类

渔业捕捞机械的分类方式有多种，具体如下。

(1) 按捕捞方式：可分为拖网、围网、刺网、地曳网、敷网、钓捕机械等。

(2) 按捕捞机械的工作特点：可分为渔用绞机、渔具绞机和捕捞辅助机械(见图 3-1)。

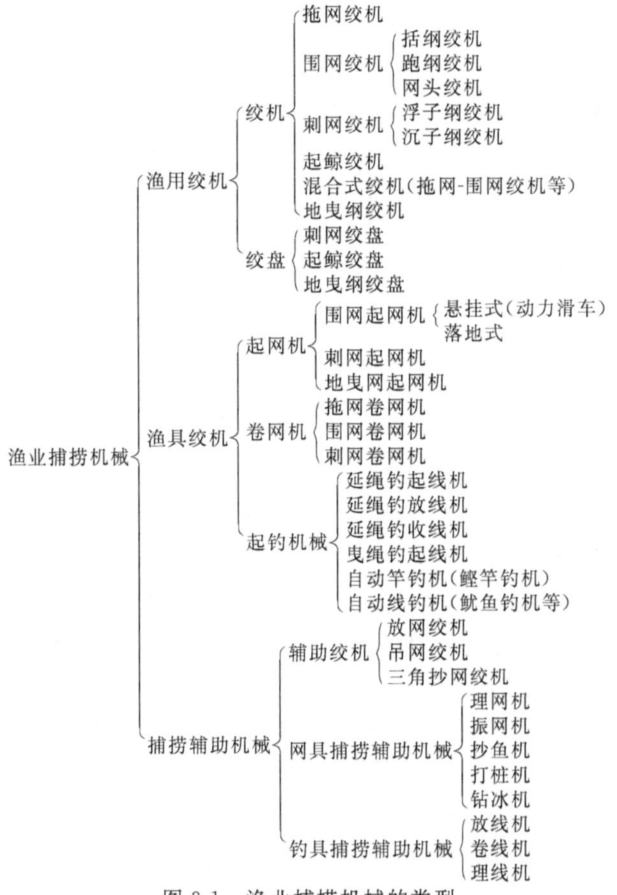

图 3-1　渔业捕捞机械的类型

① 渔用绞机:又称绞纲机,是用来牵引和卷扬渔具纲绳的机械。除绞收网具的纲绳外,还可用于吊网卸鱼及其他作业。功率一般为几十至数百千瓦,高的达 1000 kW 以上。绞速较高,通常为 60～120 m/min。一般为单卷筒或双卷筒结构,有的有 3～8 个卷筒。纲绳在卷筒上多层卷绕,常达 10～20 层。绞机上广泛应用排绳器。放纲绳时卷筒能随纲绳快速放出而高速旋转,不用动力驱动。

② 渔具绞机:直接绞收渔具的机械,功率一般为几千瓦至数十千瓦。主要有以下三类。

a. 起网机:将渔网从水中起到船上、岸上或冰面上的机械。根据其工作原理分为摩擦式、挤压摩擦式和夹紧式三种。在地曳网、流刺网、定置网、围网和部分拖网作业中使用。

b. 卷网机:能将全部或部分网具进行绞收、储存并放出的机械。在小型围网、流刺网、地曳网及中层拖网与底拖网作业中使用。

c. 起钓机械:将钓线或钓竿起到船上,以达到取鱼目的的机械,在延绳钓、曳绳钓、竿钓作业中使用。自动钓机可自动进行放线钓鱼和摘鱼等。

③ 捕捞辅助机械:种类繁多,主要分为以下三类。

a. 辅助绞机:捕捞作业中进行辅助性工作的绞机的总称。该种绞机作用单一、转速慢、功率较低(大型专用起重机除外)。常以用途命名,如放网绞机、吊网绞机、三角抄网绞机、理网机移位绞机、舷外支架移位绞机等。

b. 网具捕捞辅助机械:如理网机是用来将起到船上的围网或流刺网网衣顺序堆放在甲板上;振网机是用来将刺入刺网网具中的渔获物振落;抄鱼机是用来将围网中的鱼用瓢形小网抄出;打桩机是用来将桩头打入水底以固定网具;钻冰机是用来在封冻的水域上钻冲冰孔,便于穿送纲绳,供放网、曳网和起网用。

c. 钓具捕捞辅助机械:主要在金枪鱼延绳钓作业上使用,有放线机、卷线机和理线机等。

(3) 按驱动的原动力:可分为内燃机驱动、电动驱动与液压驱动。

(4) 按传动方式:可分为带传动、齿轮传动、链条传动、蜗杆传动和液压传动。

有些捕捞机械还可以按照其构件形式和数量分类。如绞机根据卷筒的排列可分为串联绞机、并联绞机、分列式绞机;起网机根据结构可分为槽轮式、滚柱式、鼓轮式与夹爪式等。

3.2　拖网捕捞机械

3.2.1　拖网作业

拖网属过滤性的运动渔具,它的捕鱼原理是依靠渔船拖曳具有一囊两翼或仅具袋型的网具,在水底或水中前进,迫使渔具将经过水域的各种鱼拖入网内达到捕捞的目的。拖网类渔具中的大型拖网,有规模大、产量高、产值大等特点。图 3-2 所示为拖网作业。

目前主要的近海拖网作业分为双拖网作业与单拖网作业。双拖网作业在世界拖网中所占的比例不大,但在中国机轮和机帆渔船拖网中占有较大的比例。我国沿海和近海海域广阔,水深变化缓慢,同时底层鱼虾类资源密度较高,集群状态较大,多适宜两船共同拖曳大规格的拖网捕捞。但单拖网作业因其作业自主灵活,便于向较深海域发展,不受较大风浪时不能作业的制约,渔船和人员的投入较少,所以在世界范围内单拖网作业方式占的比例较大。

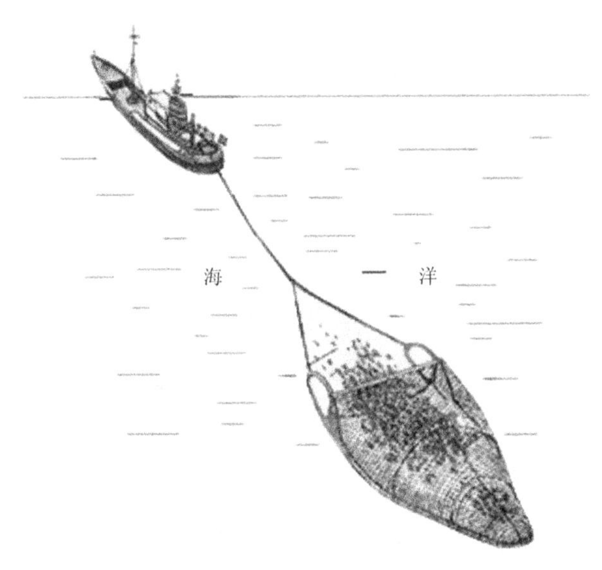

图 3-2　拖网作业

中层拖网也称变水层拖网，通过调节可控制拖网在一定的水层中作业，可不受水深和海域限制，可以捕捞除底层与表层以外的不同水层的鱼虾类。深水拖网也称深水底层拖网，是一种能捕捞大陆坡（水深 200～3000 m）海区的底层鱼虾类的作业方式。

3.2.2　拖网捕捞机械的配置

根据拖网作业的特点和需要，应配备如下捕捞机械和设备。

(1) 拖网绞机：主要用于牵引、卷扬拖网上的曳纲和手纲。其特点是绞收速度快、拉力大。绞收速度快可缩短起网时间，提高捕捞效益；拉力大可克服绞纲阻力。

(2) 卷网机：用于卷收全部或部分网衣及属具。

(3) 辅助绞纲机：用于拖曳网衣至甲板，放网时拖曳网衣等入水，起网时抽拉网底束纲。

(4) 其他设备：用于完成绞收、起重等任务的辅助设备，如超重吊杆、龙门架、各种导向滑轮等。

以上机械与设备的配备依渔船的大小、自动化及机械化的不同来配置。

群众渔业广泛使用 147 kW 以下的小型渔船，由于船的尺度较小，安装多种捕捞机械较困难，所以一般要求安装一机多用、结构简单、成本低的小型机械。如目前使用的拖网绞机，绞机的摩擦鼓轮从机舱棚的左、右侧伸出。鼓轮由天轴带动，天轴是由机舱中主机经带轮、传动轴带轮和大、小锥齿轮传动的。起网时，先合上主机与绞机间的离合器，再合上摩擦鼓轮旁边的控制绞机启动和停止的离合器手柄，摩擦鼓轮就开始转动。将曳纲绕在鼓轮上，依靠摩擦力的作用将曳纲绞至甲板。为了将曳纲整齐缠绕，在艄楼外设有卷筒绞绳车。

大中型拖网渔船配有拖网绞机、辅助绞机、各种导向滑轮，有的还配有卷网机。这种拖网渔船，起放网操作方便，用一台主绞纲机就可完成各种工作。

3.2.3　拖网绞机

拖网绞机又称绞纲机，是拖网渔船上最主要的捕捞机械。作业时用来绞收、松放曳纲并可用鼓轮绞收缆绳、起吊网具和渔获物等。

1. 绞机的主要结构及类型

绞机由卷筒、离合器、制动器、排绳器等组成（见图 3-3）。由内燃机、电动机或液压马达输出的动力，经离合器接合，使可容纳数百至数千米曳纲的卷筒转动。通过制动器对卷筒进行半抱闸或全抱闸，以调整卷筒转速，维持曳纲张力，使网板和网能在水域中正常张开；或迫使卷筒停转，使拖网随渔船的拖曳而在水域中移动。排绳器能使曳纲在卷筒上均匀顺序排列堆叠。有的绞机的主轴端部还装有摩擦鼓轮或副卷筒，进行牵引网具、吊网和卸鱼等作业。此外，绞机还应具有防止超载、超速、机旁控制、船尾远距离控制和驾驶室或操纵室控制等装置。拖网绞机按所拥有的卷筒数量可分为单卷筒、双卷筒和多卷筒绞机。前两种是普遍采用的形式。

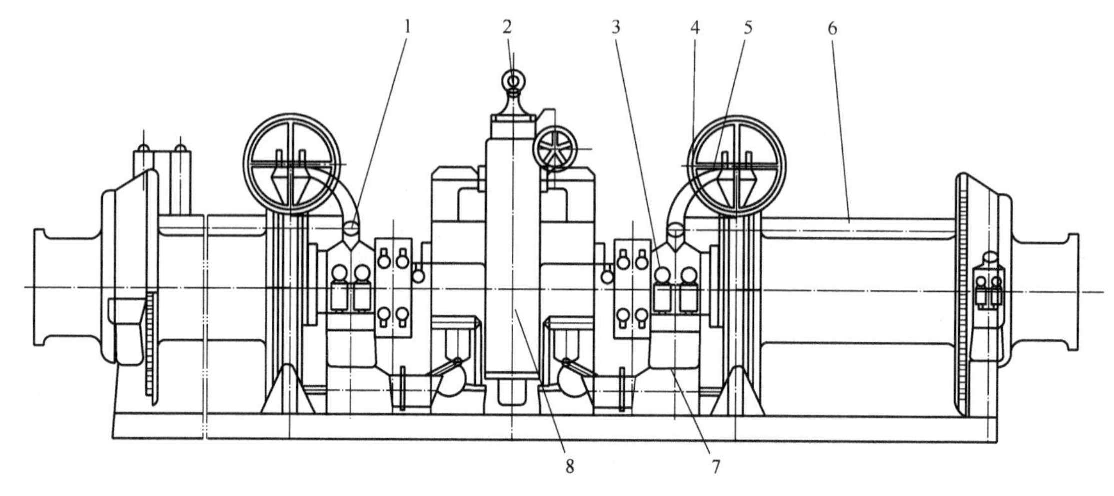

图 3-3 液压串联式绞纲机

1—轴承；2—操纵机构；3—卷筒；4—离合器；5—制动器；6—排绳器；7—排绳变速器；8—液压马达

(1) 双卷筒绞机(见图 3-4) 其结构形式有单轴双卷筒和双轴双卷筒之分。当卷绕的曳纲由直径不同的绳索组成时，借卷筒变速装置或手动操纵可实现双速排绳。

(2) 单卷筒绞机 又称分离式绞机(见图 3-5)。两台绞机成对进行工作。小型拖网渔船用于收放、储存曳纲和手纲。大中型渔船一般设两台曳纲绞机和两台手纲绞机。有的船设四台手纲绞机，可实现两顶拖网先后进行放网捕捞的双网作业。

图 3-4 双轴双卷筒式绞纲机

图 3-5 分离式单卷筒绞纲机

图 3-6 三卷筒中高压分列式绞纲机

(3) 多卷筒绞机(见图 3-6) 它属大型绞机，卷筒数量为 5～8 个，可一机多用，其力学性能较好。如四轴七卷筒拖网绞机，主轴上的两个卷筒，绞收曳纲的总拉力为 300 kN，速度为 120 m/min，可储存直径为 34 mm 的曳纲 5500 m；中间轴上的两个卷筒用以绞收手纲，其拉力为 150 kN，速度为 40 m/min；传动轴上的三个卷筒用于吊网卸鱼，单个卷筒通过滑轮组一次可吊重 60 t，三个卷筒最高可吊卸渔获物 180 t。八卷筒绞机通常由曳纲、手纲、牵引网具和吊网卸鱼卷筒各两个组成。

此外,中国和日本在东海、黄海作业的双拖渔船采用绞机与卷纲机配成机组绞收曳纲,每船安装两组。绞机结构简单,主要部件是一个摩擦鼓轮,曳纲在鼓轮表面卷绕数圈后,由卷纲机靠其摩擦力绞拉。绞纲时由于绞拉直径不变,可实现等扭矩工作。卷纲机结构与单卷筒绞机基本相同,卷筒工作速度需稍高于绞机以保持拉力,由于拉力很小,所需功率仅为绞机的十分之一。机组分散安装,便于船上布置。

2. 绞机的主要性能参数

(1) 牵引力　牵引力的大小主要取决于渔具的大小、船舶的功率和海况等因素。目前,183～440 kW 渔船上绞机的牵引力在 40～50 kN 之间。

(2) 牵引速度　它指绞机在绞收曳纲时的平均速度。牵引速度的大小主要取决于渔船的功率。一般渔船绞机的牵引速度为 40～140 m/min。起网时,主机转速应控制在主机额定转速的 70%～80%,如 ZC6260 型 440 kW 主机转速为 400 r/min,起网时采用 280～300 r/min 的转速,8300 型 440 kW 主机转速为 450 r/min,起网时采用 340～360 r/min 的转速。

(3) 卷筒容绳量　卷筒容绳量是指卷筒容纳钢丝绳和夹棕绳的总长度。

如我国目前使用的 500 kN、60 m 拖网绞机,这种绞机属双滚筒液压型,具体参数如下。

① 牵引力:5000 kN。

② 绞收平均线速度:60 m/min。

③ 卷筒直径:320 mm。

④ 卷筒轮缘直径:1250 mm。

⑤ 卷筒容绳部长度:1335 mm。

⑥ 容绳量:1100 m(ϕ22.5 mm 钢丝绳:600 m;ϕ45 mm 夹棕绳:500 m)。

液压系统由液压泵、安全阀、机械式过滤器、磁性过滤器、操纵阀、液压马达、膨胀油箱及管路组成。液压泵安装在主机前端,通过离合器与主机连接。离合器合上时,液压泵供油,脱开时,液压泵则停止供油。离合器的离合由压缩空气控制。绞机液压泵采用双作用滑片式,其作用是产生压力油,将主机的机械能变为液压油的压力能输出。

安全阀设在液压泵的进、出口上。当液压泵的输出压力过高时,安全阀跳开,高压油经安全阀流回吸入腔,从而使压力降低,避免因超压损坏设备和增加额外功率消耗。

机械式过滤器和磁性过滤器均设在低压管路上。它们的作用是过滤杂质,防止杂质和金属粉末造成额外磨损。过滤器使用一段时间后,应及时清洗。

操纵阀设在液压马达入口处,其作用是控制进入液压马达的液流量和流向,以达到控制液压马达的转向和转速的目的。操纵阀可通过操纵柄,控制液压马达实现正车单作用和正车双作用、倒车单作用和倒车双作用、有负荷停车和无负荷停车。

液压马达是绞机的动力源,其作用是将油液的压力能再转化为机械能向网机输出,带动卷筒和摩擦鼓轮,完成绞收任务。

3.2.4 拖网卷网机

拖网卷网机是用于卷绕全部底拖网或中层拖网而起网并将网储存的机械。也有单纯卷绕拖网网衣的,称为网衣绞机。拖网卷网机主要由卷筒、离合器、制动器及动力装置等组成,具有省力、省时、安全、甲板上设备少等优点,但补网与调整网具较不便。根据卷筒结构可分为直筒式和阶梯筒式两种。

图 3-7　直筒式卷网机

(1) 直筒式卷网机(见图 3-7)　其中间为光滑的卷筒体,两端为大直径的侧板。卷筒底径为 350 mm,侧板外径为 1500 mm,长近 6 m,容网量为 6 m^3,能卷绕 100 m长的双拖网。用于 30～45 m 长的拖网渔船上。

(2) 阶梯筒式卷网机　筒身中间大、两边小,两端为大直径侧板。有的在筒身两阶梯处设大直径隔板。两侧用于卷手纲、中间用于卷网。卷筒底径为 240～900 mm,容网量大型的为 9～16 m^3,中型的为 7～9 m^3,小型的在 7 m^3 以下,大中型卷网机底径拉力为 80～350 kN,有的已达 520 kN。其速度为 13～48.5 m/min,功率从数十千瓦至两百多千瓦。

3.2.5　辅助绞机

配合拖网捕捞机械化的其他绞机的总称。小型拖网渔船只有一台辅助绞机,用于吊网卸鱼等各种辅助作业。大型拖网渔船针对各种作业设专用绞机,有手纲绞机、牵引绞机、吊网卸鱼绞机、晒网绞机、放网绞机,有的还设有网位仪绞机、下纲滚轮绞机和下纲投放机等。绞机一般为单卷筒式,配有离合器、制动器等。卷筒较小,容绳量大多不超过 100 m,绞收速度在 60 m/min以下,功率通常为数十千瓦。

驱动方式有机械、液压、电传动三种。早期采用机械传动,功率小、性能差,20 世纪 50 年代以来已较少使用。从 20 世纪 60 年代后期开始,液压传动已占主导地位,并向中高压发展,液压力多为 14～24 MPa。它具有体积小、质量小、能防过载、易控制和可无级调速等优点。电传动效率高、传输方便、易于控制,电动机单机功率大,在 20 世纪 60 年代前期占主导地位,目前3000 吨位以上的大型拖网渔船因绞机多、单机功率大,故仍普遍采用此种传动方式。

3.2.6　拖网渔船的性能及捕捞机械的发展趋势

1. 拖网渔船的种类和主要性能

1) 近海拖网渔船

(1) 近海双拖网渔船　近海双拖网渔船以 GY8154C 型 291 吨位尾滑道冷冻拖网渔船为代表。该型船舶于 1979 年首次建造,至 1990 年底已建造 200 余艘。

(2) 近海单拖网渔船　我国近海单拖网渔船以 GY8104G5 型 298 吨位尾滑道拖网渔船为代表。该船主机功率为 662 kW;采用冻结、冷藏保鲜,日冻结量为 9.6 t,能满足单拖网作业中渔货物冻结的需要。船员住室全部设于主甲板之上,生活条件较好,尤其适合气候较热的地区使用。但绞纲的拉力和速度不能令人满意,拉力为 24.5 kN,线速度为 38 m/min,与 GY8154C 型渔船相差悬殊,现已有了改进。

2) 过洋性拖网渔船

我国远洋渔业船舶以过洋性中型拖网渔船为主,其中部分为双支架拖网渔船(虾拖网渔船),其余为单拖网渔船。

(1) 双支架拖网渔船　双支架拖网渔船在两舷各安装活动臂架,每根臂架长 10～12 m,重约 1 t 的臂架端部离水面约 4 m。我国无专用的双支架拖网渔船,一般是用 GY8104G5 型渔船兼作双支架拖网渔船或在 GY8154C 型渔船上加装了臂架等设备而得到。

(2) 单拖网渔船　我国过洋性单拖网渔船除 GY8104G5 型外,还有 GY8160 型 299 吨位、

735 kW 尾滑道渔船和 GY8166 型 510 吨位、1029 kW 尾滑道渔船。

3）中大型远洋拖网渔船

自 1985 年起，我国陆续购置了 3000 吨位以上的大型远洋拖网加工船，赴白令海、鄂霍次克海和新西兰等海域捕捞鳕鱼等鱼类。这些渔船与过洋性拖网渔船相比，除了船舶总吨位和主机功率明显变大之外，还设有加工冷冻鱼片、鱼段和鱼粉等产品的设备，所以它们既是大型拖网渔船，又是海上加工厂。

2. 拖网捕捞机械的发展趋势

新中国成立以来，渔船的数量呈较快增长。其中拖网渔船占主要地位。随拖网作业的海区扩大，单艘渔船的总吨位和功率不断增加，20 世纪 60 年代建造的 801 型 184 kW 混合式拖网渔船已从国有渔业企业中淘汰，而以 291 吨位、441 kW 渔船代之。20 世纪 80 年代以后，我国远洋渔业的迅速发展带动了造船业的发展。

拖网渔船主要的起网机械为绞纲机，其次为部分渔船安装的卷网机，还有船尾辅助绞纲机等。我国 441～735 kW 拖网渔船绞纲机的拉力为 78 kN，能满足绞纲和吊网的要求。我国 441～735 kW 渔船绞纲机的线速度约为 70 m/min，一般认为基本满足要求。我国用于中型拖网渔船的 JYCFD4/70 型中高压绞纲机的卷筒容绳量为 2500 m（ϕ22 mm 钢丝绳），能满足在水深 500 m 海区单拖网作业的要求；双船拖网的作业水深一般不超过 200 m，因此也能满足要求。

拖网绞机正向单卷筒、多机发展，新型绞机一般装有曳纲张力、长度自动控制装置，超载时可自动放出，并能进行减速控制；张力过小时能自动收进；两曳纲受力不等时能自动调整，保证曳纲等长同步工作，并可预定曳纲放出长度和绞纲终止长度，以实现自动起放网。辅助绞机正日趋专用化，其驱动方式大多向中高压液压传动发展。全船各种捕捞机械的控制采用集中遥控和机侧遥控相结合的方式，并开始采用计算机程序控制。

3.3　围网捕捞机械

3.3.1　围网渔业

围网是一种捕捞集群鱼类，规模大、产量高的过滤性渔具。围网的捕鱼原理是：发现鱼群后，放出长带形网，或较长的网衣，网衣在水中垂直张开形成网壁，包围或阻拦鱼群的逃跑，收绞括纲，封锁网底口，然后逐步缩小包围面积，使鱼群集中到取鱼部而捕获；或驱赶鱼群进入网衣而捕获。围网渔具的捕捞对象主要是集群的中上层鱼类、近底层鱼类等，如海洋中的鲐、太平洋鲱、蓝圆鲹、竹荚鱼、沙丁鱼、金枪鱼、鲣等。

在许多远洋渔业发达国家，远洋围网渔船对捕获量和渔业经济贡献率占到了近 70%，这个数据充分说明了远洋围网对于渔业产业的重要性。对我国来说，远洋围网作业使我们能够从公海获得更多的渔业资源。因此大力发展远洋围网渔船，将会对我国远洋渔业发展产生重要的战略意义。在看到前景的同时我们也看到，我国在这个领域的起步较晚，围网船在远洋渔船船型的发展中相对处于较弱的地位，这是现阶段限制我国围网配套企业发展的重要制约因素。

我国现有的围网主要有鲐、鲹鱼光诱围网和大型金枪鱼围网。

鲐、鲹鱼光诱围网是根据中上层鱼类的趋光特性，夜间利用集鱼灯光等把分散的鱼群诱集成群，然后依靠围网渔具，包围鱼群来达到捕捞目的的。目前我国主要有渔业公司的机轮光诱围网与以个体为主的小型光诱围网。这几年来渔业公司的机轮光诱围网的规模在逐渐缩小，而以个体为主的小型光诱围网发展较快。

一组灯光围网船，一般包括 1 艘网船、2 艘灯船和 1 艘运输船。网船是船组的首领，大部分捕鱼作业均在网船上进行，所以网船需要装载 15～20 t 的网具和属具，同时甲板上装置各种捕鱼机械 10～20 台，其中收网最主要采用的是液压动力滑车。目前国内的大部分捕鱼机械所用装置都已全部国产化，就连小功率的动力滑车也已经完成国产化，通过这几年的使用，总体反映效果较好。灯船在围网作业中的功能为在灯光诱鱼时作为主要诱鱼光源，与网船共同侦查鱼群，协同网船和运输船进行放网、起网和捞鱼操作，所以灯船上除了安装必要的渔航仪器外，还装有用于光诱的主要灯具设备。灯具分为水上灯与水下灯。水上灯设置在灯船的甲板上，离水面有固定的高度，并有一定的入射角，在水面近表层形成光场，对表层趋光性鱼类诱捕能力较强。目前使用的水上灯主要功率为 500～2000 W，采用的灯泡主要有白炽灯、卤钨灯、水银灯与金卤灯。水上灯的组成主要有发电机组、配电板、船用电缆、镇流器、灯头与灯泡，目前所有的小功率产品已全部实现国产化，但 2000 W 的系列金卤灯仍有使用日本进口的。对于金卤灯使用的镇流器，国外目前使用的镇流器全部是带保护的壳装镇流器箱，而国内大部分个体渔船使用的是无保护壳的镇流器。

3.3.2　围网机械的类型

围网机械是用于起放围网渔具的机械，可分为绞纲、起网和辅助机械三类。一般围网渔船上所配备的围网机械由几台至二十几台单机组成(捕捞设备的布置如图 3-8 所示)。其数量和配置由渔船大小、网具规格、作业方式、渔场条件和机械化程度等决定。传动方式可分为电传动和液压传动；控制方式有机侧控制、集中控制和遥控。因液压传动可无级变速，操纵方便，防过载性能好，故 20 世纪 60 年代以来被广泛采用。

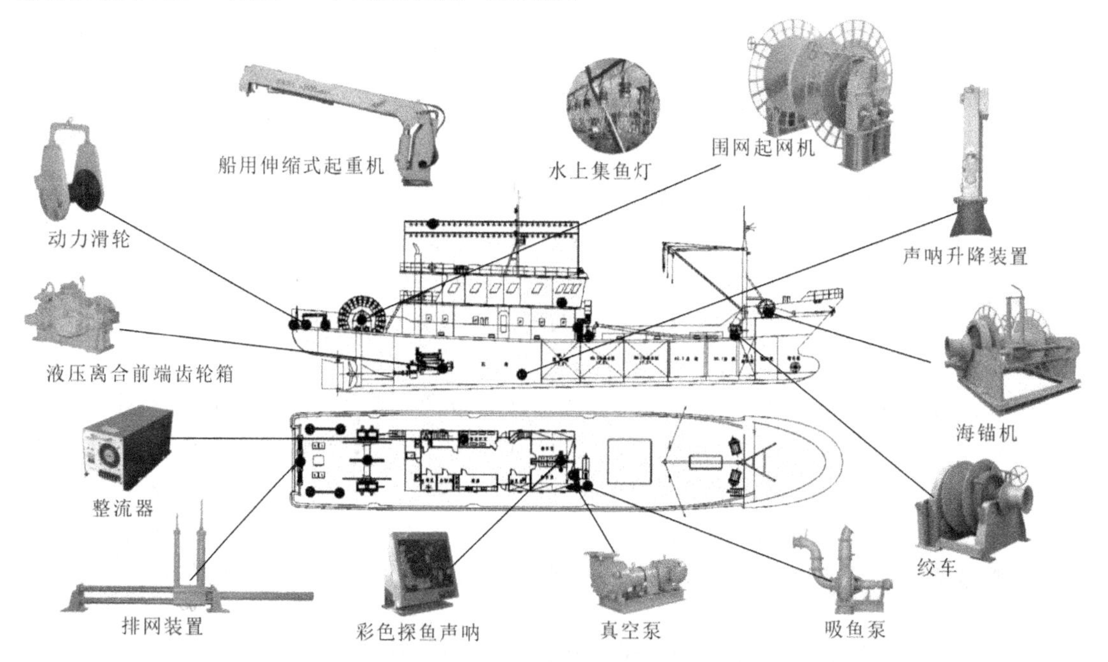

图 3-8　灯光围网渔船捕捞设备布置图

1. 绞纲机械

主要用于收、放围网的纲绳，或通过绞收钢索完成某种捕捞动作。按用途主要有括纲绞机、跑纲绞机、网头绳绞机、束纲绞机、变幅理网绞机、理网移位绞机、斜桁支索绞机、浮子纲绞机、抄网绞机等十余种。其中以括纲绞机使用最为广泛。该机亦称围网绞机，主要用于收、放围网括纲，其基本结构与拖网绞机类似。结构形式有单轴单卷筒、单轴双卷筒、双轴双卷筒、双轴多卷筒等多种，以采用双轴双卷筒绞机居多。操作时由原动机驱动卷筒主轴，通过离合器使卷筒运转。卷筒上设有制动器。对容绳量大的绞机，还装有排绳器。中国的围网渔船主要采用两台单轴单卷筒括纲绞机或一台单轴双卷筒括纲绞机。机上设有过载保护装置，以抵抗由网船的升沉和摇摆引起的频繁冲击载荷。

2. 起网机械

起收并整理围网网衣的专用机械，有集束型和平展型两类。

1) 集束型起网机

主要用于起收、整理网长方向的网衣，有悬挂式和落地式两种。

(1) 悬挂式起网机　又称动力滑车(见图 3-9)，是最早应用的围网起网机械之一，具有体积小、质量小、使用方便等优点。主要由原动机、传动(减速)机构、V 形槽轮和护板吊架等组成。V 形槽轮是动力滑车的关键部件，槽轮上的楔紧力、包角和表面摩擦阻尼综合构成起网摩擦力。动力滑车悬挂于理网吊杆的顶部，一般在甲板上方 8～10 m 以至超过 20 m 以上处，起网拉力一般为 20～80 kN，起网速度为 12～20 m/min，适于尾甲板作业的围网渔船使用。如在动力滑车的基础上增加一台理网滑车，可专门用于整理起收上来的网衣。

图 3-9　悬挂式起网机

(2) 落地式起网机　落地式起网机有多种形式，主要有以下几种。

① 三鼓轮起网机，又称阿巴斯起网机组，由起网鼓轮、导网鼓轮、理网鼓轮及理网吊杆组成。起网鼓轮装在放网舷(右舷)、船的中部甲板上，理网鼓轮悬挂在船尾网舱部位的理网吊杆上。导网鼓轮及网槽设在两者之间，形成船中起网、船尾理网的三鼓轮作业线。起网鼓轮除 V 形槽轮和支座外，增设了水平回转机构，可在 140°范围内调整槽轮的进网角，并可在 70°范围内调整槽轮两侧板的俯仰角度，以调整浮子纲和沉子纲及其网衣的起收速度。通过导网鼓轮，

增加了起网包角，从而增加了起网摩擦力，降低起网作用力，减少了船舶倾覆力矩。该机适用于舷侧起网，起网拉力为 20～60 kN，起网速度为 30～40 m/min。

② 船尾起网机（见图 3-10），由附装在横移机构上的起网机、导网卷筒、理网滑车和理网吊杆组成，在船尾部位形成了一条起网-理网作业线。横移机构为导轨螺杆式，由动力驱动。起网机的工作部件——V 形轮槽不设俯仰机构，故不能调整浮子纲、沉子纲及其网衣的起收速度。由于起网作用力点更低，又相应地增加了起网包角，能在较大风浪条件下作业。但船尾的升沉幅度较大，因而增大了起网动载荷，故往往要借助人力起收浮子纲。起网拉力通常为100～200 kN。

③ 三滚筒式起网机（见图 3-11），适用于船中起网。起网工作部件由三个轴线平行的圆柱滚筒组成。设有机座水平回转机构和滚筒俯仰机构。由于“三滚筒”增加了起网包角，网衣不易打滑，起网效率较高。起网时，网衣在滚筒间呈扁平状通过，网衣各部位的起收速度比较均匀，能较满意地起收网衣。但该机对冲击载荷缺乏缓冲作用，要求有足够高的机械强度和刚度。起网拉力为 20～150 kN。

图 3-10　船尾起网机

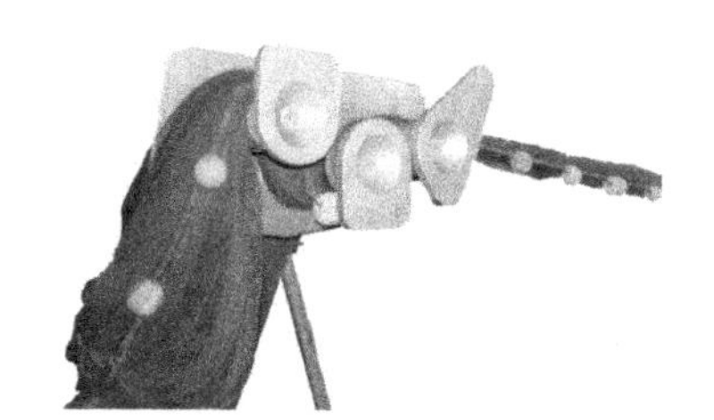

图 3-11　三滚筒式起网机

2）平展型起网机

主要用于起收取鱼部网高方向的网衣，有舷边滚筒和夹持式 V 形两种。其基本工作原理是利用摩擦力逐步将展开的取鱼部网衣起收到甲板上，以收小网兜，便于捞鱼。

① 舷边滚筒起网机，有起倒式、固定式和顶伸式三种，以前两种使用较多。通常在网船起网舷边设置三组滚筒，其中二组为起倒式，装于船中部，不用时可倒伏并收拢于舷墙内侧，不致影响甲板过道；起倒机构采用回转主轴带动滚筒支架的形式。一组为固定式，装于船尾，用 2～3 只约2 m长的外敷橡胶的起网滚筒串接在一起，由原动机驱动。舷边滚筒全长 18 m 左右，起网时，网衣靠人力拉紧并随滚筒旋转而起收。其组成长度可根据需要调整。

② 夹持式 V 形起网机，由一对充气的橡胶圆筒构成 V 形，装于船中部的专用吊杆上，可随吊杆移动。原动机通过传动机构使滚筒做相对运转，部分网衣夹在两滚筒的夹角中间，用液压力调整两滚筒的夹角，改变对网衣的正压力，达到摩擦起网的目的。该机常与舷边滚筒配套使用。

图 3-12　真空式吸鱼泵

3. 辅助机械

辅助机械用于进行围网捕捞的某些辅助作业，有底环制动器、底环解环机、鱼泵专用吊机、放灯绞机、吸鱼泵（见图 3-12）等。

3.3.3　国内外围网捕捞机械的发展概况

20 世纪 70 年代后，国外围网渔船开始向大型化和现代化发展。美国、日本、挪威、德国、加拿大等国普遍采用航程远、功率大、航速快的大型围网渔船。如美国大型围网船“阿波罗”轮船长 76.9 m，船宽 13.6 m，载重 1800 t，主机功率为 2867 kW，航速为 15.6 kn(1 kn=0.514 m/s)；挪威尾滑道围网船兼作拖网“丽巴斯”轮，船长 71.31 m，载重 1348 t，功率为 5290 kW，航速为 17.5 kn。围网网具规格不断增大，长高比值明显下降，主要用于捕捞上层大型鱼类和增加有效的捕捞深度。如：美国金枪鱼围网，网长 1500～2000 m，网高 210～260 m，重 30 t；挪威金枪鱼围网，网长 1500 m，网高 200 m，重 25 t。捕捞设备的机械化和自动化程度越来越高。如：美国为了在太平洋、大西洋、印度洋等水域适应捕捞鲣和金枪鱼的围网作业，安装了先进的捕捞设备，1100 吨位的船上装备有各种捕捞机械 16 种共 21 台，均采用液压传动和集中控制，整个捕捞过程只需 6 人，部分部件采用高强度铝合金制作，使机体质量大为减小；日本 116 吨位的围网船上有各种机械 21～24 台，达到了高度机械化；挪威围网船采用三滚筒起网机，安全可靠，在 8～9 级风浪时仍可作业，捞取 250 t 渔获物只需 30 min 左右。围网绞纲机是围网船的关键设备之一，美国 2000 吨位的围网船绞纲机拉力为 390 kN；日本 499 吨位的围网船绞纲机的拉力为 225 kN；挪威 768 吨位的围网船的拉力为 390 kN。国外先进的围网船上装有多种捕捞机械，除了绞纲机械外，主要还有起网机、舷墙滚轮、吸鱼泵等。

在日本中型围网船上，普遍使用船尾绞网机和理网滑车系统，网衣首先通过船尾的绞网机，然后穿过吊杆上的理网滑车，降落在甲板上所需要的位置。这样可大大地提高绞网效率和降低劳动强度，与单动力滑车起网方式相比，有了明显的改进。船尾绞网机的拉力约为 30 kN，在放网时可将其移向不妨碍放网的船舷，或翻入网台之下。理网滑车的拉力约为 7 kN。

挪威围网船则较多使用三滚筒起网机，该机械的主体是三个依次旋转、方向相反的动力滚筒，网衣先通过第一个滚筒，然后通过第二、第三个。三滚筒起网机因规格不同，拉力的范围为 58.8～147.0 kN，起网速度为 30 m/min。该起网机的辅助设备为运输滚筒，通过三滚筒的网衣由运输滚筒拉高并叠放在应有的位置，以准备再次放网。由于它是通过液压传动，并能在任意方向上旋转，因此不仅能叠放网具，而且还可以将网具传送到码头，或从码头传送到网船。围网船在装置了这种三滚筒起网机后，在 8～9 级风的天气仍可坚持操作。澳大利亚曾用这种设备一次起网获金枪鱼 2300 t。目前，在俄罗斯、秘鲁、日本、加拿大、丹麦、冰岛、挪威、法国、美国等国家都或多或少地使用了吸鱼泵。挪威的船用吸鱼泵重 350 kg，扬程为 15 m，鱼水混合密度为 33%，吸水能力为 60 t/h，对 30～50 cm 长的鱼类损伤率不超过 7%。

国内的围网渔船主要配备了括纲绞机、起网动力滑车、跑纲绞机、网头绳绞机、变幅吊杆绞机等一定数量的捕捞机械设备，仅满足基本要求。每台括纲绞机的拉力为 25～30 kN，绞收速度为 60 m/min 左右。拉力和绞收速度基本满足要求。国内的网船一般仅用动力滑车绞收网衣，使用中存在拉力和包角不够大的情况，且大风浪时会出现打滑的现象。新型的网船加装了船尾绞网机，基本解决了上述问题。

20 世纪 70 年代以来，金枪鱼围网渔船长度有不断增加的趋势，现代金枪鱼围网渔船大多是美式的，如美国金枪鱼围网渔船，总长从 65 m 增加到 100 m 以上，宽达 16 m。装载能力从 15～19 个渔舱，950～1150 t 盐水冻结金枪鱼渔获物的装载能力，发展到拥有 22 个渔舱，2500～3000 t 渔获物的装载能力。大多美式大型金枪鱼围网渔船，船长为 80 m，总重为 2000 t 左右;中型船船长一般为 50～60 m,总重为 500～1000 t。为追捕金枪鱼群,要求航速为 14～17 kn,主机功率较大(大型船功率为 3800～5800 kW,中型船为 1600～3000 kW)。捕捞机械有 10 多种。有绞机(包括围网主绞机、拖缆绞机、带网艇引扬绞机、驾驶绞机、浮子纲绞机、抄网绞机、主顶索绞机、主吊杆绞机、货物吊杆绞机、辅助顶索绞机、辅助吊杆绞机、束纲绞机等)、三滚筒式起网机、起网动力滑车(摆动)、围网吊杆、底环制动器、起网动力滑车(固定)等,其中围网主绞机、浮子纲绞机、动力滑车及底环解环机等,均采用液压或电传动,并可集中遥控。

3.4 刺网捕捞机械

刺网捕捞机械是起放刺网渔具和收取渔获物的各种机械的总称,有起网机、振网机、理网机、绞盘和动力滚柱等。小型渔船只配置绞盘和起网机。大型渔船可有各种机械 5～6 台,可实现起网、摘鱼、理网和放网的机械化。

(1) 刺网起网机:绞收刺网网衣的机械。根据工作原理可分为缠绕式、夹紧式和挤压式三类。也可根据起网方式分为绞纲类和绞网类两种,前者绞纲带网,网衣呈平展式进入甲板,通常由两台机器分别绞沉子纲和浮子纲,故也可分别称为沉子纲绞机和浮子纲绞机,两机结构有的完全相同,有的略有差异。有的起网机单设一台机器绞沉子纲,其网衣呈集束形进入机器并直接进行绞收。

① 缠绕式起网机:通过旋转机件与纲绳或网衣间的摩擦力进行起网的机械,分为绞纲类和绞网类。绞纲类缠绕式起网机有双滚筒、三滚筒、三滚柱等,纲绳与滚筒(柱)呈 S 形或 Ω 形接触,以增加包角和摩擦力,另由人力对纲绳施加初拉力将网起上;滚筒表面镶嵌橡胶,以增大摩擦因数,提高起网机的性能。绞网类缠绕式起网机有槽轮式和摩擦鼓轮式两种,网衣分别靠槽轮楔紧摩擦力和鼓轮表面摩擦力而起网。槽轮摩擦力与轮的结构、楔角大小及轮面覆盖材料等有关。

② 夹紧式起网机:通过旋转的夹具将刺网的纲绳或网衣夹持或楔紧而起网的机械,常见的有夹爪式和夹轮式。夹爪式起网机在一个水平槽轮上装有若干夹爪,能随槽轮同时转动,通过爪与槽轮表面夹住刺网的上纲或下纲进行转动而起网。每个夹爪在转动一周内依次做夹紧绞拉和松脱动作一次,实现连续起网。起网机的拉力与同时保持夹持状态的夹爪数有关。夹轮式起网机是用槽轮将网衣夹持后转动一个角度然后松脱而起网。槽轮有固定的和可调的两种。固定的槽轮其圆周槽宽不等距,网衣在狭槽处夹紧、宽槽处松脱。可动的槽轮由两个半体组成,其中一个半体可以移动。工作时,槽轮一个半体倾斜压紧,另一个半体松开。槽轮材料有金属、金属嵌橡胶条和充气橡胶轮胎等。

③ 挤压式起网机:通过两个相对转动的轮子挤压纲绳或网衣而起网的机械。常见的有球压式和轮压式。球压式起网机是通过两只充气圆球夹持纲绳连续对滚而起网,结构轻巧,体积小,通常悬挂在船的上空。轮压式起网机由两只直筒形的充气滚筒挤压网衣连续对滚而起网,拉力超过球压式,体积较大,装在甲板上,绞收较大的网具。

(2) 刺网振网机:利用振动原理将刺入或缠于刺网网衣上的鱼获物振落的机械,主要由三根滚柱和曲柄连杆机构组成。大滚柱承受网衣载荷,两根小滚柱是振动元件。曲柄连杆机构与支承两根滚柱的系杆组成摆动装置,实现振动抖鱼动作。工作时,网衣呈 S 形进入两根小滚柱间,再由大滚柱进行牵引。大滚柱的工作速度约为 40 m/min,两根小滚柱相距 200～

400 mm，振动频率约为 200 次/min，振幅为 200～400 mm，摘鱼效率高，但机械需占甲板面积 6～9 m^2，有垂直式与水平式两种结构。还可在振网机前网衣通过的下方加装输送带，接收抖落的鱼类，以保证鱼品质量并提高处理效率。振网机适用于吨位较大的渔船。

(3) 刺网理网机：又称叠网机，是将完成摘鱼作业后的网衣顺序整齐地排列堆高的机械。网衣在一对滚柱间通过后，在连续垂直下放过程中由曲柄连杆机构带动左右摆动，实现反复折叠。浮子纲和沉子纲分别排列在两侧，理网效果较好。机体较大，适用于吨位较大的渔船。有的用两台滚筒式机械分别绞纲带网、输送网衣，并靠人力协助自然堆叠，效果较差，但网衣部分不需通过机械，机体较小，适用于百吨位以下的小船。

(4) 刺网绞盘：绞收带网纲和引纲的机械。它具有垂直的摩擦鼓轮，对渔具纲绳通过摩擦进行绞收而不储存。有的在绞盘下装有引纲自动调整装置。该装置主要由用于缓冲的钢丝绳及其卷筒、排绳器、安全离合器和报警装置等组成。钢丝绳与流刺网上的带网纲相联系。当带网纲张力超过安全离合器调定值时，离合器脱开，卷筒放出钢丝绳，缓和船与网之间的张紧度，使负荷降低，消除断纲丢网事故。张力减少时离合器自动闭合，卷筒停转。多次使用时，待钢丝绳放出的长度达预定值后，能自动报警，卷筒即自动收绳，由排绳器使绳在卷筒上顺序排列。利用报警信号及时通知开船，配合收绳，以减少阻力。

(5) 动力滚柱：起网或放网的辅助装置，由动力装置和一个两头小、中间大的圆锥筒组成。滚柱长 2～4 m。大多装在船舷，可加快起放网速度。有的装在船尾，用于放网。

国外单船式刺网渔船总长在 40 m 以下，主机功率在 300 kW 以下，每船带 60～150 网片。日本多采用金枪鱼钓船、底拖网船、秋刀鱼舷提网船和鱿鱼机钓船兼作近海鲑鳟鱼流网船。其船舶总重为 30～60 t，主机功率为 150～250 kW。有些流网渔船已装有专门化的系列机械设备，包括带网纲自动调节装置、起网滚柱、起网绞机、盘网机和抖鱼机等，实现了流网作业的半自动化和自动化。

我国沿海海洋刺网作业一般以小型渔船和机帆船为主，起网机械设备比较简单，机械化程度不高。这些渔船尚无专门的流网作业机械设备，一般只装有起网绞机。船舶总长度为 12～24 m，型宽为 3.0～5.0 m，型深为 1.2～2.0 m，主机功率为 9～135 kW。

3.5　钓捕机械

3.5.1　钓机的发展史

鱿鱼钓机是鱿钓渔业的最基本的生产工具，但是钓机的发展与完善也经历了几十年的时间。在鱿钓渔业发展初期，由于当时科技水平的限制，鱿钓设备较为简单，20 世纪 50 年代，鱿钓渔业所用的钓机为单滚筒手摇钓机。由于科技的进步，以及提高渔获效率因素的驱动，20 世纪 60 年代中期开始采用机械控制的双滚筒自动钓机。20 世纪 70 年代中、末期发展成为电控型自动钓机。由于计算机控制技术的应用，20 世纪 80 年代开发采用计算机型自动钓机，且从单机控制发展为集中遥控。钓机的作业水深也从原来的 300 m 发展到 1000 m。自动钓机可实现作业深度、起放线速度、起线速度脉冲幅值（即抖动强度）等各方面的调节功能。计算机型钓机除了可显示数字控制外，还可以使滚筒脉冲转动，记忆和模拟人的手钓动作，钓线的脉冲速度调节范围也更为广阔。

3.5.2 钓机的类型及其性能

随着我国远洋鱿钓渔业的快速发展，国内对鱿鱼钓机（见图 3-13）的需求量也逐年增加，但迄今为止各渔业公司所选用的鱿鱼钓机基本上是从日本进口的。1990 年以来国内所选用过的鱿鱼钓机主要有以下四种：KE-BM-1001 型（日本海鸥）、MY-2D 型（日本东和）、SE-58 型（日本三明）和 SE-81 型（日本三明）。其中 KE-BM-1001 型和 SE-58 型钓机由于其电控部分为一般的控制电路，称为基本型钓机；而 MY-2D 型和 SE-81 型鱿鱼钓机由于其电控部分是计算机控制的，称为计算机型钓机。表 3-1 列出了这四种鱿鱼钓机的主要参数和基本特点。

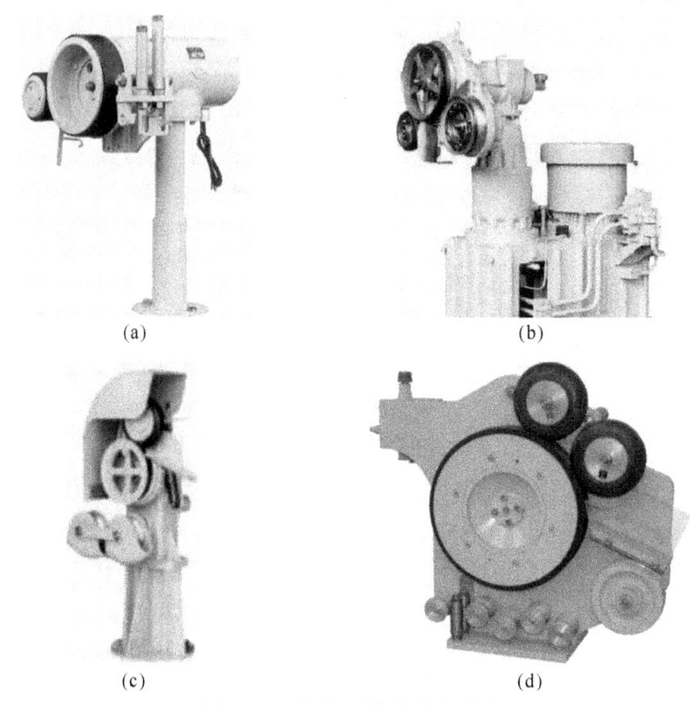

图 3-13 各种型号的鱿鱼钓机

(a) 双滚筒；(b) 三滚筒；(c) 四滚筒；(d) 多滚筒

KE-BM-1001 型钓机的机箱壳体和卷线鼓轮侧板均采用防锈铝合金，故质量较小。控制电路的核心元件采用集成数字电路，有利于缩小体积和降低成本。抖动上限的定位采用电子延时电路来控制。

KE-BM-1001 型钓机是最早进口的一种鱿鱼钩机，其价格较低、渔获效果较好。同为基本型的 SE-58 型钓机，由于机箱壳体和卷线鼓轮侧板均采用了 SUS 不锈钢，虽质量较大，但较结实牢固。其直流电动机的额定功率为 500 W，比 KE-BM-1001 型大 100 W，在钓大个体鱿鱼时更为有利。其减速比为 22，比 KE-BM-1001 型钓机小。由于利用调压、调速的直流电动机，其低速负载特性刚度较软。SE-58 型钓机具有自动切换功能，比 KE-BM-1001 型的功能多。所谓自动切换，就是当钓机的负载超过某一设定值时，钓机从“钓上优先”状态（负载特性刚度相对较硬）自动切换成“防止断线优先”状态（负载特性刚度相对较软），并中止“抖动”动作。另外，SE-58 型钓机的抖动上限采用机械限位法定位，也比 KE-BM-1001 型钓机更合理。但 SE-58 型钓机的电控部分主要采用微型继电器作为逻辑控制元件，比起 KE-BM-1001 型来显得较落后。SE-58型钓机的箱体尺寸也比 KE-BM-1001 型的大。计算机型钓机在控制功能上要比基本型钓机更为丰富和精确。

SE-81 型钓机着眼于钓捕大个体鱿鱼，设计中加粗了主轴的直径。为了增强钓机的负载能力，改良了专用直流电动机，并采用了大减速比，也有自动切换功能。速度分七段可调（放线三段、收线四段），意在提高钓获率（渔获效果）。由于可调参数多（包括许多隐功能），操作人员不易全面掌握。电控部分的核心元件采用 Z80-CPU。程序记忆功能由集中控制盘（简称集控盘）实现，使钓机在不接集中控制盘而独立运行时无法调用程序。

MY-2D 型钓机早于 SE-81 型钓机问世，但调速采用交流调频技术，电控部分的核心元件采用 MCS-51 系列单片机。交流电动机相对直流电动机来说具有结构简单、故障少、维护方便等优点，但启动力矩较小。在 MY-2D 型的操作面板上，除了一个防水电源开关外，全部采用触摸式按钮，有利于提高钓机在恶劣环境中的三防（防水、防雾、防盐雾）能力。与 SE-81 型相比，MY-2D 型钓机操作面板的布置更为合理。虽然单机独立功能比 SE-81 型的更强（除没有自动切换功能外），但操作更直观、容易掌握。四显示窗比三显示窗也可提供更多的动态信息。在与集控盘联用时，MY-2D 型的控制电缆为串联接法，比较省事。但 MY-2D 型最多只能使 16 台钓机联机受控，这对每艘钓机超过 16 台的钓船来说，会产生一些不便。

表 3-1　四种日产鱿鱼钓机的对比情况

钓机类型		基本型		计算机型	
		KE-BM-1001	SE-58	SE-81	MY-2D
输入电源		AC 200～300 V 60 Hz 单相	AC 200 V 60 Hz 单相	AC 200 V 60 Hz 单相	AC 200 V 60 Hz 三相
电动机	额定功率	DC 400 W	DC 500 W	DC 500 W	DC 400 W
	过载能力	最大瞬间功率为 1800 W	最大电流为 16 A (2000 W)	最大电流为 17 A	最大电流为 6 A (每相)
减速比		30	22	36	15
主轴直径/mm		28	28	30	28
箱体等防锈材料		防锈铝合金	SUS 不锈钢	SUS 不锈钢	SUS 不锈钢
箱体尺寸 (L×W×H)/m		430×310×430	490×315×475	500×420×480	485×310×460
最大放线长度/m		200	260	999	999
零位设定功能		无	无	有	有
转速可调范围/(r/min)	收线速度	15～95	0～100	10～83	20～99
	放线速度	15～98	0～100	10～93	20～99
钓机动作特点	抖动机制	减速-增速简单合成	减速-增速简单合成	减速-增速简单合成	每转八等分速度设置
	抖动上限定位	电子延时	机械限位	数字控制	数字控制
	其他特点	无	有自动切换功能	收线速度四段可设，有自动切换功能	可用手摇法输入抖动模式，可调用工厂设置的抖动模式

续表

钓机类型	基本型		计算机型	
	KE-BM-1001	SE-58	SE-81	MY-2D
电控部分核心元件	集成数字电路	微型继电器	Z80-CPU	MCS-51 单片机
人机界面	防水开关加旋钮；无电源开关；拖线按钮；防水性略差；操作简明，易掌握	防水开关加旋钮；内藏电源开关；拖线按钮；防水性略差；操作简明，易掌握	防水开关加触摸旋钮；内藏电源开关；拖线按钮；防水性好；操作不易全面掌握；三显示窗	触摸旋钮；外面板防水电源开关；拖线按钮；防水性好；操作直观，较易掌握；四显示窗
集控盘情况	CPMU-4 型；每个主盘可控 8 台钓机，每扩充 1 个子盘可多控 4 台钓机；1 个主盘最多可扩充 6 个子盘，使 32 台钓机联机控制；控制电缆并联连接	KII 型；每个集控盘根据内部所配控制单元的情况可控 4～16 台钓机；2 个集控盘可互连，最多使 32 台钓机联机受控；控制电缆并联连接	SE-81 专用型；每个集控盘最多可控 16 台钓机；2 个集控盘可互连，最多使 32 台钓机联机受控；控制电缆并联连接	MY-2D 专用型；每个集控盘最多可使 16 台钓机联机受控；集控盘不能互连；控制电缆串联连接
其他	无	无	与集控盘相连后具有 160 种程序记忆功能	输入电压为 190～260 V，可调，有自检功能

第4章　水产品加工机械

4.1　概　　述

1. 水产品加工机械的分类

水产品加工机械是以水产动植物为原料进行加工的加工机械，是食品加工机械的重要组成部分。由于水产品加工原料的品种多，有易腐败变质的特点，有别于其他食品加工原料，从而构成这类机械设备的专用性。但无论何种原料，在其加工过程中都有相同的单元操作，如清洗、分级、切割、混合、灌装和热处理等，这些工序都会使用到各种通用机械设备。因此，水产品加工机械是由食品加工通用机械和水产品加工专用机械组成的。人们在筹建某种水产品加工机械生产线时，要根据加工工艺要求选择合适的通用机械与专用机械，组成高效生产线。本章主要介绍水产品成品加工机械。

水产品加工机械按工作特点可分为如下几种。

（1）原料处理机械，用于各种水产品的清洗、分级、切头、剖腹、去内脏、去鳞、脱壳等。

（2）成品加工机械。

（3）渔用制冷装置，包括渔业上常用的各式制冰机械、冻结装置以及专门用于保鲜、冷却鱼品的制冷装置。

根据水产品加工原料，水产品加工机械又可分为以下几类。

（1）鱼片机械：包括定向排列机、去头机、去内脏机、切鱼片机、去皮机等。

（2）鱼糜制品机械：包括鱼肉采取机、去骨刺机、漂洗机、斩切机、香肠结扎机、成形机、油炸机等。

（3）熏、干制品机械：包括制熏鱼的熏烟发生器、回转式烟熏装置、加工干鱼的各式烘干机、烘烤机、滚轧片机等。

（4）水产品罐头机械：与一般食品罐头机械类似，工业发达国家规定水产品罐头机械不得加工果、蔬、禽、畜类食品。

（5）鱼粉鱼油加工机械：包括预煮机、压榨机、干燥机、汁液浓缩装置、粉碎机、高速离心机、除臭装置和鱼油氢化设备等。

（6）鱼肝油加工机械：包括切肝机、消化反应锅、高速离心机、低温压滤机，以及加工鱼肝油丸的各式制丸机等。

（7）贝、藻加工机械：包括用于加工紫菜的清洗、切碎、制饼、干燥机械，加工褐藻胶用的回转式过滤机、螺旋压滤机、造粒机、沸式干燥机、磨粉机，用于加工贝类的清洗、蒸煮、脱壳装置，等等。

2. 我国水产品加工机械的现状

我国拥有广阔的近海和内陆水域，是世界主要渔业生产国，水产品总产量连续23年居世界第一，2011年水产品总产量为5603.21万吨，但水产品加工的产量仅占总产量的30％左右，主要以淡水鱼类加工为主，而先进渔业生产国水产品加工产量占总产量的70％～80％，主要以海洋鱼类为主。这反映出我国水产品加工机械化程度低，机械化普及水平不高。国外一些新建的渔船普遍设有加工设备，船上的加工能力有了很大提高。现在有些国家的海洋捕捞量中的80%以上的渔获物在海上加工。鱼类加工机械如鱼片机、采肉机、鱼粉机、鱼肝油加工设备等正向小型和自动化发展。一些新型的能加工各种鱼类的加工机械，越来越多地装备在渔船上。

2011年，我国规模以上水产品加工企业达到1837家，行业销售收入达到3601.31亿元。我国水产加工业经过二十余年的发展，已基本形成一个包括渔业制冷、冷冻品、鱼糜、罐头、熟食品、干制品、腌熏品、鱼粉、藻类食品、医药化工和保健品等产品系列的加工体系。20世纪80年代以来，国内已陆续引进了不少国外先进机械，如BAADER型鱼片机组、模拟蟹腿肉加工机械、对虾加工机械、ATLAS鱼粉鱼油成套设备和紫菜深加工机械等。随着科学技术的进步以及先进生产设备和加工技术的引进，我国的水产品加工技术、方法和手段已经发生了根本性的改变。目前国产水产品加工机械主要有鱼糜加工机械、制冰机械、速冻机械、紫菜加工机械和中小型鱼粉鱼油加工机械等，无论是在品种数量还是在设备的自动化和机械化程度上都取得了较大的发展，但是还不能完全满足生产发展的需要，与发达国家相比也还有很大差距。主要体现在以下几个方面。

(1) 科研开发能力低。我国绝大多数水产品加工机械制造企业属于中小型企业，基本上不具备自主研发能力。由于科研投入不足，研究院所和高等院校的实验条件不完善，造成我国市场上的产品主要还是通过仿制、测绘或稍加改造而得到的，产业主体技术依赖技术先进的国家，有自主知识产权的产品少。根据国家规定，技术开发投入可占销售收入的3%，但大多数企业投入的资金都很少，无法保证新产品、新技术的开发。产品开发缺少创新，开发手段落后，不能紧跟市场需求，及时提供产品。

(2) 与国外产品的差距大。我国水产品加工机械的发展是从20世纪80年代中期起步，通过设备的引进，然后对引进设备进行消化吸收，并结合国内水产原料的特点和人们的消费习惯，研制出合适的水产品加工机械。近十多年来，水产加工产品和与水产相关产品逐步增多，基本满足人们的生产需求，但与国外产品相比仍存在很大的技术差距。其中以鱼类处理机械为例：海、淡水鱼的种类多，外形和大小差异很大，是难以进行机械处理的原料，德国、美国、日本等国都已研制出适合他们经济鱼类的处理机械。而我国这类机械研制的单位很少，国内现有的鱼类处理机械主要靠进口。鱼类处理基本是手工操作为主，国内市场上还少有海、淡水鱼类的冷冻鱼片、调味鱼片等产品的供应。冷冻整鱼基本上也没有经“三去”加工处理。

4.2 鱼片、鱼糜和烘烤鱼片加工机械

鱼片、鱼糜和烘烤鱼片加工机械用于将原料鱼加工为冷冻鱼片、鱼糜制品和调味烤鱼片制品，目前在国内应用广泛。

4.2.1 远洋拖网渔船的鱼片加工机械

我国的远洋渔船装备制造能力建设尚在起步之中。大型金枪鱼围网渔船、鱿鱼钓船等船型开发取得了一定的技术突破。但是，我国至今尚无大型拖网渔船自行设计建造的经历。本节将介绍从德国、法国、波兰等国引进的约3000吨位级的远洋拖网加工渔船的鱼片加工机械，船上配备了鱼片加工生产线、组装式鱼粉鱼油加工设备、速冻机、制冷压缩机和冷藏舱。图4-1所示为远洋拖网加工渔船的鱼片加工车间、鱼粉车间和冷藏舱等船舱的布置和鱼片、鱼粉的

加工流程。渔船的起网机将拖网从船尾的滑道拖上甲板，从渔网上卸下的鱼从卸鱼舱口被送到第二层甲板上的鱼片加工车间或鱼粉加工车间。原料鱼经过切头去内脏，分割鱼肉和除去鱼皮成为两块无骨无皮的鱼片。鱼片再经手工检验、称量、分装后速冻成块状。从冻鱼片卸出舱口用升降机送至冷藏舱冷藏。鱼片加工后剩余的废料，通过废料卸出舱口进入鱼粉加工车间，被加工成鱼粉和鱼油，再被送至鱼粉舱储藏。

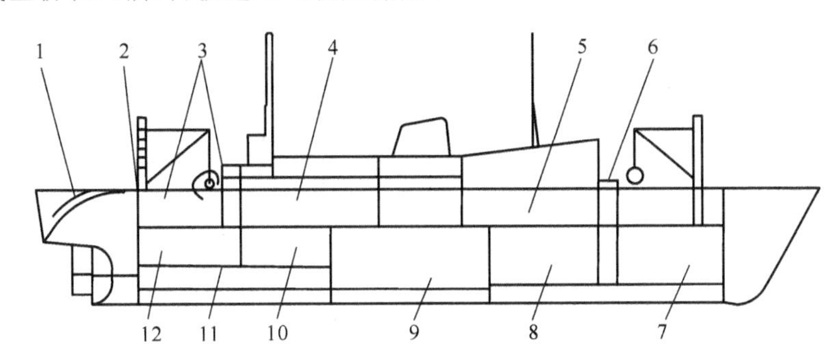

图 4-1　远洋拖网加工渔船的船舱布置和鱼品加工流程

1—滑道；2—甲板；3—卸鱼舱口；4—鱼片加工车间；5—速冻间；6—冻鱼片卸出舱口；7,8—冷藏舱；9—动力和制冷机舱；10—鱼粉加工车间；11—废料卸出舱口；12—鱼粉舱

鱼片加工机械是根据鱼种和鱼的骨骼设计的专用鱼类处理机械。目前世界各渔业国的远洋拖网加工渔船均采用德国巴特(BAADER)机械制造厂生产的鱼片加工机组。巴特鱼片机组根据鱼种分为四个系列产品：鳕鱼鱼片机、鲱鱼鱼片机、红鱼鱼片机、鲽鱼鱼片机。每一种系列鱼片机可加工同一鱼种或骨骼结构相似的鱼类。例如，鲱鱼鱼片机可加工沙丁鱼、鲭鱼，鳕鱼鱼片机可加工鳕科鱼类的大头鳕、狭鳕。然而同一种鱼的体形尺寸和体重相差很大，如大头鳕的体长尺寸为 30～120 cm，体重为 0.25～13 kg。显然，一台切鱼片机不可能加工所有体长尺寸的鱼，因而每种系列的切鱼片机又根据加工原料鱼的体长尺寸范围分为若干型号。每种型号的鱼片机加工鱼体尺寸范围约为最小鱼体长度尺寸的一倍。如巴特 182 型切头-切鱼片机加工鱼体长度(又称体长)尺寸范围为 27～40 cm，巴特 190 型切鱼片机加工鱼体长度尺寸范围为 30～70 cm。每种型号鱼片机在规定鱼体长度尺寸范围内，通过切割刀具和导向器等的自动调节，获得相近的出肉率。

我国远洋拖网加工渔船的渔获物主要是大头鳕和狭鳕，鱼片加工车间仅配置鳕鱼鱼片加工机组。加工鱼体长度尺寸大的鳕鱼鱼片机组由切头-去内脏机、切鱼片机和去皮机三台机器组成。加工鱼体长度尺寸小的鳕鱼鱼片机组由一台切头-切鱼片联合机和两台去皮机共三台机器组成。图 4-2 所示为某远洋拖网加工渔船的鱼片加工车间，根据捕捞鳕鱼的体长尺寸分成四个机组：由二台巴特 423 型和三台巴特 160 型切头-去内脏机组成机组，供大中等体长尺寸的鱼切头、去内脏，由巴特 99 型切鱼片机和两台巴特 51 型去皮机组成机组，供体长 90 cm 以上的大尺寸鱼加工鱼片，由两台巴特 190 型切鱼片机和两台巴特 51 型去皮机组成两条加工体长 30～70 cm 的中等尺寸鱼的机组，由巴特 182 型切头-切鱼片机和一台巴特 51 型去皮机组成加工体长 27～40 cm 的小尺寸鱼的机组。在各台机器之间和下面安装多条输送带，用于输送原料鱼、鱼片和废料。

原料鱼进入鱼片车间后，先手工分拣鱼，然后将其分别送至各机组加工成鱼片。在鱼片检验台上检验鱼片质量，并分级装盘及称量。用平板冻结机将鱼片冻成块状，装箱包装后从进鱼舱口送至鱼片储槽中冷藏。鱼片规格分成腹肉带骨刺的标准鱼片和完全无骨鱼片两种。每块

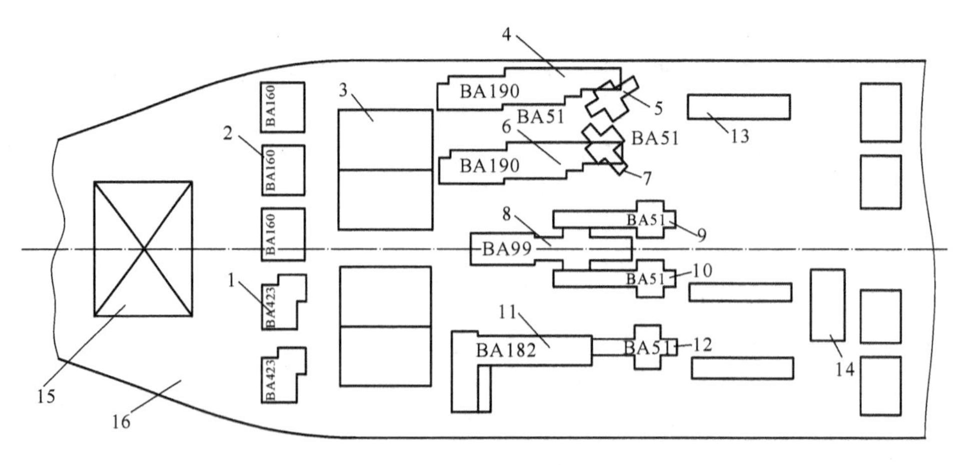

图 4-2　鱼片加工车间

1—巴特 423 型切头-去内脏机;2—巴特 160 型切头-去内脏机;3—冷海水槽;4,6—巴特 190 型切鱼片机;5,7,9,10,12—巴特 51 型去皮机;8—巴特 99 型切鱼片机;11—巴特 182 型切头-切鱼片机;13—鱼片检验台;14—鱼片储槽;15—原料鱼舱;16—进鱼舱口

鱼片长约 480 mm、宽约 280 mm、厚约 60 mm,重约 7.5 kg。鱼片等级分 S、A、B、C 四级,经抽样检验评等级,S 级最佳,C 级退货。该拖网加工渔船日产量为鱼片 30 t、鱼粉 6～8 t、鱼油 2～3 t。

1. 切头-去内脏机

鱼头切割通常采用两种方式:一种是直切,圆盘刀具与鱼头部分垂直并倾斜某一角度切割,鱼头部分鱼肉损失较多,常用于小鱼切割;一种是 V 形切割,一对互成锥角装置的圆盘刀,从鱼背和鱼腹楔入鱼头切割,可减少鱼肉损失。

图 4-3 所示为巴特 423 型直切式切头-去内脏机结构简图。机上装有一对同步移动夹持鱼体的夹持输送带 3、4,前侧安装鱼体输送带 6。夹持输送带 3 内侧装有数对弹性压辊 2,使输送带能弹性压住不同厚度的鱼体,克服切割时的阻力,输送带后侧安装有切头圆盘刀 1,用于切割鱼头。切头圆盘刀后面安装有真空吸内脏装置 5。操作时,按切割要求,手工将鱼倾斜,平放入鱼体输送带 6 上,随后输送带 3、4 夹持鱼头部分将鱼体送往刀具切割鱼头。切去鱼头的鱼往前移动时推动控制真空吸内脏装置的传感件,当鱼通过真空吸内脏装置时,真空阀门打开将鱼腹腔内脏吸出。该机型适用于将鱼体长度为 30～110 cm 的鱼切头、去内脏,每分钟生产能力根据操作熟练程度,最高可达 60 条。但旧型号的产品无去内脏装置。

图 4-4 所示为巴特 162 型切头-去内脏机结构简图。低速转动的回转台 5 外周装有支承架 6,切头圆盘刀 1 和 2 呈倾角分别装在回转台内、外周边的机架上,剖腹-去内脏圆盘刀 4 装在回转台外周的摆动刀架 3 上。机器操作时,手工将鱼的胸鳍悬挂在支承架上(见图 4-4(b)),鱼随回转台转动时依次通过切头和剖腹的刀具。第一道工序是切头圆盘刀 1 从鱼腹方向切入鱼头并将与内脏相连的喉管切断,便于后面工序取出内脏(见图 4-4(c))。第二道工序是安装在回转台内周的切头圆盘刀 2 从鱼背方向切入鱼头,完成鱼头的 V 形切割,鱼头即与鱼体分离(见图 4-4(d))。第三道工序是剖腹-去内脏圆盘刀 4 随刀架摆动时,从肛门起切开鱼的腹腔,圆盘刀两侧装置的四块去内脏刮板 7 将内脏从腹腔抛出(见图 4-4(e)),然后手工将鱼取出。巴特 160 型切头-去内脏机用于体长 50～90 cm 的鳕鱼加工,加工速度为 28 条/min。巴特 160 型切头-去内脏机的结构与巴特 162 型相同,但切鱼头仅用一把切头圆盘刀直线切割,适用鱼体长 35～70 cm的鱼加工。

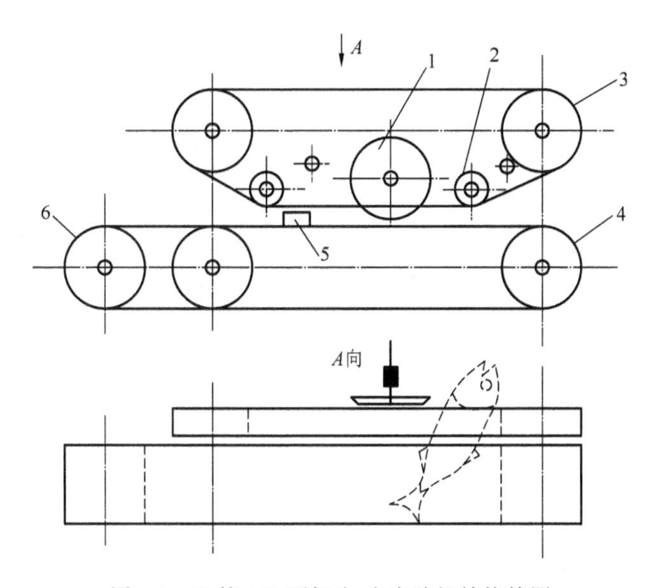

图 4-3　巴特 423 型切头-去内脏机结构简图

1—切头圆盘刀；2—弹性压辊；3，4—夹持输送带；5—真空吸内脏装置；6—鱼体输送带

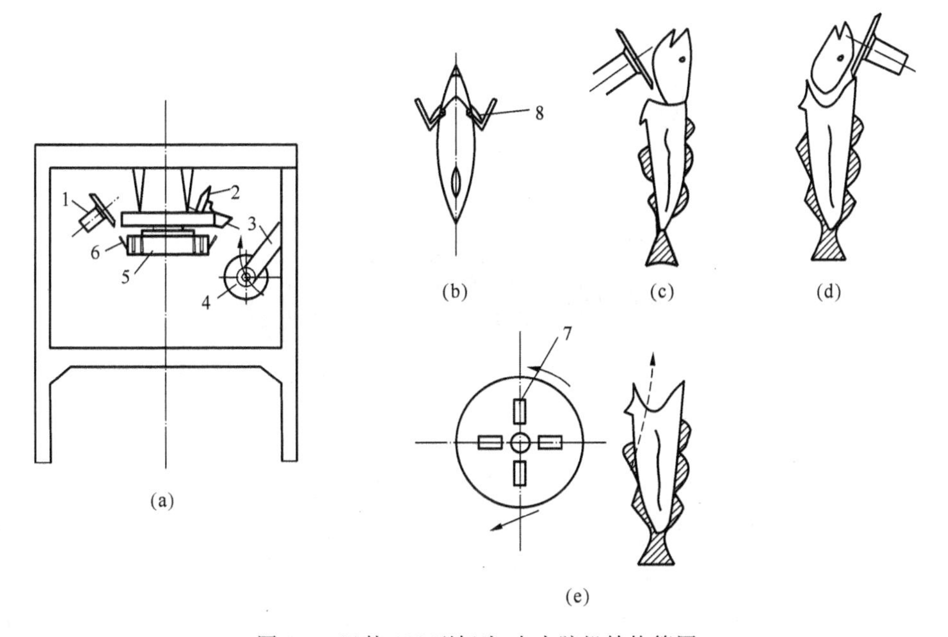

图 4-4　巴特 162 型切头-去内脏机结构简图

(a) 结构；(b) 悬挂胸鳍；(c) 取出内脏；(d) 分离鱼头和鱼体；(e) 抛出内脏

1，2—切头圆盘刀；3—摆动刀架；4—剖腹-去内脏圆盘刀；5—回转台；6—支承架；7—去内脏刮板

2. 鳕鱼切鱼片机

鳕鱼切鱼片机供鳕科鱼类分割鱼肉、生产无骨鱼片，其机型有供体长 27～45 cm 的小型鱼用的切头-切鱼片联合机和供体长 35～90 cm 的已切头、去内脏的大中型鱼用的切鱼片机。巴特新型切鱼片机大都应用计算机和电子控制技术，根据鱼的品种和体长范围编入程序，自动控制切断工具的切割，使每条鱼获得相近的出肉率。切鱼片机的出肉率还取决于鱼的鲜度、渔场条件、营养情况等因素。切鱼片机从鱼骨架各部分切割鱼肉，通常要用 4～7 组刀具来完成。巴特 182 型和 190 型切鱼片机是目前我国远洋拖网加工渔船鱼片生产使用的主要机型。

1）巴特 182 型切头-切鱼片机

该机型供体长 27～40 cm 的鳕科鱼类切头和切鱼片，每分钟可处理 120 条鱼，出肉率约为 27%(无骨无皮的鱼片)。图 4-5 所示为巴特 182 型切头-切鱼片机的平面图，切头机架与切鱼片机架垂直连接，两个操作人员在操作台 4 上同时将鱼放入切头机架输送带的鱼盒上，自动进行各切割工序。整条鱼在机器上用 7 组圆盘刀具分割鱼肉。机器切割工序如下：切头→剖开腹腔并割至鱼尾→分割腹腔肋骨上的鱼肉→切断肋骨→分割鱼背上的鱼肉→切去带骨刺的腹肉→将鱼片、鱼肉与骨架分离→从输送链载鱼器上取下鱼肉。

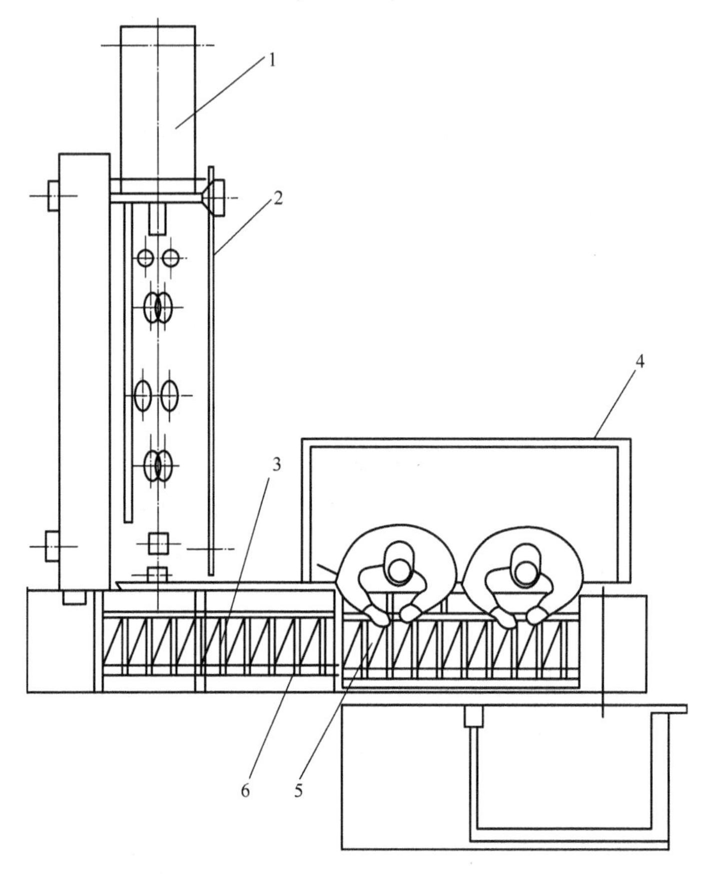

图 4-5　巴特 182 型切头-切鱼片机的平面图

1—鱼片输送带；2—切鱼片机架；3—鱼头切割长度自动调节机构；4—操作台；5—鱼盒；6—切头机架

巴特 182 型切割刀具和切割导向器的自动调节原理：计算机根据鱼头长度、骨厚和腹腔长度对围长的平均比率编程，并用相应的调节旋钮调节这些比率以适应鱼的品种，鱼在机器内输送时通过传感器测量每条鱼的鱼头厚度、腹腔长度的变化，并将测量数据输入计算机处理，计算机输出脉冲信号至步进电动机，步进电动机转动相应的角位移并通过机械机构带动切割刀具或切割导向器对每条鱼的切割做相应调节。自动调节的切割工序有三部分：鱼头切割长度的调节，腹肉切割厚度的调节，带骨刺的腹肉切割部位和范围的调节。鱼肉分割工序如下。

(1) 鱼头切割　图 4-6 所示为鱼头切割长度自动调节机构。操作人员逐条将鱼放入鱼身盒和鱼头盒，鱼腹向右、鱼头朝前并紧贴定位挡板(见图 4-6(a))。鱼盒向前移动时通过鱼头厚度测量辊，鱼头将测量辊抬起，通过杠杆和轴使角度-数字变换器转动，将转角转换为数字输入计算机(见图 4-6(b))。计算机输出脉冲信号至步进电动机的控制器，将脉冲信号转换为步进电动机轴相应的转角。电动机轴通过摇臂、拉杆带动推鱼头板，将鱼盒内鱼头推至合适的切割位置，随即通过装置在鱼头盒与鱼身盒之间的切头圆盘刀切除鱼头（见图 4-6(c)）。图 4-6(d) 所示为鱼头切割长度范围的调节旋钮，分为 1～15 个刻度，相应鱼头厚度为 38～63 mm。操作人员根据不同鱼的鱼头厚度与鱼头长度的比例预先调节旋钮的刻度，将数据输入计算机。计算机根据测量值在预设定的切割范围内调节鱼头的切割长度。

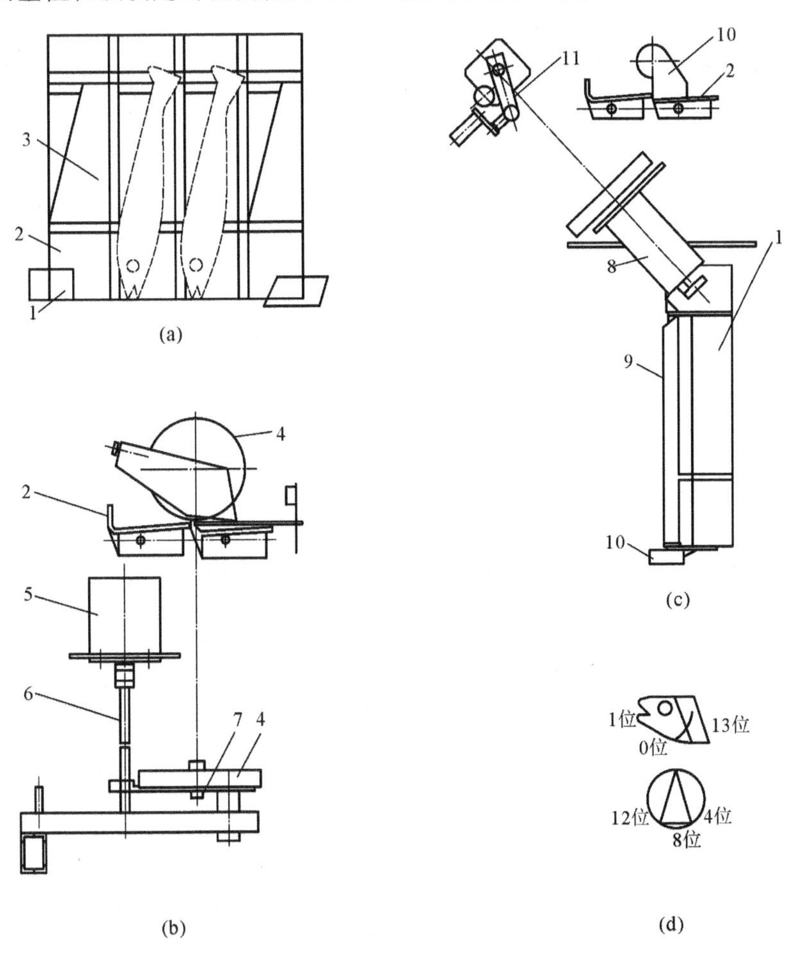

图 4-6　鱼头切割长度自动调节机构

(a) 鱼身定位；(b) 鱼头厚度测量；(c) 鱼头切除；(d) 鱼头切割位置调节

1—定位挡板；2—鱼头盒；3—鱼身盒；4—鱼头厚度测量辊；5—角度-数字变换器；

6—轴；7—杠杆；8—步进电动机；9—拉杆；10—推鱼头板；11—摇臂

(2) 鱼体的输送和对中　切去鱼头的鱼体，在送入切鱼片机架进行分割鱼肉前，必须保持对中位置并直线输送，才能使切割刀具正确地分割鱼肉。图 4-7 所示为连接切鱼头机架与切鱼片机架的对中输送带和鱼片输送带以及切割刀具。切鱼头机架的鱼身盒移动到输送带前端翻转时，鱼体从鱼盒落入切鱼片机架前一对 V 形装置的输送带之间（图中未画出），随后由下部对中输送带的载鱼器送出。对中输送带上连接有数组载鱼器，每组载鱼器由若干只圆柱形和 V 形支承器组成，鱼的腹腔须跨在圆柱形支承器上，而鱼尾支承在 V 形支承器上。圆柱形支承器上有传感器，受压时发出信号。当载鱼器通过转动的锥形对中轮 3 和 4 时，鱼体被对中，鱼腹受压向内凹，跨在圆柱形支承器上（见图 4-7(a)）。由于每条鱼跨过圆柱形支承器的长度不相等（见图 4-7(b)），受压的支承器即发出相应腹腔长度的信号并输入电子计算机，控制刀具对腹肉的分割。鱼体经过对中轮和一组腹导器对中后送入鱼片输送带。鱼片输送带是一对倾斜布置的链式输送带，铰接若干对针形载鱼器，刺入鱼体送往各切割工序。鱼片输送带中心线两侧对称安装各组刀具，带的上、下部位安装一系列的背导器和腹导器，使鱼体始终保持对中并直线移动，保证两侧的切割刀具正确地切割。

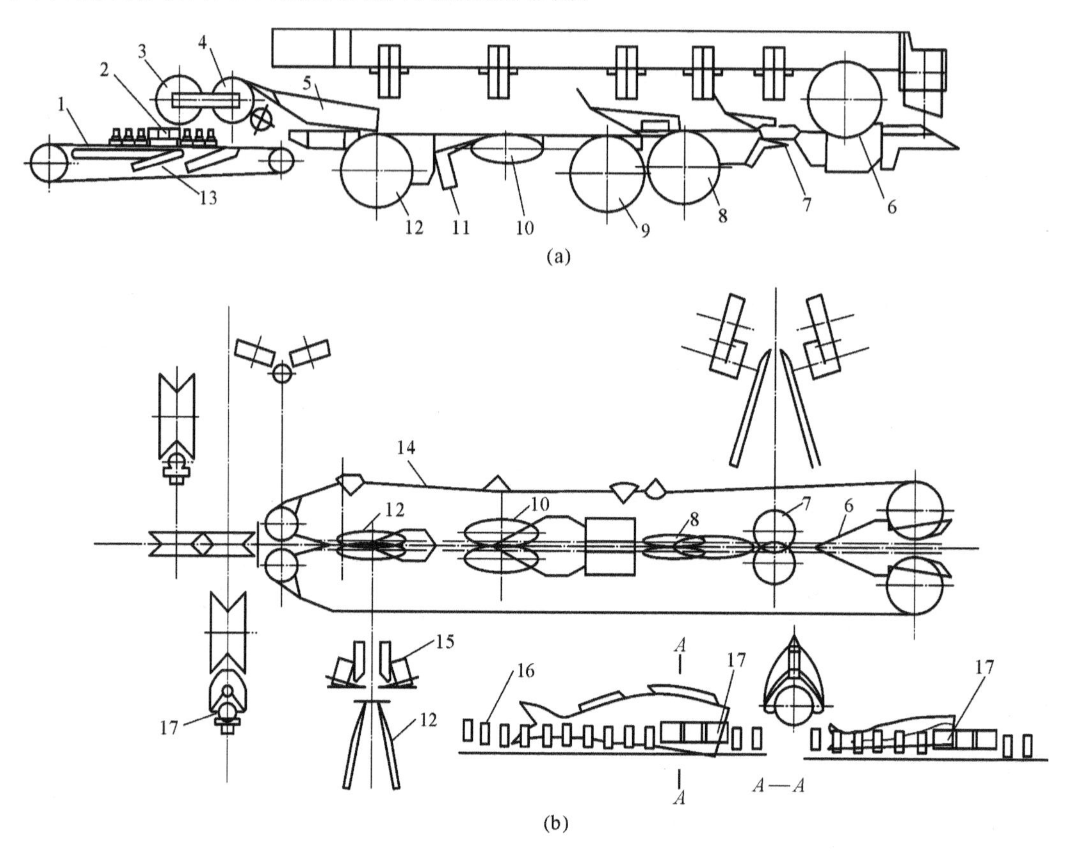

图 4-7　鱼体对中、输送和切割刀具

(a) 连接切鱼头机架与切鱼片机架的对中输送带；(b) 鱼片输送带以及切割刀具

1—对中输送带；2—载鱼器；3，4—锥形对中轮；5—背导器；6—分离鱼片圆盘刀；7—切骨刺腹肉圆盘刀；8—鱼背肉分割圆盘刀；9—切断肋骨圆盘刀；10—腹肉分割圆盘刀；11—腹肉分割导向器；12—剖腹四盘刀；13—腹导器；14—鱼片输送带；15—针形载鱼器；16—V形支承器；17—圆柱形支承器

(3) 剖腹　图 4-8 所示为剖腹切割操作，一对剖腹圆盘刀互成 20°锥角装置，切入鱼腹腔至脊骨，将腹腔剖开并沿脊骨割开尾部鱼肉。为使被剖开腹腔的鱼肉不碰到刀具，刀具后面安装同样锥角的腹导板将腹腔撑开。

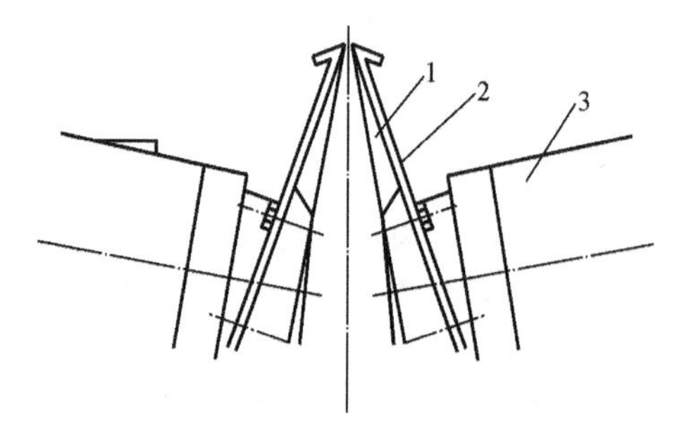

图 4-8　剖腹切割

1—剖腹圆盘刀；2—腹导板；3—支座

(4) 分割腹肉　该工序是用切割刀具沿肋骨将腹肉分割至腹腔末端。图 4-9(a)所示为腹肉分割机构，由腹肉分割圆盘刀、切割厚度控制托板和控制托板程序动作的步进电动机等组成。腹肉分割刀具是一对互成 150°锥角装置的圆盘刀。刀具前面是一对同样锥角的转臂，转臂上装置托板。切割时，鱼腹两侧肋骨分跨在托扳上，托板在刀具平面下

的位置高度就确定了腹肉分割厚度。图 4-9(b)所示为调节腹肉分割厚度、长度和腹腔切入深度范围的电子控制箱的三只调节旋钮。开机前根据不同鱼种预先设定其调节范围，将数据输入计算机。当已剖腹的鱼体在输送链上行进时，先触动分割腹肉的接触开关，计算机即根据前面鱼头厚度的测量数据和电子控制箱上预先输入的切割范围数据计算出腹肉切割程序并输出信号到步进电动机的控制器，后者将脉冲信号输入步进电动机。步进电动机通过转臂使切割厚度控制托板按切割程序做升降动作。当托板降至刀具平面某一合适位置时，切割刀具将沿肋骨分割鱼肉以减少鱼肉损失。随着刀具切至腹腔末端时，托板升至刀具平面将刀刃遮住，使鱼的尾部不被刀具切割。

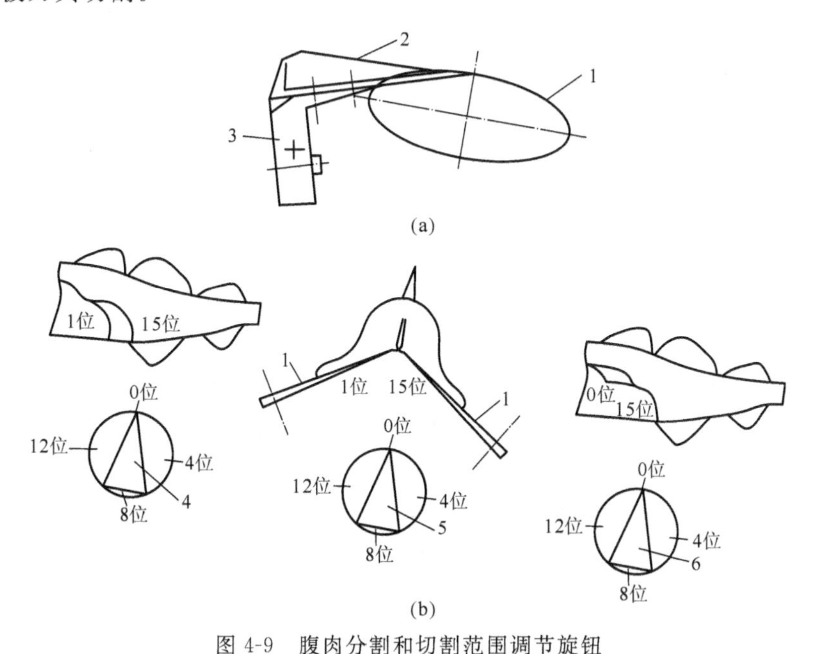

图 4-9　腹肉分割和切割范围调节旋钮

(a) 腹肉分割机构；(b) 各种调节旋钮

1—腹肉分割圆盘刀；2—切割厚度控制托板；3—转臂；4—切割长度调节旋钮；
5—切割厚度调节旋钮；6—切割深度调节旋钮

(5) 切断肋骨　在腹肉分割后，要将肋骨切断以便进行后序的切割工序。切割刀具是一对间距为 7 mm、平行装置的回转圆盘刀，借助两侧设置的肋骨导向器和支承器进行切割。

(6) 分割鱼背肉　该工序是将脊骨上的鱼背肉分割开直至尾部。切割刀具是装在鱼体下面一对成 20°锥角装置的回转圆盘刀，刀刃切至脊骨上背鳍的根部。

(7) 切除带骨刺腹肉　该工序是将带骨刺腹肉切除或将腹肉全部切除。图 4-10(a)所示为切除带骨刺腹肉的切割圆盘刀和切割支承板。切割刀具是一对向上倾斜互成 110°锥角的回转圆盘刀，切割时鱼体支承在切割支承板上，刀具支架下降将带骨刺的腹肉切除。图 4-10(b)所示为带骨刺腹肉切除的长度和高度调节旋钮，开机前根据不同鱼种预先调节。带骨刺腹肉切割的自动调节与分割腹肉的调节原理相同，计算机输出的切割程序根据鱼头厚度数据和预先输入的切割范围数据确定。步进电动机按切割程序脉冲信号控制切割刀具下降，将带骨刺腹肉或将全部腹肉切除。

(8) 分割鱼肉片与鱼骨架　这是最后一道工序，用于将鱼肉片完全与鱼骨架分离开，由安装在鱼体上面的一对垂直的回转圆盘刀执行(见图 4-10(a))。最后，设置在鱼体输送链两侧的固定刮板将鱼肉片从输送链针形载鱼器上取下，通过输送带送往去鱼皮机去皮。

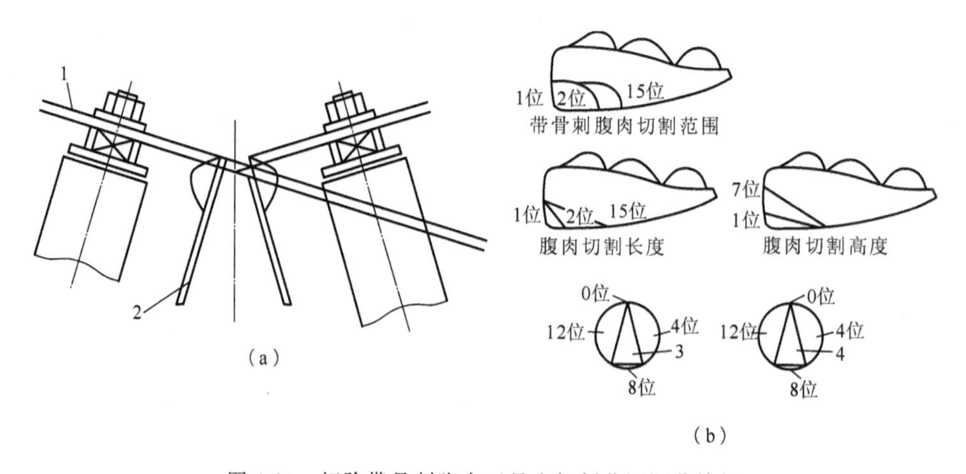

图 4-10　切除带骨刺腹肉刀具和切割范围调节旋钮

(a) 切除带骨刺腹肉刀具；(b) 切割范围调节旋钮

1—切割支承板；2—切割圆盘刀；3—切割长度调节旋钮；4—切割高度调节旋钮

2) 巴特 190 型切鱼片机

该机型供鱼体长度为 33～66 cm 的鳕科鱼去头、去内脏、切鱼片。机器生产能力根据鱼体长度尺寸变化，每分钟处理 40～60 条鱼，出肉率约为 42%。图 4-11 所示为巴特 190 型切鱼片机，由原料鱼储槽、进料输送带、切鱼片机座和两条鱼片输送带组成。操作人员将鱼尾朝前、鱼腹向下的鱼体放入进料输送带，经过对中装置调整鱼体位置后，由输送装置送至切鱼片机座，用五组刀具分割鱼肉，两片无骨鱼片从左、右两条鱼片输送带送至两台去鱼皮机除去鱼皮。机器的切割工序如下：鱼体对中与输送→从鱼尾开始剖开腹腔→切去腹条肉→分割腹腔的鱼肉→切去带骨刺腹肉→鱼片与骨架分离切割→卸下骨架和鱼片。

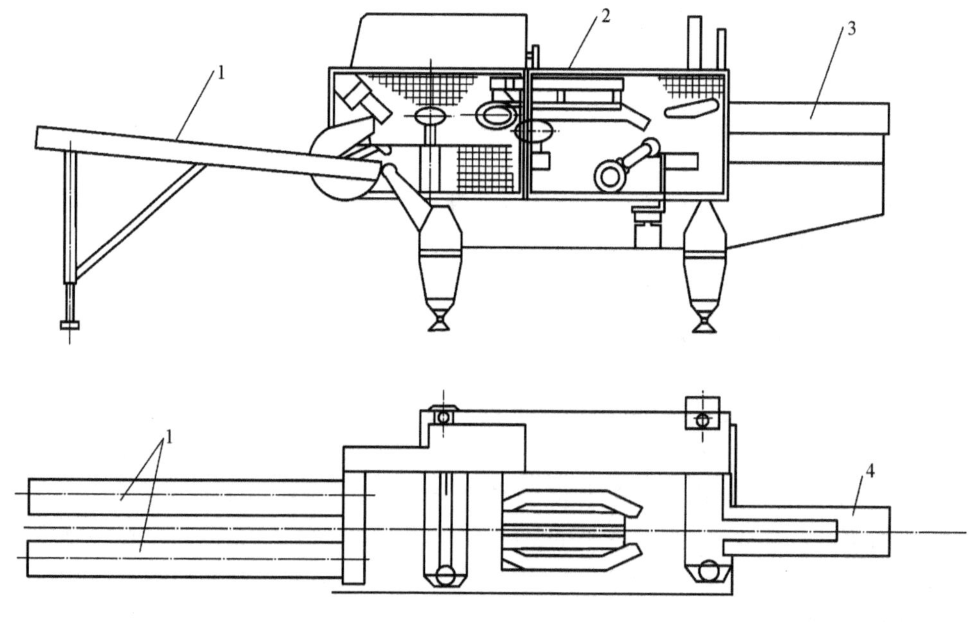

图 4-11　巴特 190 型切鱼片机

1—鱼片输送带；2—切鱼片机座；3—进料输送带；4—原料鱼储槽

巴特 190 型切鱼片电子控制调节原理与巴特 182 型类似，计算机系统根据预先输入的不同鱼种带骨刺腹肉部分比例的数据和用传感器测出的鱼腹肉长度和鱼体长度的电子脉冲信号，确定步进电动机的工作周期，再通过机械机构带动分割腹肉和带骨刺腹肉的切割导向器，使刀具按预定程序和时间进行切割。

图 4-12 所示为巴特 190 型切鱼片机鱼体输送、对中装置和切割刀具的布置情况，各道工序的工作原理如下。

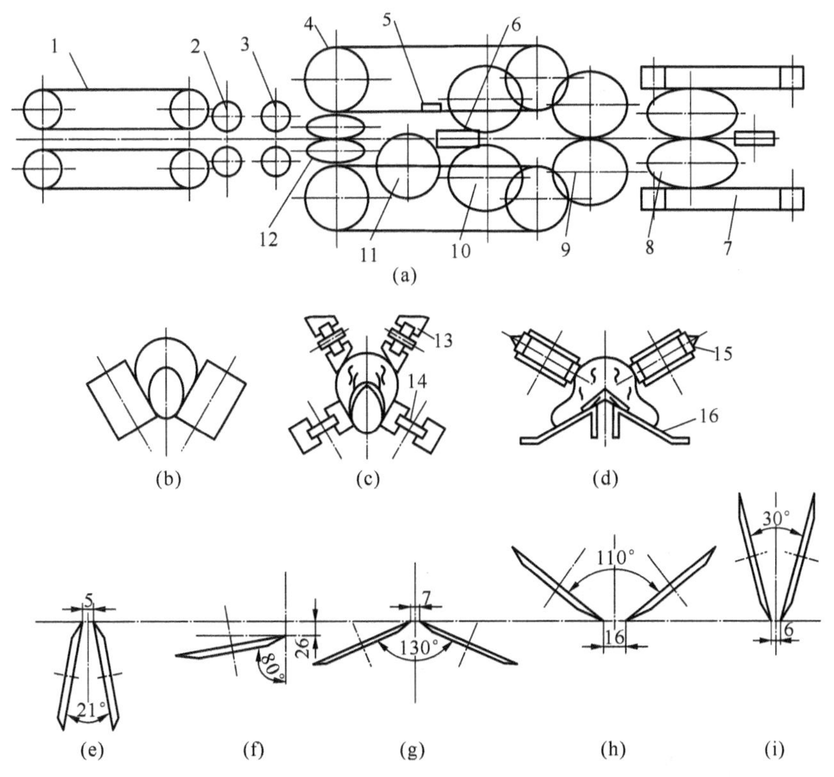

图 4-12　巴特 190 型切鱼片机鱼体输送、对中装置和切割刀具的布置情况

(a) 鱼体的对中与输送；(b) V 形进料输送带；(c) 对中装置；(d) 切腹条肉圆盘刀和剖腹圆盘刀；(e) 剖腹圆盘刀；(f) 切腹条肉圆盘刀；(g) 分割腹肉圆盘刀

1—V 形进料输送带；2—对中装置；3—输送轮；4—V 形输送链；5—弹性夹紧块；6—下部输送链；7—鱼片输送带；8—鱼片与骨架分离圆盘刀；9—带骨刺腹肉切割圆盘刀；10—分割腹肉圆盘刀；11—切腹条肉圆盘刀；12—剖腹圆盘刀；13—锥形对中轮；14—圆柱形对中轮；15—针形载鱼器；16—导向器

(1) 鱼体的对中与输送(见图 4-12(a))　鱼体被 V 形进料输送带(见图 4-12(b))送入对中装置。对中装置由一对锥形对中轮和一对圆柱形对中轮构成(见图 4-12(c))，将鱼体对中地往前输送。随后，一对平行装置的输送轮(结构与圆柱形对中轮相同)将鱼送入切鱼片输送装置，切鱼片输送装置由一对 V 形输送链和垂直布置的下部输送链组成。V 形输送链的针形载鱼器刺入鱼体，将其送往剖腹圆盘刀和切腹条肉圆盘刀(见图 4-12(d))。为了适应鱼体各部分厚度的变化，输送链内侧装有数只弹性夹紧块，保持鱼体对中并夹紧输送。下部输送链的针形载鱼器刺入下部鱼肉将鱼依次送到分割腹肉圆盘刀、带骨刺腹肉切割圆盘刀和鱼片与骨架分离圆盘刀所在位置。

(2) 剖腹和切腹条肉　剖腹刀具是一对互成 21°锥角布置的圆盘刀(见图 4-12(e))，从鱼尾开始切入脊骨，分割鱼尾脊骨下部鱼肉并剖开腹腔。剖腹圆盘刀面各装置长短不等的刮板(见图 4-13)，在剖腹同时将腹条肉拉出。剖腹后的鱼体往前输送时，由与水平成 10°倾角装置的一把圆盘刀将腹条肉切去(见图 4-12(f))。

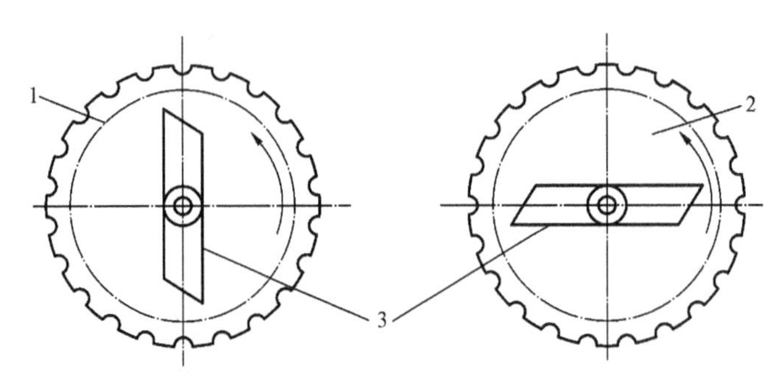

图 4-13　剖腹刀与刮板

1,2—剖腹刀;3—刮板

(3) 分割腹肉　分割腹肉的刀具是一对向下倾斜互成130°锥角的圆盘刀(见图4-12(g))。图4-14(a)所示为分割腹肉圆盘刀和装置在刀具前的腹肉切割导向器。切割腹肉时,导向器下降露出刀刃,沿肋骨分割腹肉。导向器降下的时间和位置高度,决定了腹肉切割的时间和切下腹肉的厚度。腹肉切割厚度取决于鱼体的高度,当鱼在送到切割刀具前,鱼背抬起,导向器测出鱼体的高度,然后通过杠杆和凸轮机构调节导向器的位置高度。腹肉切割的时间周期由电子自动控制,其控制原理是:将鱼送至刀具前抬起,导向器释放一个被锁住的测量腹骨长度的电子传感器(见图4-14(b)),在弹簧作用下传感器压向鱼腹骨,从鱼尾沿腹骨至腹腔测量并发出电子脉冲信号,传感器进入腹腔,触动一个感应开关,此开关开动控制腹肉切割的步进电动机,并延时开动切割带骨刺腹肉的步进电动机,步进电动机通过机械机构控制腹肉切割导向器的升降周期。导向器下降时间周期是根据每条鱼测量腹骨长度时发出的电子脉冲数确定的,通过脉冲计数器将脉冲数转换入计算机,计算机发出信号确定步进电动机开动的时间。由于各种鱼类的腹骨结构有差异,机器上设有两个脉冲频率选择器,根据鱼体预先设定,选择每秒发出两个或三个电子脉冲。

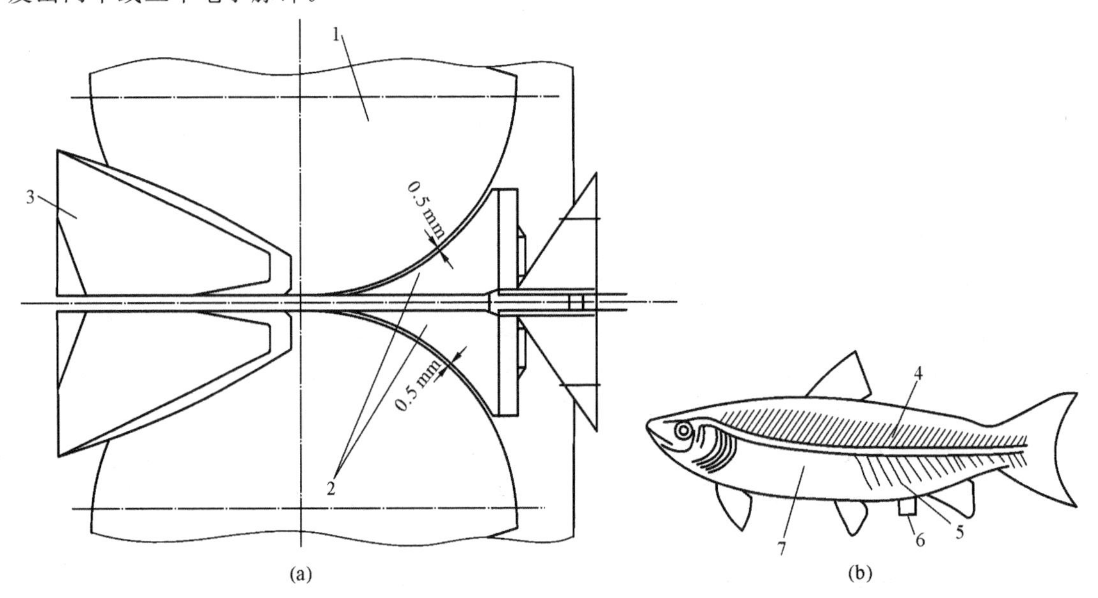

图 4-14　分割腹肉的刀具与导向器

(a) 分割腹肉;(b) 鱼体简图;

1—分割腹肉圆盘刀;2—腹肉切割导向器;3—后部导向器;4—背骨;5—腹骨;6—电子传感器;7—腹腔

(4) 切除带骨刺的腹肉　带骨刺腹肉的切割刀具是一对向上倾斜互成 110°锥角的圆盘刀。图 4-15 所示为带骨刺腹肉的切割刀具和导向器，下部输送链的针形载鱼器插入鱼肉，将鱼往前输送，鱼的腹肉则跨在支承导向板 7、9 上移动。当鱼体移至切割刀具时，鱼背被弹性导向器 3、4 压住，两侧腹肉则被向上移动的导向板 1、6 折起，一对圆盘刀 2、5 呈 V 形切入腹肉，将带骨刺的腹肉切除。切去的带骨刺腹肉占腹肉部分的比例由电子控制装置根据鱼通过时传感器发出的鱼体全长电子脉冲总数和预先输入计算机的切割长度比例自动调节。该机控制箱上方有三组比例分别为 1∶1、1∶2 和 1∶3 的选择调节旋钮，每组调节旋钮又有三个十进制的切割长度调节旋钮，每个调节旋钮刻度为 1～10，每个刻度相当于 3 mm 的切割长度调节。开机前，根据鱼种选定比例值并用调节旋钮确定切割长度数值，然后根据实际切割长度再用调节旋钮增加或减少切割长度来调定。调节组每增加或减少 1 个刻度，切割长度增加或减少 3 mm。例如带骨刺腹肉的切割长度超过 30 mm，则将调节旋钮增加 10 个刻度。计算机根据每条鱼的测量值和设定比例值输出信号到步进电动机，带动导向板 1、6 在某一时间周期内向上升起，折起腹肉进行切割。

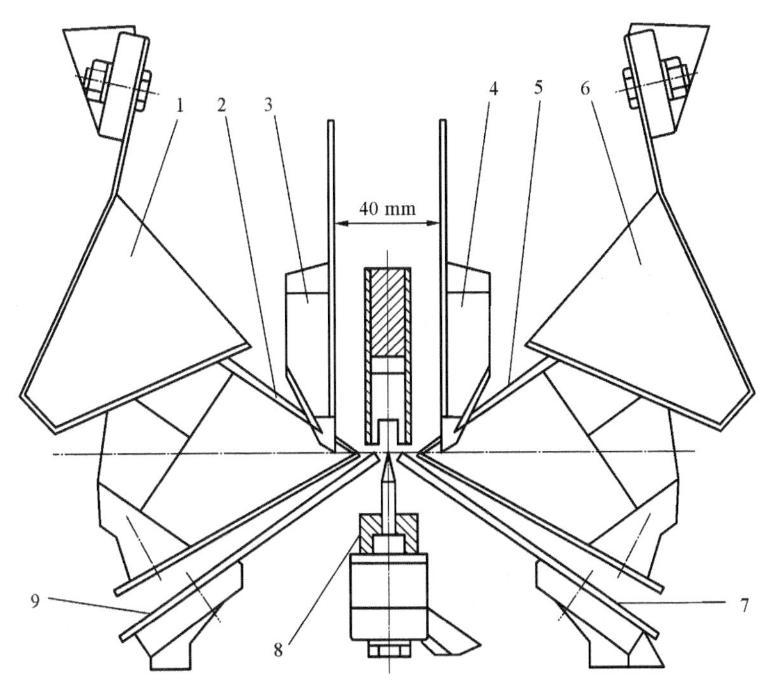

图 4-15　带骨刺腹肉的切割刀具和导向器

1,6—导向板；2,5—圆盘刀；3,4—弹性导向器；7,9—腹肉支承导向板；8—针形载鱼器

(5) 分离鱼肉片　此道工序是将已分割开的两片鱼肉与骨架分离，切割刀具是一对互成 30°锥角的圆盘刀。切割前，上部的导向器将鱼体脊骨对中和竖起背鳍，切割刀具切入鱼背部分割鱼肉，使两片鱼肉与骨架分开。两片鱼肉落入机器后部两侧的鱼片输送带，送至去鱼皮机除去鱼皮。

3) 切鱼片机的刀具

图 4-16 所示为切鱼片机的圆盘刀具，刀片直径为 200 mm，刀片厚度为 3 mm，刀刃切削角为 20°，用不锈钢制成。圆盘刀具的圆周上有 22 个或 36 个圆弧槽，构成锯齿形刀具。刀具的圆弧槽数根据分割鱼不同部位的鱼肉而异，如腹肉分割 22 个槽，鱼背分割 36 个槽。圆盘刀的转速约为 500 r/min。锯齿形圆盘刀进行断续切割，可产生较大的切割力并防止鱼肉滑移，具

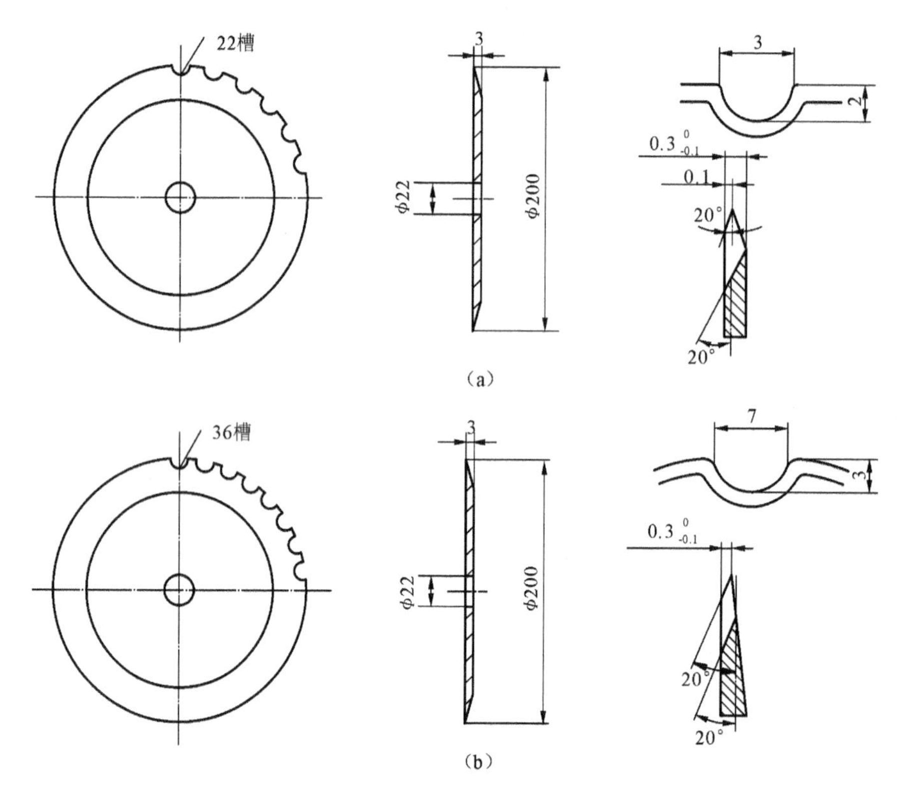

图 4-16　切鱼片机的圆盘刀具

(a) 切肋骨和切细骨刀具；(b) 切片刀具

有比光滑刀刃的圆盘刀耐磨和功率损耗少的优点。

3. 去鱼皮机

巴特型去鱼皮机的类型有供鳕科大中型鱼的鱼片去皮的 51 型、52 型和供鲱鱼小型鱼的鱼片去皮的 55 型、56 型，后者是巴特 32 型或 234 型切头、去内脏和切鱼片机的附属部件，安装在机器上。我国远洋拖网加工渔船的鱼片生产线大都采用巴特 51 型去鱼皮机，目前该公司的 51 型产品已被结构改进的 52 型所取代。图 4-17 所示为巴特 51 型去鱼皮机，机器的生产能力根据鱼片大小和操作熟练程度为 50～160 片/min。从切鱼片机送出的鱼片，鱼尾朝前、鱼皮向下，由去皮鱼片输送带送入去鱼皮机，除去鱼皮的鱼片由不锈钢网输送带送出，鱼皮从废料槽卸出机外。图 4-18 所示为去鱼皮机的结构，鱼尾朝前、鱼皮向下的鱼片由去皮鱼片输送带和输送辊送到去皮滚筒上。在压辊和止动板的作用下，鱼尾的鱼皮被拖入去皮刀具和去皮滚筒间，鱼肉被去皮刀具刮下，沿刀具上表面落到鱼片输送带上被送出，黏在去皮滚筒表面的鱼皮被相对转动的刮皮滚筒刮下，落入废料槽，被送出机外。图 4-19(a)所示为去鱼皮机构和去皮刀具。去皮滚筒表面有带锐边的直槽，以增加对鱼皮的摩擦力并推向去皮刀具。去皮刀具与去皮滚筒宽度相等，刀刃与滚筒表面保持约 0.05 mm 的间隙，但可沿支轴转动刀架调节间隙以适应不同的鱼皮厚度。止动板与刀具等宽，不工作时挡住刀刃。去皮机构工作时，去皮滚筒带锐边的直槽推动鱼片使鱼尾插入去皮刀具与去皮滚筒之间，并迫使止动板与支架沿支轴顺时针转动，从而露出去皮刀的刀刃。当去皮滚筒继续将鱼片推向刀刃时，固定的去皮刀刃沿鱼皮内表面将鱼肉刮下，而黏在去皮滚筒上的鱼皮被刮皮滚筒清除。图 4-19(b)所示为去鱼皮刀具的结构，刀刃面带有弧形缺口，耐磨并易将鱼肉与鱼皮分割开。

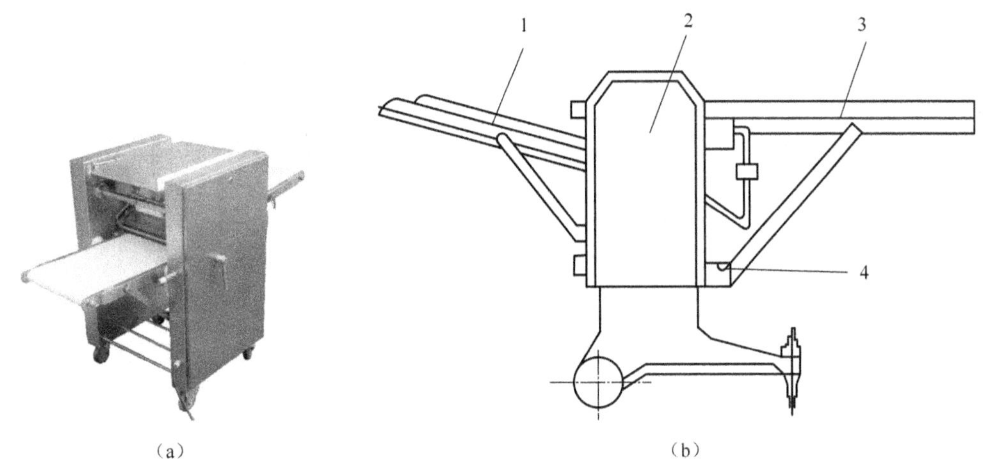

图 4-17　巴特 51 型去鱼皮机

(a) 外观;(b) 结构

1—去皮鱼片输送带;2—去鱼皮机;3—不锈钢网输送带;4—废料槽

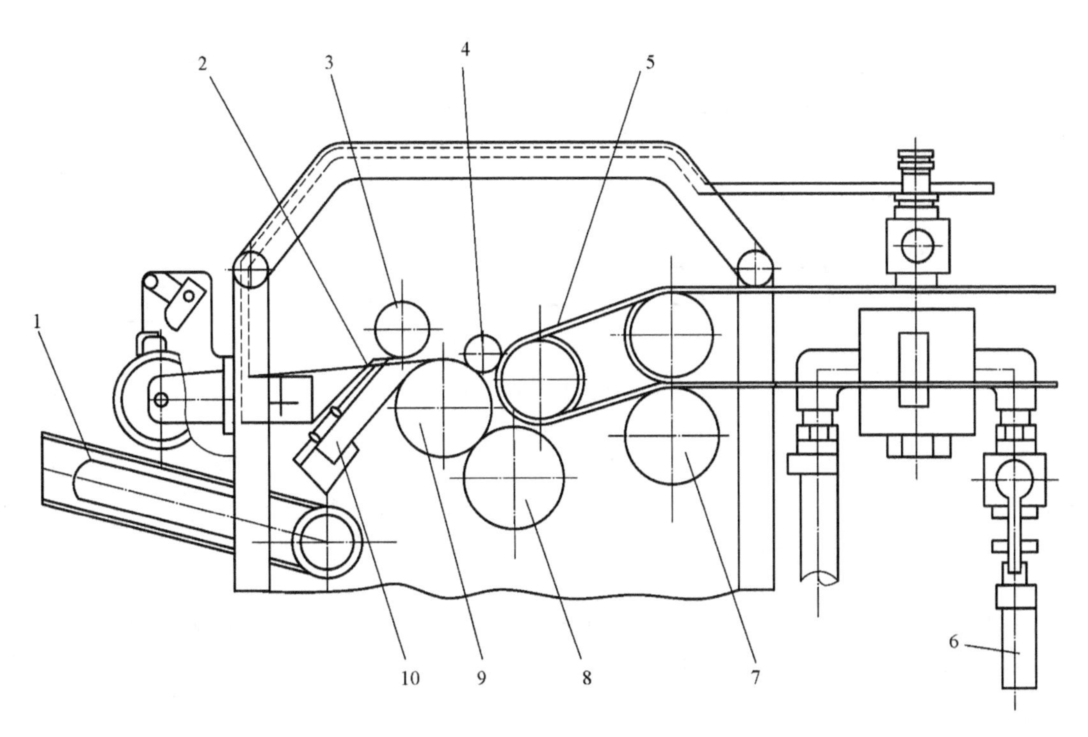

图 4-18　去鱼皮机的结构

1—去皮鱼片输送带;2—止动板;3—压辊;4—输送辊;5—鱼片输送带;
6—进水管;7—托辊;8—刮皮滚筒;9—去皮滚筒;10—去皮刀具

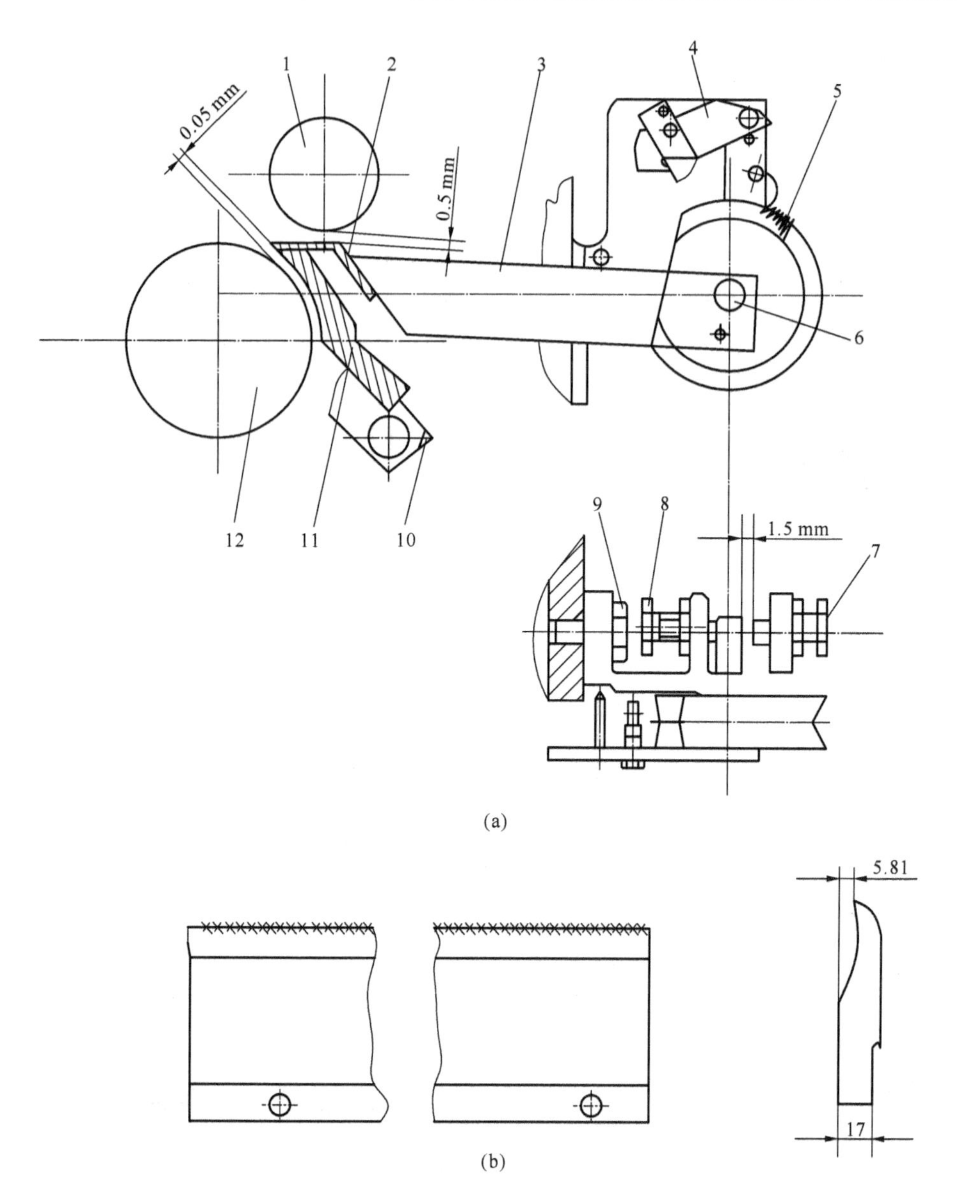

图 4-19 去鱼皮机构和去鱼皮刀具

(a) 去鱼皮机构和去鱼皮刀具；(b) 去鱼皮刀具的结构

1—弹性压辊；2—止动板；3—支架；4—支座；5—弹簧；6—支轴；7,8—调节螺栓；9—止动螺栓；10—刀架；11—去皮刀具；12—去皮滚筒

4.2.2 鱼糜加工机械

鱼糜加工机械按加工工序可分为鱼糜原料加工机械和鱼糜制品加工机械两部分，前者从原料鱼取得鱼糜原料，后者将鱼糜原料加工为油炸、蒸煮、烘烤鱼糜制品和鱼香肠等。由于我国有大量的低值海、淡水鱼类，这些原料适合生产为鱼糜制品，因而鱼糜加工机械在我国水产品加工生产中占有重要的地位。

1. 鱼糜原料加工机械

鱼糜原料加工机械根据加工工艺对鱼糜原料的要求可分为普通鱼糜原料加工机组和冷冻

鱼糜加工机组。普通鱼糜原料加工机组由鱼肉采取机、鱼肉精滤机和擂溃机组成，其鱼糜原料未经过漂洗、脱脂、脱色等处理，质量稍差。冷冻鱼糜原料是经漂洗、脱脂和脱色的高级鱼糜原料，肉质洁白，弹性较好。由于在高速搅拌过程中加入具有防腐作用的添加剂，并且鱼糜搅拌后会凝胶化，速冻后可长期储藏，不会发生蛋白质变性而影响品质。冷冻鱼糜机组由鱼肉采取机、回转筛、漂洗槽、螺旋压榨脱水机、精过滤机和高速搅拌机组成。冷冻鱼糜原料虽然品质高但产肉率低，仅占原料鱼质量的20%，比一般的鱼糜原料生产得率低一半。目前我国的鱼糜原料加工机组大都是较简单的普通鱼糜原料加工机组。近年国际市场对高级鱼糜原料需求量不断增加，国内亦引进多套冷冻鱼糜加工机组。

图4-20所示为10 h处理10 t原料鱼的冷冻鱼糜加工机组。已去头和内脏的原料鱼在回转式洗鱼机内清洗后，由带式输送机2送到鱼肉采取机采取鱼肉，鱼肉落入第一漂洗槽，加入约为鱼肉质量1.5倍的清水搅拌漂洗并脱脂。漂洗过的鱼肉用鱼肉泵6吸送到第一回转筛内，喷水冲去血水，并通过筛网滤去水分。预脱水鱼肉落入第二漂洗槽，加入质量约为鱼肉质量2倍的清水，再次搅拌漂洗并脱脂。经二次清洗的鱼肉用鱼肉泵11吸送到第二回转筛再滤去水分。将二次预脱水后的鱼肉进入螺旋压榨式脱水机内充分排出水分，得率约为40%。脱水的鱼肉由带式输送机23送到精滤机，滤去鱼肉中少量的细骨和皮屑。至此，鱼糜原料的得率约为原料鱼质量的20%。

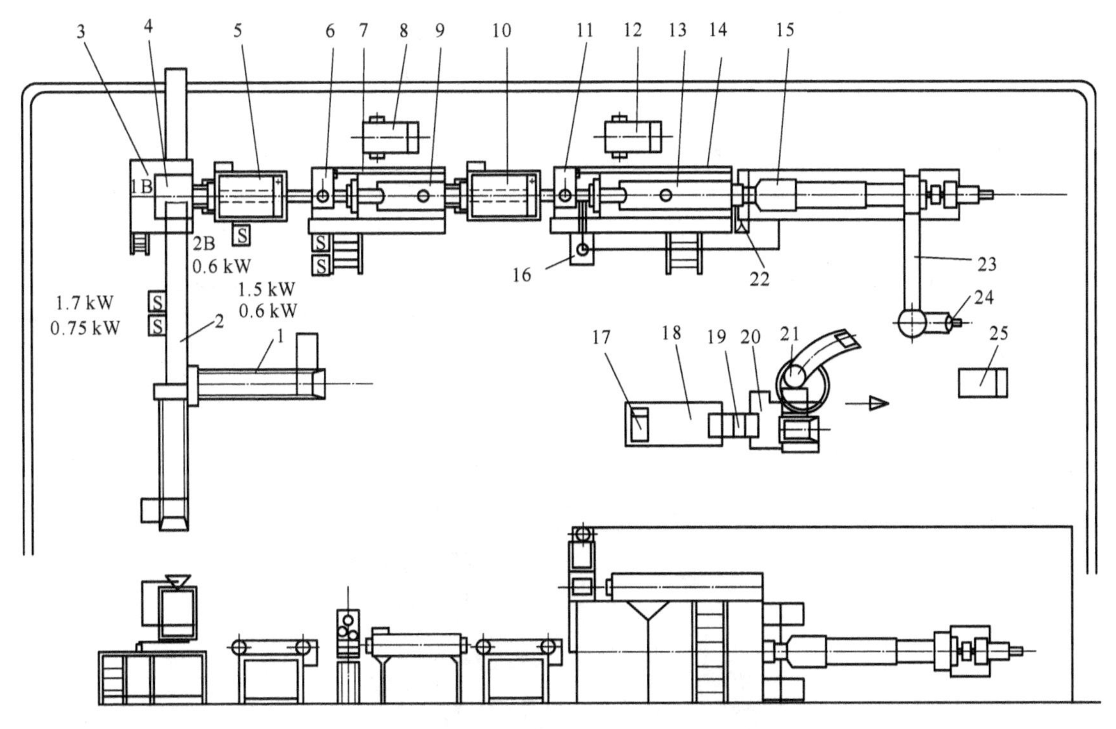

图4-20　10 h处理10 t原料鱼的冷冻鱼糜加工机组

1—回转式洗鱼机；2,23—带式输送机；3—操作平台；4—鱼肉采取机；5—第一漂洗槽；6,11,16—鱼肉泵；7,14—机架；8,12—高压水冲洗机；9—第一回转筛；10—第二漂洗槽；13—第二回转筛；15—螺旋压榨式脱水机；17,25—计量秤；18—操作台；19—输送装置；20—定量充填机；21—高速搅拌机；22—废料槽；24—精滤机；S—伺服电动机；1B,2B—流水线布置

将鱼糜原料分批送到高速搅拌机，加入糖和磷酸盐等添加剂，高速搅拌，使鱼糜凝胶化。搅拌后的鱼糜用自动充填机定量装入塑料袋内，再用平板式速冻机速冻后冷藏储存。

1）带式鱼肉采取机

带式鱼肉采取机是利用弹性橡胶带挤压鱼体，使柔软的鱼肉通过滤孔与鱼骨、鱼皮分离。图 4-21 所示为带式鱼肉采取机的工作原理，弹性橡胶带由主动带轮拖动，托辊使得在弹性橡胶带和布满小孔的采肉转筒间构成包角约为 90°的挤压区。原料鱼进入采肉转筒与弹性橡胶带间的挤压区时，受到弹性橡胶带的柔性挤压力，鱼肉即通过转筒的小孔进入筒内，黏在转筒表面的鱼皮由刮刀清除。

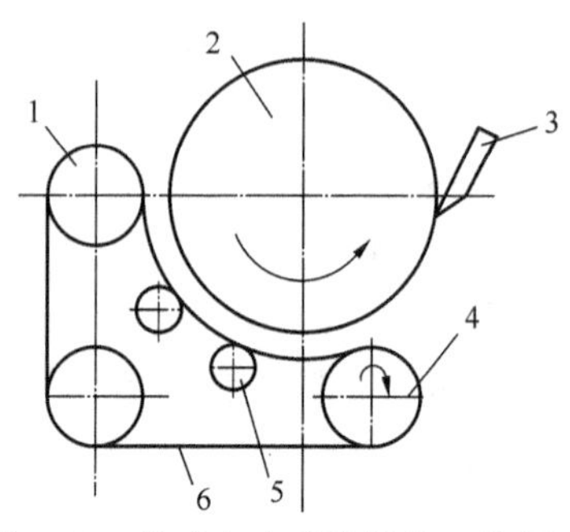

图 4-21　带式鱼肉采取机的工作原理

1—被动带轮；2—采肉转筒；3—刮刀；4—主动带轮；5—托辊；6—弹性橡胶带

图 4-22 所示为国产 PCD-400 型鱼肉采取机，由采肉转筒、弹性橡胶带、刮刀、主动带轮、托辊和调节机构组成。电动机通过减速箱传动连接盘，借助连接盘上的三只连接销嵌入采肉转筒底壁上的三只弧形连接槽内，带动采肉转筒逆时针转动。采肉转筒前端支承在可拆卸的前侧板的孔内，两只滚珠轴承承受弹性橡胶带挤压鱼肉时产生的向上的推力。采肉转筒内可拆卸的推肉螺旋的螺旋柄由固定销固定在前侧板上，将进入转筒内的鱼肉卸出。减速箱输出轴通过传动齿轮带动主动带轮，拖动弹性橡胶带。为了使挤压时鱼肉易与骨、皮分离，采肉转筒与弹性橡胶带的线速度不相等，使鱼肉差速移动。塑料托辊和弧形塑料托板构成弹性橡胶带对采肉转筒的包角区以挤压鱼肉。被动带轮用于调节弹性橡胶带的张紧度。松开固紧手柄，扳动被动带轮轴的调节手柄，调节弹性橡胶带至适宜张紧度，然后用固紧手柄锁紧。装置在刀架上的刮刀借助调节碟形螺栓使刀刃与采肉转筒的圆周相切，刮除转筒表面的鱼皮。

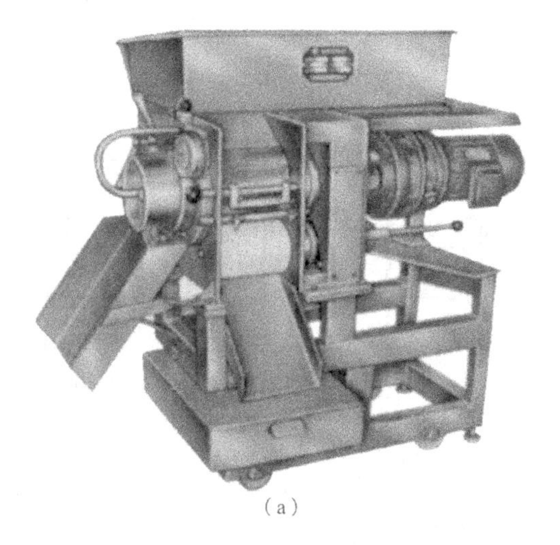

(a)

图 4-22　PCD-400 型鱼肉采取机

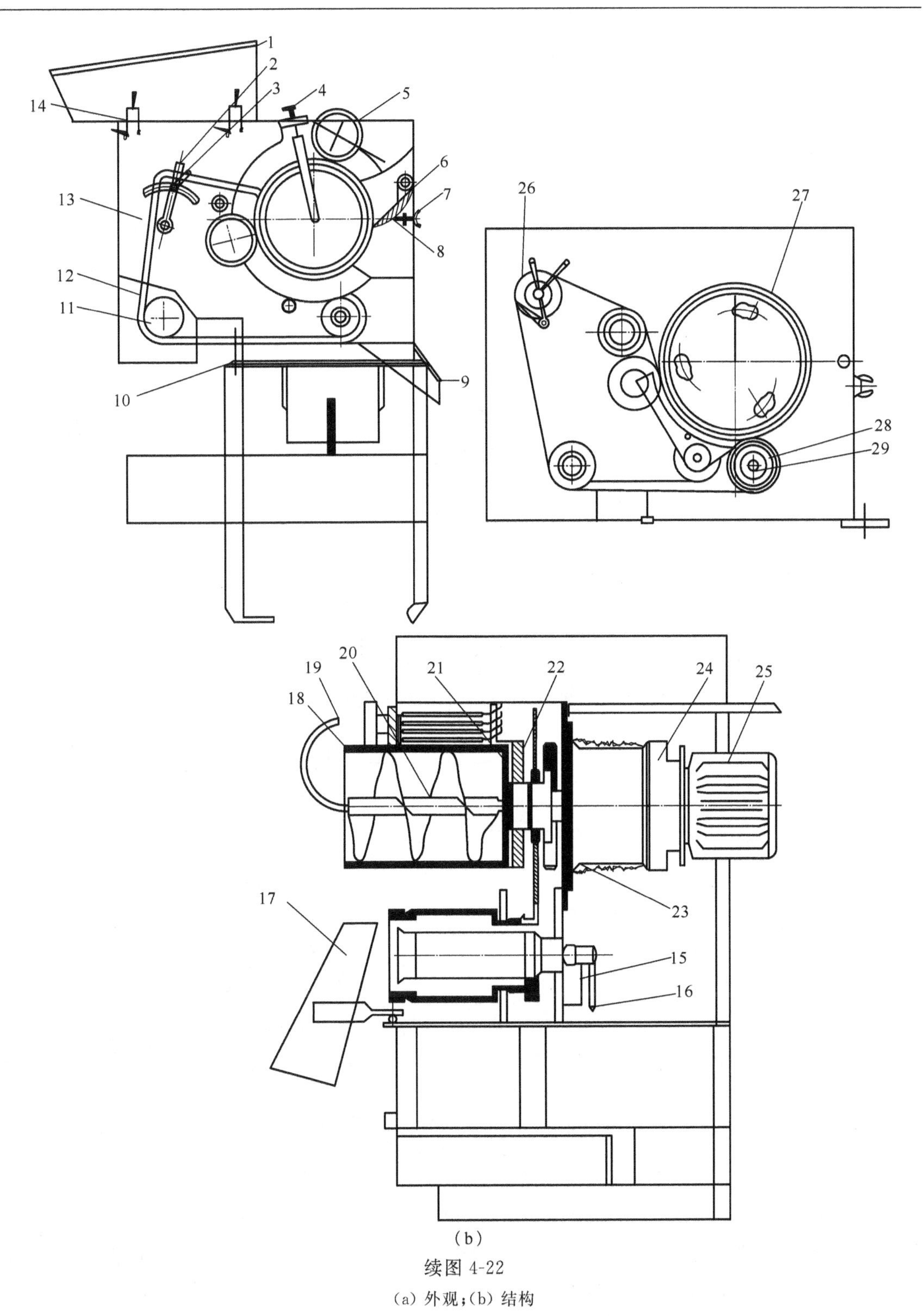

续图 4-22

(a) 外观;(b) 结构

1—料斗;2—调节手柄;3—固紧手柄;4—固定销;5—滚珠轴承;6—刮刀;7—碟形螺栓;8—刀架;9—废料槽;10—螺栓;11—固定张紧轮;12—弹性橡胶带;13—前侧板;14—固定螺栓;15—主动带轮调节手柄的排挡座;16—主动带轮调节手柄;17—鱼肉出料槽;18—采肉转筒;19—推肉螺旋柄;20—推肉螺旋;21—连接销;22—连接盘;23—传动齿轮;24—减速箱;25—电动机;26—被动带轮;27—弧形连接槽;28—主动带轮;29—偏心轴

图 4-23 所示为主动带轮调节机构，用于调节主动带轮与采肉转筒的间距，控制出口废料的残肉率。主动带轮传动轴两端轴颈是不同轴心的偏心轴，支承在机架轴承上。右端偏心轴连接调节手柄，下端有固定手柄位置的排挡座。调节时根据废料中的残肉率变动主动带轮的位置。转动手柄通过偏心轴使带轮轴相对采肉转筒上下移动来改变带轮位置。调节手柄往上转动，转筒与带轮的间距增大，废料排出快，效率高，但传动齿轮与齿轮之间的中心距增大，齿轮啮合传动条件差，产生噪声，容易磨损。调节手柄往下转动时情况则相反，废料中残肉率低，齿轮啮合传动条件好。手柄调节好后，将其固定在排挡座上。

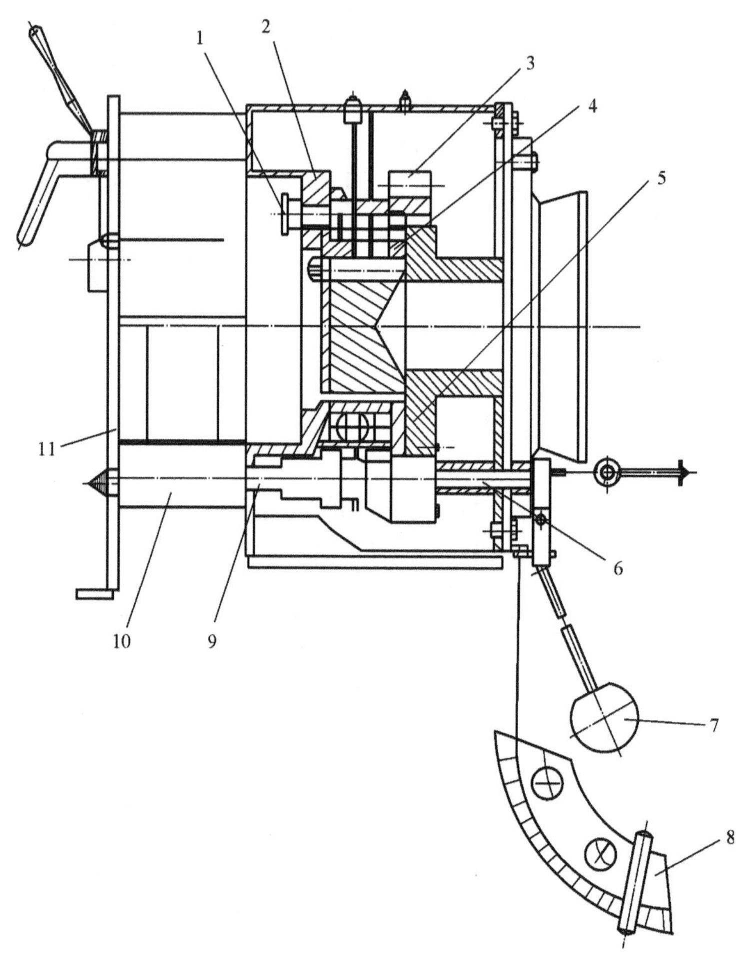

图 4-23　主动带轮调节机构

1—连接销；2—连接盘；3，5—传动齿轮；4—连接件；6—偏心轴；7—调节手柄；8—排挡座；9—主动带轮传动轴；10—主动带轮；11—前侧板

机器运作时，将原料鱼从料斗投入采肉转筒与弹性橡胶带之间，进入包角区时鱼肉受橡胶带挤压，从转筒小孔进入筒内并由固定的推肉螺旋卸出筒外，废料在主动带轮处卸出，黏在转筒表面的鱼皮被刮刀清除。鱼肉采取机的生产能力与采肉转筒上的小孔直径有关，孔径大，生产能力高，但采取的鱼肉含细骨、皮屑等杂质多。采肉转筒小孔直径规格有 1.5 mm、2 mm、3 mm、5 mm 等，国产鱼肉采取机常采用 2 mm、3 mm 孔径的采肉转筒。国产带式鱼肉采取机有 PCD-500 型和 PCR-600 型两种，每小时能生产 400 kg 原料鱼。国外大型鱼肉采取机每小时可生产 7000～10000 kg 原料鱼。

2）鱼肉精滤机

鱼肉精滤机供采取的鱼肉滤去所含少量的细骨、碎皮屑等杂质，提高鱼糜制品的质量。图 4-24所示为鱼肉精滤机，由供料、过滤和排废料装置三部分组成。储料桶内的鱼肉被回转轴上的压料板压入活动进料板下面的螺膛内。螺膛内的转动螺旋由两段不同结构的螺旋组成。前段螺旋安装在螺膛内，是一根等直径变螺距的进料螺旋，用于将鱼肉送至过滤部分。后段螺旋伸出螺膛外，螺旋轴上有三段带一定升角的梯形滤肉螺旋，外套不锈钢滤筒，两者之间很小的配合间隙使受挤压的鱼肉从滤筒的筛孔滤出。滤筒前端用螺旋套筒与螺膛座连接，后端与排废料锥形管连接，便于拆卸清洗。滤筒的筛孔直径为 1.5～2 mm。排废料锥形管的活动盖上装有平衡杆和可移动重块。可移动重块使活动盖受到一定的压力，其目的是使废料排出受到一定的阻力，从而使鱼肉在滤筒内有充分的停留时间并从滤筒滤出。为了避免鱼肉受挤压时温升过大而影响质量，可在冷却水套内放入冰块或用冷水冷却。有的鱼肉精滤机将冷水灌入空心的螺旋轴进行连续冷却，这样做效果更好。国产鱼肉精滤机有 YJL-800 型和 YG-1000 型等，生产能力为 800～1000 kg/h。

(a)

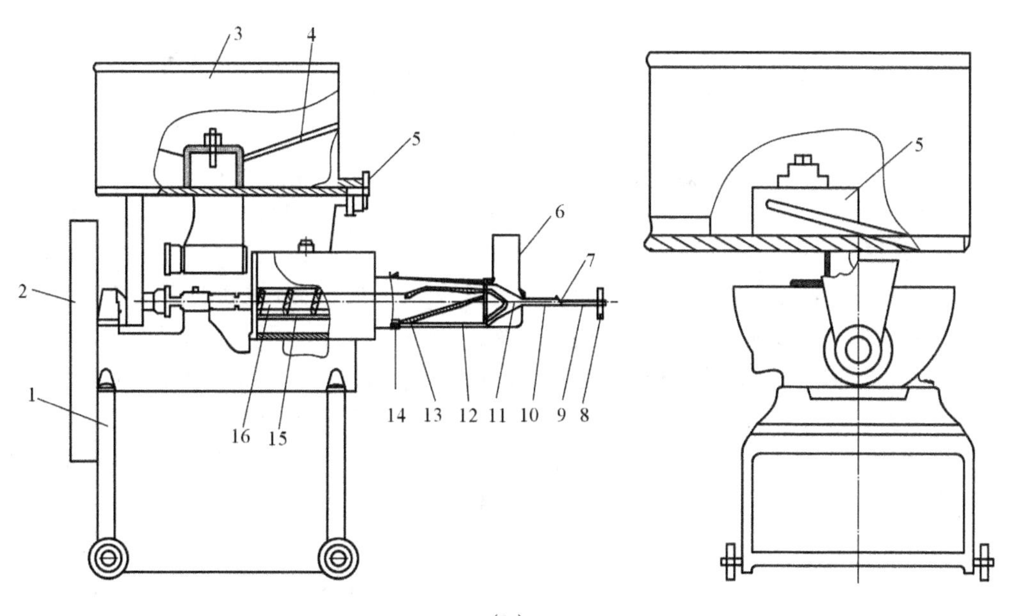

(b)

图 4-24　鱼肉精滤机

(a) 外观；(b) 结构

1—机座；2—V 带传动装置；3—储料桶；4—压料板；5—活动进料板；6—冷却水套；7—活动盖；8—可移动重块；9—平衡杆；10—排出管；11—排废料锥形管；12—滤筒；13—梯形滤肉螺旋；14—螺旋套筒；15—螺膛；16—进料螺旋

3）漂洗槽

鱼肉漂洗可除去鱼肉中的脂肪、水溶性蛋白质、无机盐和色素等杂质，加工成的鱼糜制品弹性好，色泽洁白。漂洗槽是带有搅拌器的不锈钢板制的长方形槽，搅拌器可加快漂洗效果，转速约为 12 r/min。一般漂洗工艺要求鱼肉经过 2～3 次反复漂洗与脱水，通常由数台漂洗槽和回转筛进行间断地漂洗和预脱水，但亦可在同一漂洗槽内连续漂洗。图 4-25 所示为连续式漂洗槽。在第一漂洗槽内加入冷水或碱盐混合液对鱼肉进行搅拌和漂洗，鱼浆溢流入第二漂洗槽继续搅拌漂洗，最后溢流入第三漂洗槽做最后漂洗。鱼肉泵将鱼浆从各漂洗槽底部的管道送到回转筛预脱水，浮在表面的脂肪由人工或除油装置清除。鱼肉漂洗工艺及其效果随鱼的种类、鲜度和用水量等而异。一般鲜度高、脂肪少的原料鱼用清水漂洗，鱼肉与水的比例为 1∶10～1∶5，水量多漂洗效果好，但耗水量会增加。多脂性红色鱼肉的中上层海水鱼，一般用 0.1%～0.3%的盐水与 10%～40%的碳酸氢钠配的混合液或单一溶液分别漂洗。

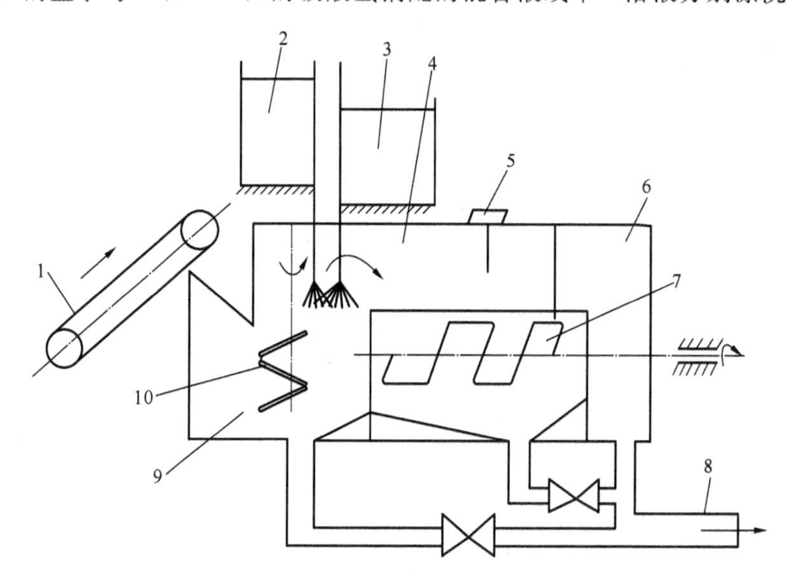

图 4-25　连续式漂洗槽

1—输送带；2—碱盐溶液槽；3—冷水槽；4—第二漂洗槽；5—电极式液位器；6—第三漂洗槽；7，10—搅拌器；8—管道；9—第一漂洗槽

4）脱水机械

漂洗后的鱼肉含大量水分，先由回转筛预先滤去 80%的水分，然后在螺旋式压榨机内挤压去除剩余水分，使鱼糜原料达到规定的含水率。图 4-26 所示为回转筛预脱水机，筛筒是用不锈钢板制成的回转圆筒，筛孔直径约为 0.5 mm。鱼浆沿倾斜安装的筛筒转动时，鱼肉从另一端卸下，水流过筛孔到集水槽。为了防止筛孔堵塞影响过滤效率，回转筛筒上部装有一只喷头，该喷头可沿导轨往复移动，喷水冲洗筛孔。回转筛除了使鱼浆脱水外，还能清除鱼肉中的血水，故又称肉质调整机。图 4-27 所示为螺旋压榨式脱水机，由榨螺杆、滤筒和调节圆锥等构成。榨螺杆由数节焊有螺旋叶片的圆锥筒套在传动轴上组成，构成一个底径逐渐增大的变螺距螺杆。滤筒用不锈钢板制成，滤孔直径为 0.3～0.7 mm，滤筒外套由用较厚钢板制

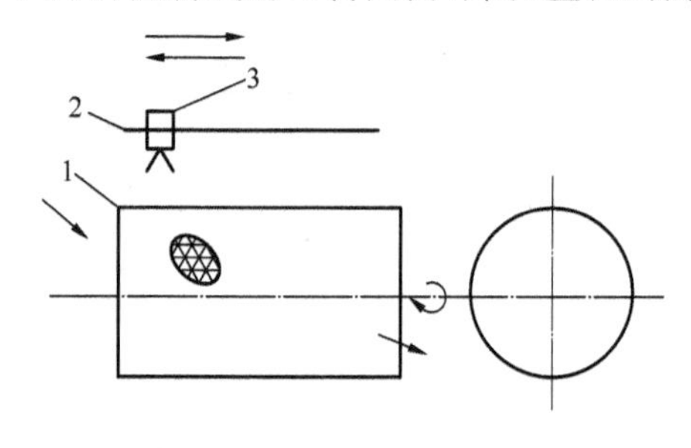

图 4-26　回转筛预脱水机

1—筛筒；2—导轨；3—喷头

成的有孔圆筒和加强箍加固。从进料斗进入的鱼肉在开始挤压时滤出大量游离水分,鱼肉在随螺杆移动过程中体积逐渐缩小,鱼肉内不易分离的水分在中压和高压段被挤出。螺杆压榨式脱水机的脱水效率与鱼肉原料鲜度、pH 值、含水量等因素有关,可通过调节鱼肉的脱水速度或螺杆的挤压力来控制。机器的调节部分是榨螺杆前端的调节圆锥以及调速电动机。一般情况下,可转动调节螺母的手轮,使螺杆轴向移动,减少或增大调节圆锥与滤筒间的间隙,使鱼肉排出速度减少或加快,从而使鱼肉脱水速度变化。鱼肉原料变化情况较大时,需要通过调速电动机改变螺杆转速来适应。一般当原料为含水量较少的新鲜鱼肉时,可提高螺杆转速,加快脱水速度。鲜度差的鱼肉原料,漂洗后 pH 值增加,鱼肉与水分结合牢固,使得鱼肉压缩性差,脱水困难,此时应降低螺杆转速来调节脱水速度。此外,对于含水量大而新鲜的原料,螺杆转速过快将使鱼肉脱水不充分,应降低螺杆转速。

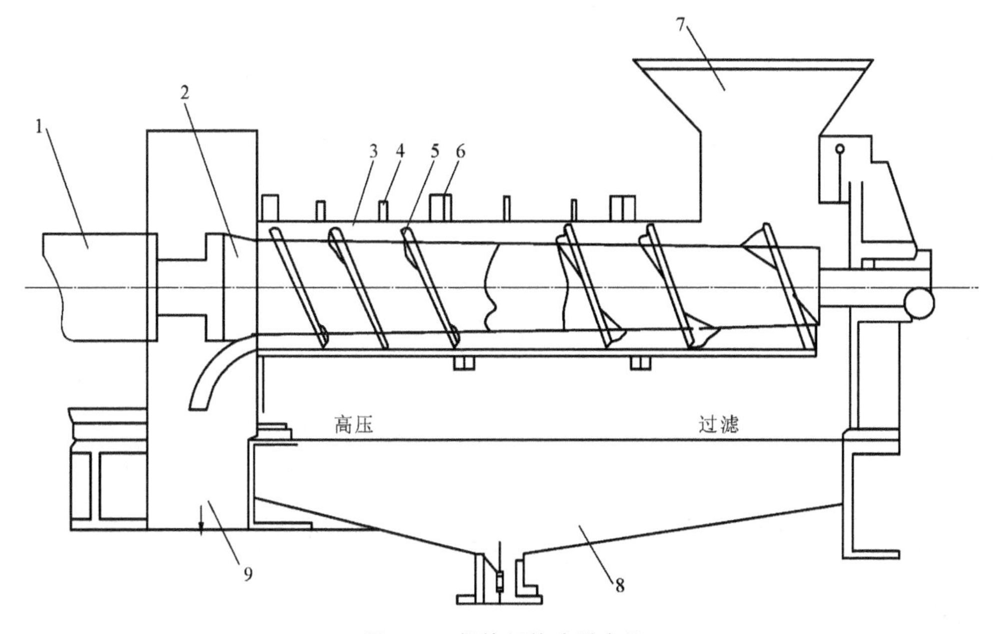

图 4-27　螺旋压榨式脱水机

1—调节螺母;2—调节圆锥;3—滤筒;4—加强箍;5—榨螺杆;
6—法兰;7—进料斗;8—废液槽;9—脱水鱼肉出口

2. 鱼糜制品加工机械

鱼糜原料成形后,可采用蒸煮、油炸、烘烤等各种热处理工序,使鱼蛋白质凝固,得到鱼丸、鱼糕、鱼卷和鱼香肠等鱼糜制品。日本的鱼糜制品加工机械由各种成形机、热处理设备和包装机械组成。日本的鱼香肠加工机械由自动充填结扎机、热水式高温杀菌设备组成。欧式鱼糜制品加工机械由成形机、淋浆机、洒粉机和油炸设备或连续速冻设备组成。成形机械是将鱼糜原料制成一定形状(如球形、圆柱形和异形等)、尺寸和质量规格的生坯料的机械设备。各种类型的成形机械是根据制品成形要求设计成的,其主要部件是物料输送机构和成形模具。简单或专用的成形机只能完成单一形状制品,如鱼丸机和鱼卷机。

万能成形机可通过置换模具或变动成形模具,完成多种形状的制品。复合成形机可加工包馅的鱼糜制品。

1) 鱼丸成形机

图 4-28 所示为国产 YWJ-I 型鱼丸成形机。电动机通过 V 带传动,经无级变速箱、链传动

装置和蜗轮减速箱 4 变速，再由链传动装置带动鱼糜输送螺旋。输送螺旋是一根圆锥形底径、等螺距的螺杆，鱼糜原料在输送过程中受挤压从成形模中挤出。在无级变速箱输入轴端通过圆锥齿轮机构、蜗轮减速箱 6 和二级链传动装置带动偏心圆盘，再由偏心圆盘和连杆组成的曲柄连杆机构带动成形模内半圆环形刮鱼丸刀往复回转。为了使输送螺旋挤出的鱼糜量与成形模内的刮鱼丸刀相配合，以得到一定规格的鱼丸，可通过无级变速箱调节输送螺旋的转速。成形模座用法兰和螺栓和螺膛的机座连接，可拆卸清洗。

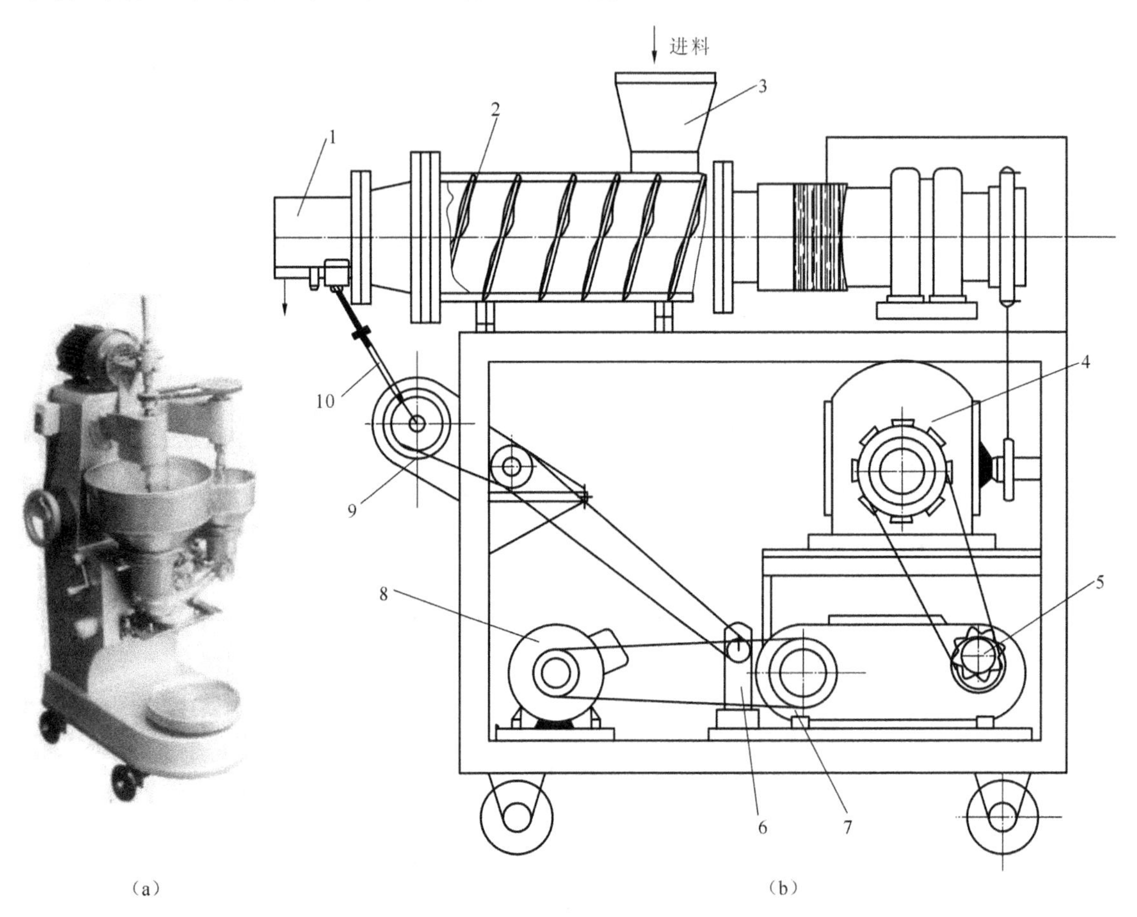

图 4-28　YWJ-I 型鱼丸成形机

(a) 外观；(b) 结构

1—成形模座；2—输送螺旋；3—进料斗；4，6—蜗轮减速箱；5—无级变速箱；

7—圆锥齿轮机构；8—电动机；9—偏心圆盘；10—连杆

图 4-29 所示为鱼丸成形机，长方形成形模座的料腔前端有三个成形模。成形模上端有微调圆锥，模具有两个圆锥孔，下部出料圆锥孔内装有半圆环形刮刀，刮刀轴由圆锥齿轮机构传动。圆锥齿轮轴的一端与偏心连杆机构连接，使半圆环形刮刀在出料圆锥孔内做 180°往复回转。鱼糜从成形模的出料圆锥孔挤出时被刮刀切断，构成鱼丸上半部球形，鱼丸下半部是在重力作用下构成近似的球形，成形的鱼丸落入水中，表面经水煮定形。借助螺母转动微调螺旋可使微调圆锥升降，调节圆锥孔与微调圆锥间的间隙，控制鱼糜的挤出量。国产 YWJ-I 型鱼丸成形机的生产能力为 300 粒/min，鱼丸直径约为 33 mm，质量可调节。FP-120 型鱼丸成形机的结构和生产能力和 YWJ-I 型类似，但采用叶片泵输送鱼糜，成形鱼丸落到输送带上，被送出机外。

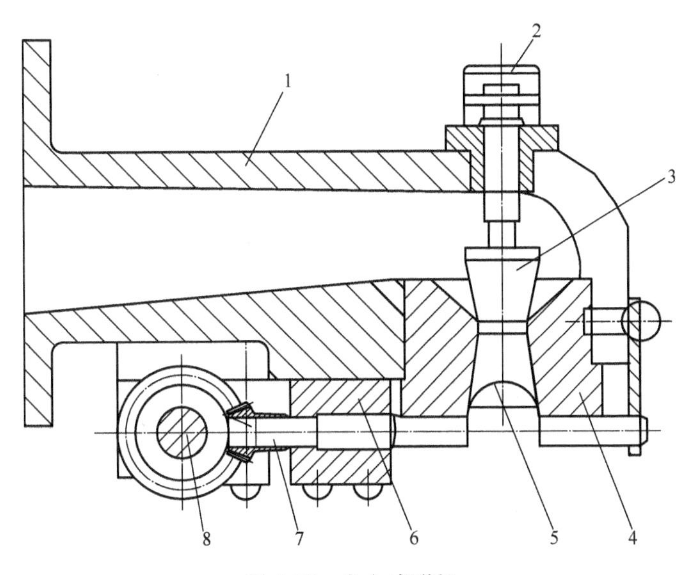

图 4-29　鱼丸成形机

1—成形模座；2—微调旋钮；3—微调圆锥；4—成形模；5—半圆环形刮刀；
6—轴承座；7—传动轴；8—圆锥齿轮机构

2）油炸鱼糜制品成形机

这种成形机械是多功能的，通过置换模具或成形部件，可以成形多种不同形状（如球形、长方形、圆柱形等）和尺寸的鱼糜制品。图 4-30(a)所示为日本的 KTM-100 型油炸鱼糜成形机，由叶片泵、成形模、电动机和输送带等构成。料斗内的鱼糜被一对相对转动的进料螺旋推送入叶片泵，叶片泵将鱼糜连续从成形模中挤出，回转臂的切断钢丝切断一段鱼糜并使之落在输送带上。输送带上装置的辗压辊和切断闸刀分别根据制品需要将鱼糜辗压成具有一定的厚度和切断成具有一定尺寸的制品。为了防止成形后的鱼糜制品黏在输送带上，在往前输送鱼糜制品时，将其用固定在输送带平面上的分离钢丝分离开。前端的反转轮与被动带轮转向相反，使成形制品从输送带落入反转轮时自动翻身，然后落入自动油炸设备的油槽内，这样可防止制品断裂。图 4-30(b)所示为油炸鱼糜成形机输送带上的成形部件的布置。鱼糜从成形模口挤出时被切断钢丝分割成段落到输送带上，转动的辗压辊将鱼糜段辗压成一定厚度，上下移动的切断铡刀将其分割成具有一定规格的块状鱼糜。机器的无级变速箱可调节切断钢丝、切断铡刀和输送带的速度，使之相互配合，制成所需规格的鱼糜制品。辗压辊与输送带间的间距决定了制品的厚度，可预先调节辗压辊的位置。成形模口的截面可为长方形或圆形，根据制品需要更换。在生产鱼丸时，成形模前部可连接鱼丸成形模，模具结构与鱼丸成形机相同，此时通过离合器可停止输送带上各成形部件的动作。

机器的传动部分装有四个无级变速箱（16、17、18、19），分别对进料螺旋、叶片泵、输送带和切断工具进行调速，使鱼糜输出量与各成形部件动作相配合，生产各种规格的鱼糜制品。电动机通过 V 带传动装置带动叶片泵的无级变速箱，并分别带动进料螺旋的无级变速箱和切断工具的无级变速箱。无级变速箱通过 V 带传动装置带动输送带的无级变速箱，各部分的变速关系如下。

（1）叶片泵变速调节时，进料螺旋、切断工具和输送带同步变速。

（2）切断工具变速时，输送带同步变速。

（3）进料螺旋和输送带可单独变速。

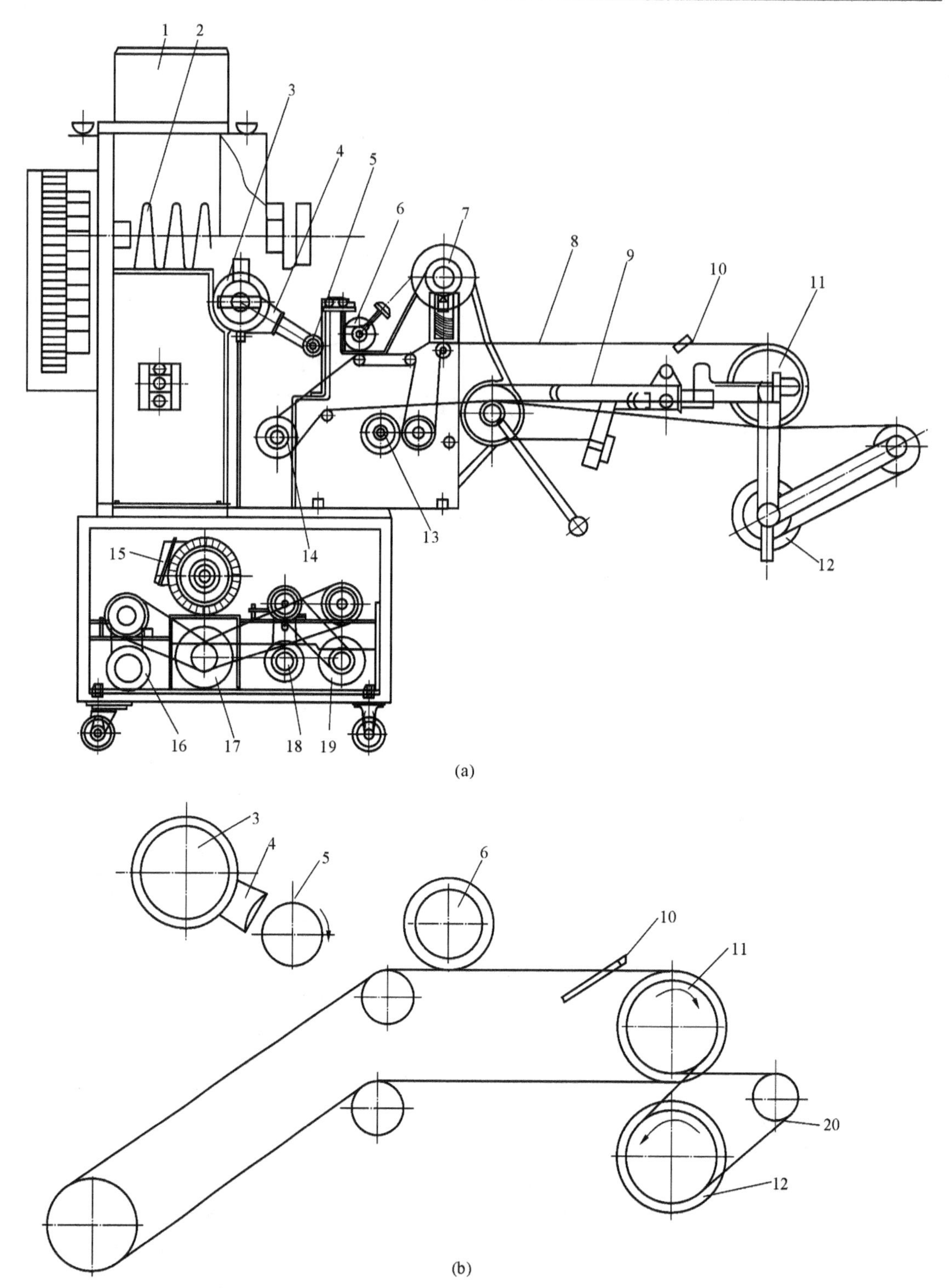

图 4-30　KTM-100 型油炸鱼糜成形机及其输送带上成形部件的布置

(a) KTM-100 型油炸鱼糜成形机；(b) 成形部件的布置

1—进料斗；2—进料螺旋；3—叶片泵；4—成形模；5—切断钢丝；6—辗压辊；7—切断铡刀；8—输送带；9—被动带轮活动板；10—分离钢丝；11—被动带轮；12—反转轮；13—清理辊；14—主动带轮；15—电动机；16—进料螺旋的无级变速箱；17—叶片泵的无级变速箱；18—输送带的无级变速箱；19—切断工具的无级变速箱；20—传动带

V 带锥轮式无级变速箱是一种食品加工机械常用的传输小功率的无级变速箱，由一对或两对可分离的锥轮和 V 带或齿形带组成，通过同时或单独变动主、从动锥轮的工作直径来无级变速。图 4-31(a)所示为 V 带无级变速箱的结构，主、从动锥轮均可分离。主动锥轮右端固定，而左端可轴向移动。从动锥轮也是右端固定，而左端可轴向移动。转动调节手轮，通过螺杆带动锥轮的左端做轴向移动，以调节主动锥轮的工作直径。由于主、从动锥轮的中心距不变，弹簧使从动锥轮的左端同步轴向移动而改变工作直径。如图 4-31(b)所示，当主动锥轮左端往外轴向移动时，工作直径减小，从动锥轮左端在弹簧压力作用下向内轴向移动而使工作直径增加，输出轴得到减速。

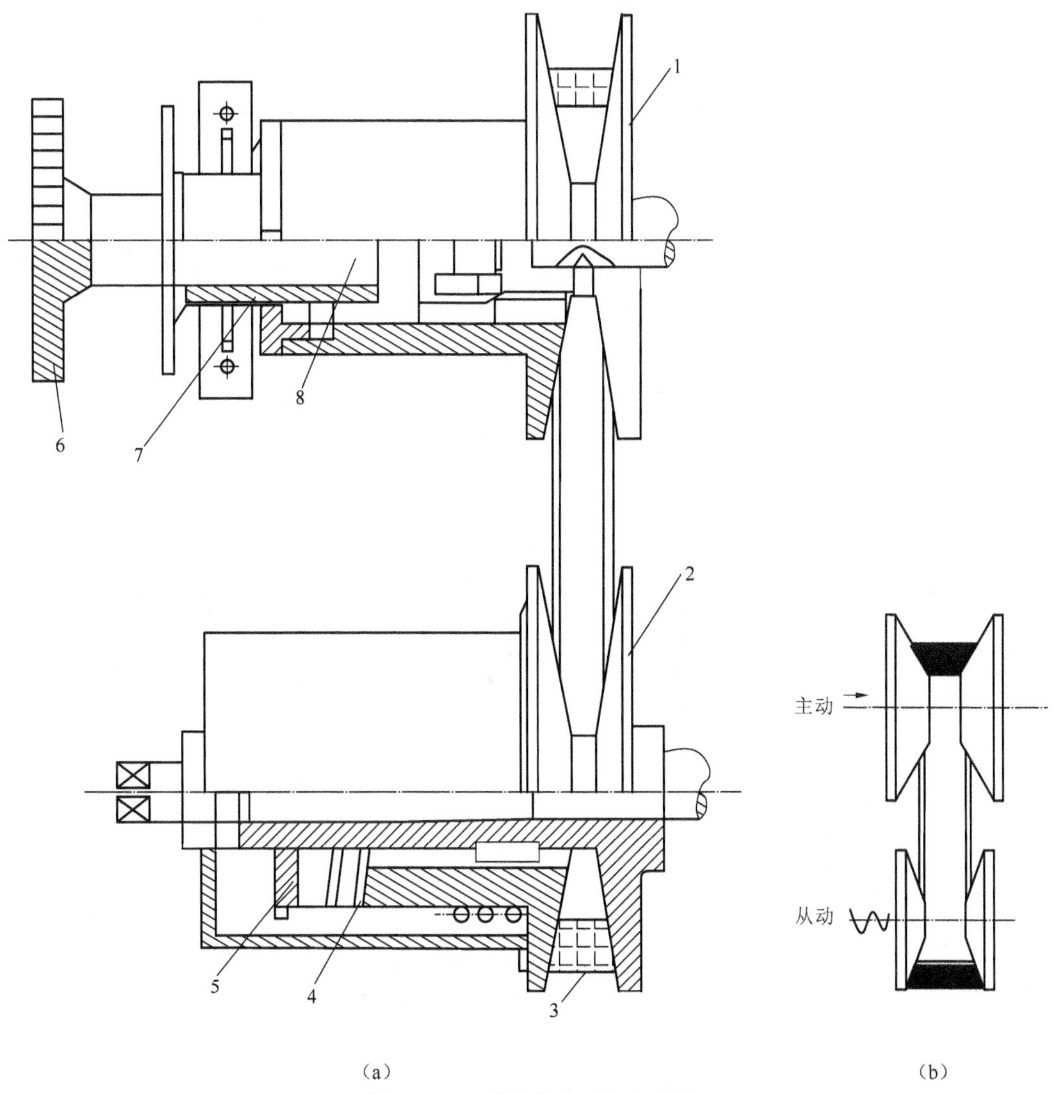

图 4-31　V 带锥轮式无级变速箱

(a) V 带无级变速箱的结构；(b) 锥轮的结构

1—主动锥轮；2—从动锥轮；3—V 带；4—弹簧；5—弹簧座；6—调节手轮；7—螺母套筒；8—螺杆

V 带锥轮式无级变速箱的变速范围 R 的计算如下。

从动锥轮最大转速 $n_{2\max}$ 为

$$n_{2\max}=n_1\frac{D_1}{d_2}$$

从动锥轮最小转速 $n_{2\min}$ 为

$$n_{2\min}=n_1\frac{d_1}{D_2}$$

变速范围 R 为

$$R=\frac{n_{2\max}}{n_{2\min}}=\frac{n_1\cdot\dfrac{D_1}{d_2}}{n_1\cdot\dfrac{d_1}{D_2}}=\frac{D_1}{d_1}\times\frac{D_2}{d_2}$$

式中 n_1,n_2——主、从动锥轮的转速;

d_1,D_2——主动锥轮的最小和最大工作直径,mm;

d_2,D_1——从动锥轮的最小和最大工作直径,mm。

当主动锥轮和从动锥轮尺寸相等,即 $d_1=d_2=d$、$D_1=D_2=D$ 时,得到对称调速条件下的变速范围

$$R'=\left(\frac{D}{d}\right)^2$$

图 4-32 所示为 KTM-100 型叶片泵,这种类型的容积泵常用于各种成形机和灌肠机,用于以一定的输送压力将高黏度鱼糜或肉糜挤出成形或充填入包装容器内,输送量平稳,运转无噪声。泵的转子上有八个槽,槽内嵌入长方形塑料叶板,每块叶板两端的凸块在泵盖的凸轮槽内转动。凸轮槽由转轴中心和泵盖中心偏心构成,在转子转动时,槽内凸块使叶板沿凸轮槽滑动,从而使叶板间容积变化,将一定量的鱼糜挤压输送出泵。

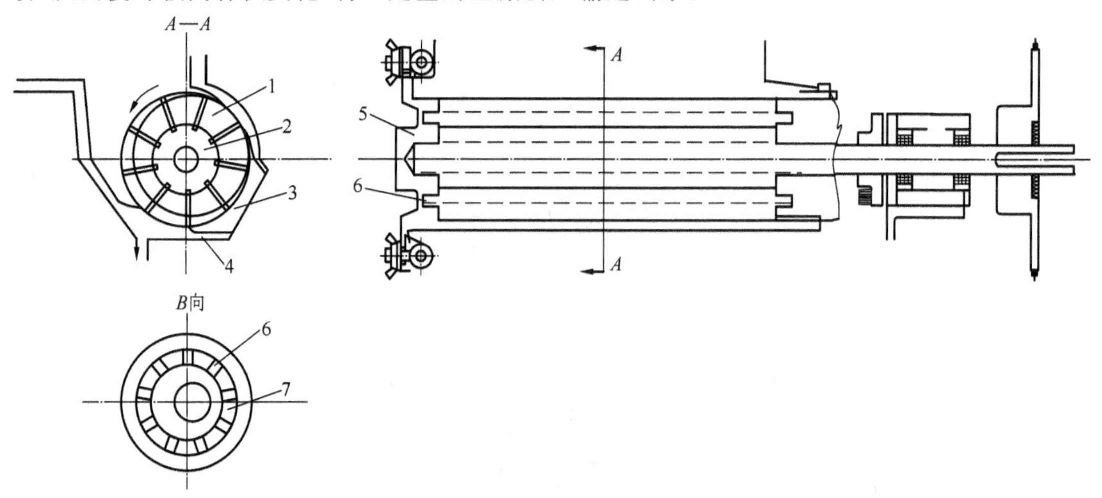

图 4-32 KTM-100 型叶片泵

1—转子;2—转轴;3—叶板;4—泵壳;5—泵盖;6—凸块;7—凸轮槽

3) 欧式鱼糜或肉糜成形机

欧式鱼糜或肉糜成形机成形的制品为汉堡饼或鱼、肉排,成形制品常油炸或速冻。图 4-33所示为欧式成形机,机器由液压传动的叶片泵、料斗、控制箱、制品自动衬纸堆垛装置和制品输送带组成。

欧式成形机的成形原理是:叶片泵以恒定压力将鱼或肉糜挤入成形模板的开口孔内,再由脱模器将成形制品从模板开口孔中击出。模板的高度和开口孔的形状决定了制品的形状、厚度和质量。图 4-34 所示为欧式成形机的工作原理。制品成形过程如下:料斗内的物料由螺旋板进料器推送入叶片泵,此时因模板的开口孔不在叶片泵的出料口下面,叶片泵不转动

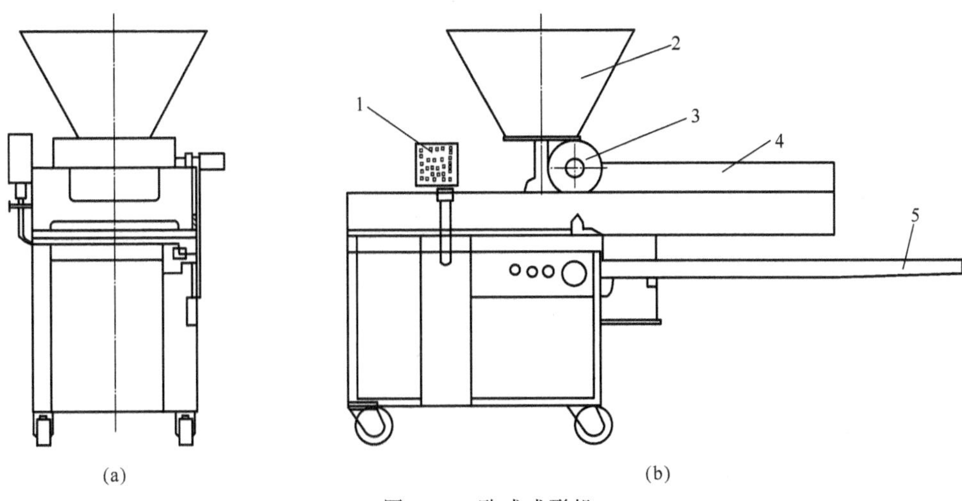

图 4-33　欧式成形机

(a) 左视图；(b) 主视图

1—控制箱；2—料斗；3—叶片泵；4—制品自动衬纸堆垛装置；5—制品输送带

（见图 4-34(a)），模板沿导槽向后移动；当模板的开口孔处于叶片泵的出料口下面时，叶片泵做瞬间转动，物料被挤入模板的开口孔内；当开口孔内物料达到某一恒定充填压力时，叶片泵停止转动（见图 4-34(b)），模板沿导槽向前移动到脱模器的位置，脱模器迅速落下冲入模板的开口孔，成形的制品被击落在塑料或不锈钢网输送带上，并被送出机外（见图 4-34(c)）。

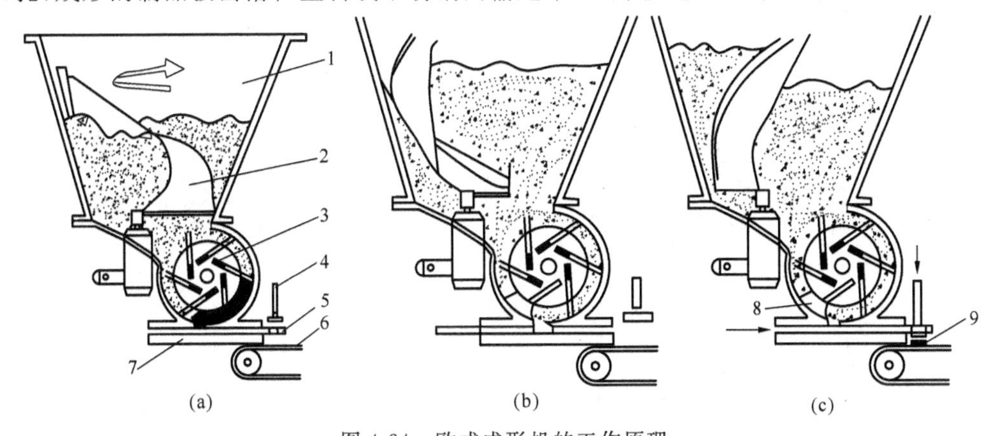

图 4-34　欧式成形机的工作原理

(a) 原料送入；(b) 原料成形；(c) 成形制品推出

1—料斗；2—螺旋板进料器；3—叶片泵；4—脱模器；5—模板；6—输送带；7—导槽；8—泵壳上的凸块；9—鱼糜制品

模板上的开口孔可以设计并加工成各种形状，如圆形、长方形、椭圆形、鱼形和鸡腿形等，因而制品的成形品种比日式成形机多。模板上的开口孔数则根据各种机型模板的宽度和制品尺寸而定，制品尺寸小，则可排列 2～3 孔，每次同时成形 2～3 个，可增大机器生产能力。成形制品的厚度由模板厚度确定，如模板厚度小于导槽厚度，需在模板上叠加一块副模板，使叠加的厚度与导槽厚度相等。副模板上的开口孔尺寸与叶片泵的出料口尺寸一致并固定在叶片泵的出料口下面，不随成形模板运动。脱模器的形状和个数与模板的开口孔一致，两者有较小的配合间隙，这样脱模器才能冲入开口孔内将制品击落。

欧式成形机在生产油炸制品时，制品由连续运转的输送带直接送出。当生产速冻制品时，机器衬纸堆垛装置在每次成形后衬一张纸分隔制品并将其成叠堆垛，堆垛数可调节，一般为

4～6层。输送带与衬纸堆垛装置联动，可根据预设定的堆垛数在堆垛完后间歇地移动一段距离。自动衬纸装置一般置于叶片泵前端或下部，利用摩擦力或吸嘴将衬纸从堆纸装置逐张取出，并在制品击出模具前自动将衬纸置于输送带或前一个堆叠的制品上。

欧式成形机对成形原料的要求与日本成形机不同，鱼糜或肉糜原料在成形前不能斩拌或擂溃，因为鱼糜或肉糜原料经过斩拌或擂溃后将凝胶化或乳化，黏度增大，不易成形和脱模。一般是将鱼糜或肉糜原料用绞肉机绞碎，然后加入配料，再用搅拌机搅拌。欧式成形机的生产能力较大，每小时可生产 900～36000 个制品，制品质量范围为 10～500 g。

4）蒸煮鱼糕成形机

日式蒸煮鱼糕成形机是将 2～4 种不同颜色的鱼糕同时从成形模挤到木质底板上，然后蒸煮成形。蒸煮鱼糕成形机根据成形鱼糕的颜色数有二色、三色和四色的三种机型。图 4-35 所示为三色鱼糕成形机，由鱼糜输送泵、成形模和输送机构等部件组成。两种不同颜色的鱼糜分别放在两个有色鱼糜料斗内，白色鱼糜放在有冷却水套的料斗内。三个料斗内装有螺旋进料器 4、7，将料斗内鱼糜推送入下面的鱼糜输送泵，然后分别通过鱼糜输送箱的输送通道输送到成形模。有色鱼糜输和白色从成形模同时挤出铺在木板上。木板成叠放在储架内，曲柄连杆机构带动推板器往复移动，将木板逐块推出，再由一对摩擦轮借助摩擦力将木板沿机台下面的导轨送到成形模下面。成形模是一个双层的半圆柱管，弹性压板架使木板紧贴成形模的横截面。鱼糕成形时白色鱼糜从内层半圆柱管口挤出于木板上，两种不同颜色的鱼糜同时从外层圆柱的环形管口挤出，构成白色鱼糜上覆盖有色鱼糜薄层的三色鱼糕。连续在木板上成形的鱼糕由另一台切断机按木板长度切断为单个鱼糕。

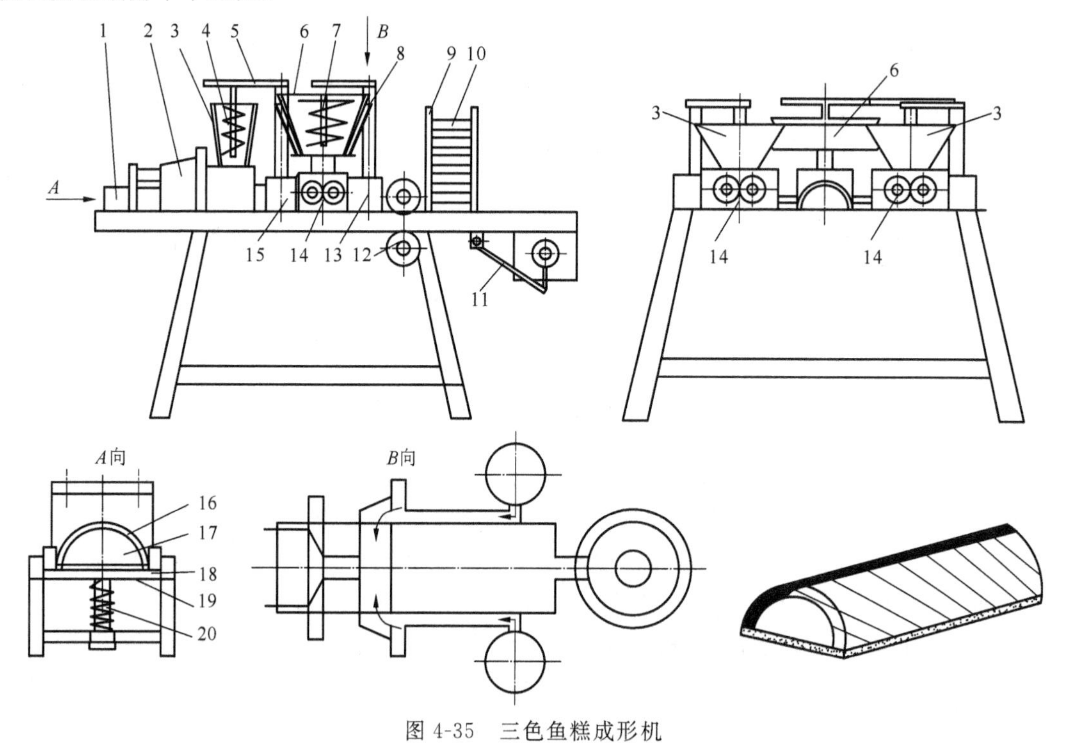

图 4-35　三色鱼糕成形机

1—成形模；2—鱼糜输送箱；3—有色鱼糜料斗；4，7—螺旋进料器；5—支架；6—白色鱼糜料斗；8—冷却水套；9—储架；10—木板；11—曲柄连杆机构；12—摩擦轮；13，15—蜗轮减速箱；14—鱼糜输送泵；16—环形管道；17—白色鱼糜挤出管；18—导轨；19—弹性压板架；20—弹簧

图 4-36 所示为三色鱼糕成形机的传动系统，由摩擦圆盘式无级变速器分别调节鱼糜输送量和木板输送速度。电动机通过二级 V 带传动装置 12、13 带动摩擦圆盘 19，再由摩擦轮、蜗

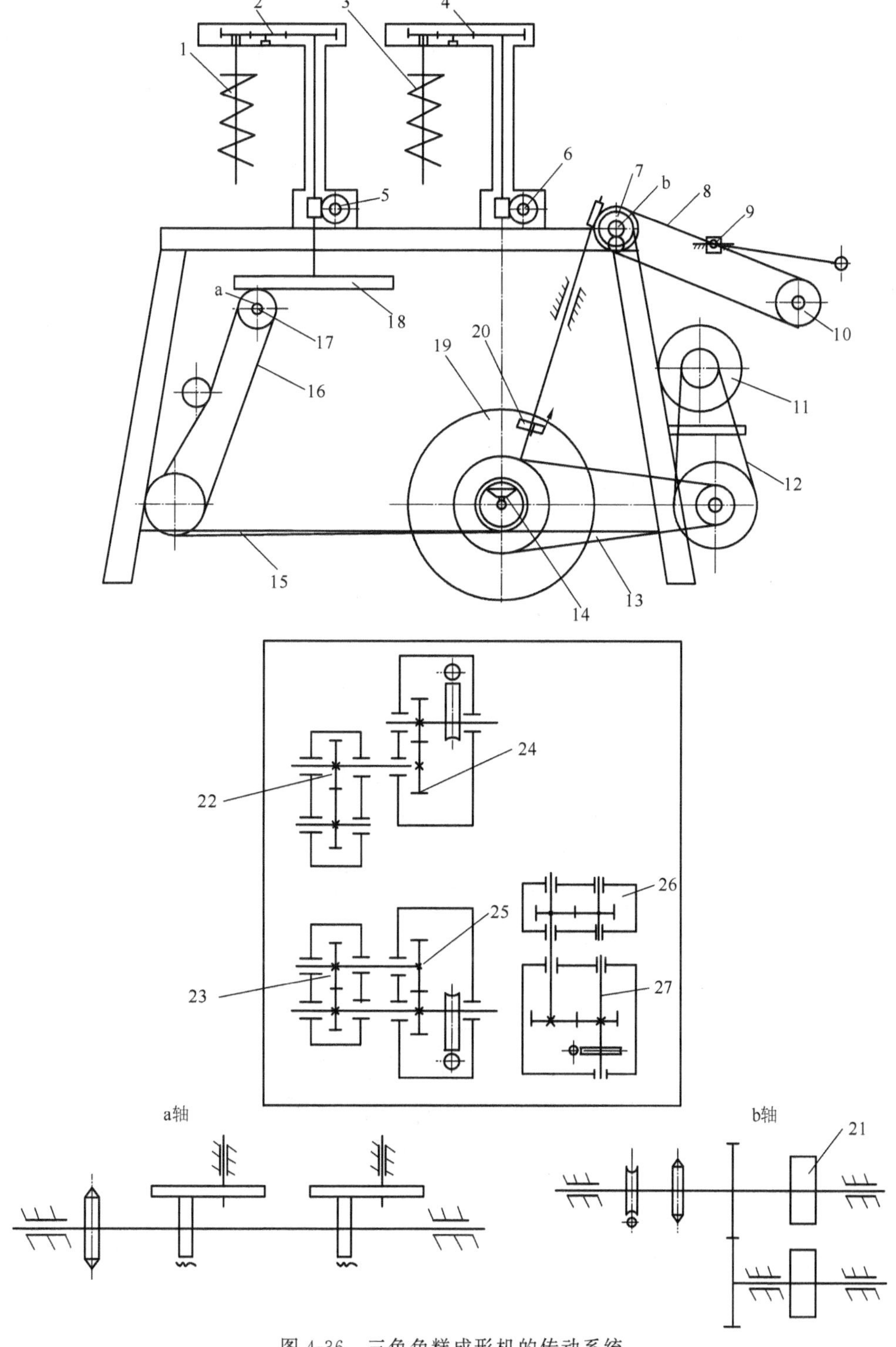

图 4-36　三色鱼糕成形机的传动系统

1,3—螺旋进料器；2,4,24,25,27—齿轮传动装置；5,6,7—蜗轮蜗杆传动装置；8,15,16—链传动装置；9—滑块；10—曲柄连杆机构；11—电动机；12,13—V 带传动装置；14—圆锥齿轮传动装置；17,20—摩擦轮；18,19—摩擦圆盘；21—木板输送摩擦轮；22,23,26—齿轮输送泵

轮蜗杆传动装置 7 带动 b 轴的木板摩擦输送轮。b 轴通过链传动装置 8 带动曲柄连杆机构，使滑块连接的推板器往复移动。摩擦圆盘 19 的转轴通过圆锥齿轮传动装置带动垂直转轴。垂直转轴的中部通过蜗轮蜗杆传动装置 6、齿轮传动装置 27 带动白色鱼糜的齿轮输送泵 26。垂直转轴通过齿轮传动装置 4 带动白色鱼糜料斗内的螺旋进料器 3。再从摩擦圆盘 19 的转轴通过二级链传动装置 15、16 带动轴上的两只摩擦轮 17 转动。两只摩擦轮通过摩擦圆盘 18 变速后，其垂直轴分别通过蜗轮蜗杆传动装置 5、齿轮传动装置 2、齿轮传动装置 24 和 25 带动两个有色鱼糜螺旋进料器 1 和齿轮输送泵 22、23。摩擦圆盘式无级变速器是一种简单的无级变速器，可通过改变摩擦轮在摩擦圆盘上的位置，亦即改变摩擦圆盘的工作直径来达到变速的目的。因摩擦圆盘无级变速器结构笨重，在新的机型上，已为其他无级变速器所取代，但鱼糕成形机各部分变速要求仍相同。

5）烘烤鱼卷成形机

烘烤鱼卷加工是将鱼糜在圆棒上卷成圆柱，烤熟后抽出圆棒，得到空心圆柱状鱼糜制品。图 4-37 所示为鱼卷成形机。机器由鱼糜输送、芯棒输送和鱼卷成形三部分机构组成。鱼糜输

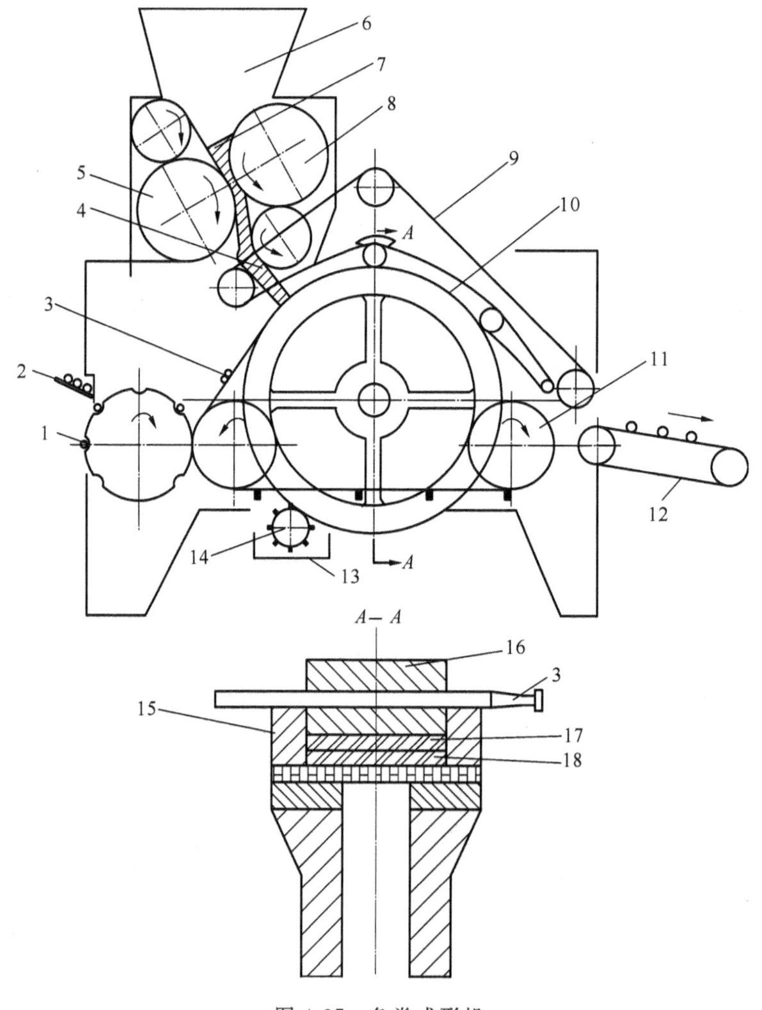

图 4-37　鱼卷成形机

1—槽轮；2—芯棒输入槽；3—芯棒；4—出料槽；5，8—鱼糜输送辊；6—料斗；7—鱼糜；9—成形带；10—成形轮；11，12—输送链；13—水槽；14—转刷；15—成形环；16—鱼卷；17—布层；18—橡胶层

送机构由四只不同直径的塑料辊和不锈钢辊组成，利用塑料和不锈钢对鱼糜的不同摩擦力以及各辊的线速度的不同，使鱼糜层产生差速流动，形成挤压力，将鱼糜从出料槽挤出。成形机构由等速相对转动的成形轮和成形轮两侧的成形带构成。成形轮的圆周面有一层 3 mm 的橡胶层，橡胶层上是 1 mm 厚的布层。成形轮转动时，转刷利用水槽的水蘸湿布面，目的是防止鱼糜黏结并使鱼卷成形时表面光滑。两根塑料成形带贴近成形轮两侧的成形环，与之做相对移动，带与环间的间距小于成形芯棒的直径。不锈钢芯棒的直径约为 10 mm，芯棒的一端为圆锥形，其头部为圆环状，以便将芯棒从烤熟的鱼卷中拔出。芯棒从输入槽进入槽轮，再由输送链 11 的等距装置销子进入成形轮。输送链在成形轮上的部分链条曲率与成形轮曲率相同，其圆周速度与成形轮圆周速度相等并同向。鱼卷成形机工作时，输送链 11 将芯棒带至鱼糜料斗的出料槽，芯棒中部将挤出的一层鱼糜带走，随后芯棒进入成形轮并搁在两端的成形环上，被成形带与成形环夹持，由于成形带和成形轮的相对运动，芯棒在摩擦力的作用下自转。芯棒中间的鱼糜与湿布层接触，由于芯棒的自转和湿布接触面的作用，鱼糜在芯棒上形成表面光滑的鱼卷。鱼卷成形后随输送链 11 落到输送链 12 上，被传送到烘烤装置。

3. 鱼糜制品机械生产线

鱼糜制品机械生产线通常由各种成形机械、热处理设备和包装机械组成连续生产线。

目前我国已能完成国产油炸鱼糜、烘烤鱼卷、模拟蟹腿肉和鱼香肠等各种鱼糜制品生产线。

1）油炸鱼糜制品机械生产线

油炸鱼糜制品由于加工工艺不同，组成生产线的机械设备亦不完全相同。图 4-38 所示为某种类型的油炸鱼糜制品机械生产线，由成形机、双槽式自动油炸设备、脱油机及连续冷却设备和枕式包装机组成。鱼糜原料经成形、油炸、脱油和冷却后包装成成品。脱油机用于鱼糜制品油炸后吸去表面油分，便于冷却和包装。

图 4-39 所示为脱油机的工作原理，输送带将油炸鱼糜送入上、下两条同步移动的吸油输送带 2、3 之间，将表面油分吸收后送出。吸油输送带用特制棉织物制成。图4-40所示为连续冷却设备的工作原理，箱体上部装有三台轴流风机将外部空气吸入，自上而下吹过输送带上的油炸品，进行冷却。箱体内装有三条平行并相对移动的不锈钢网输送带。油炸品随输送带自上而下移动被垂直的气流冷却，冷却的油炸品从出口被送出。

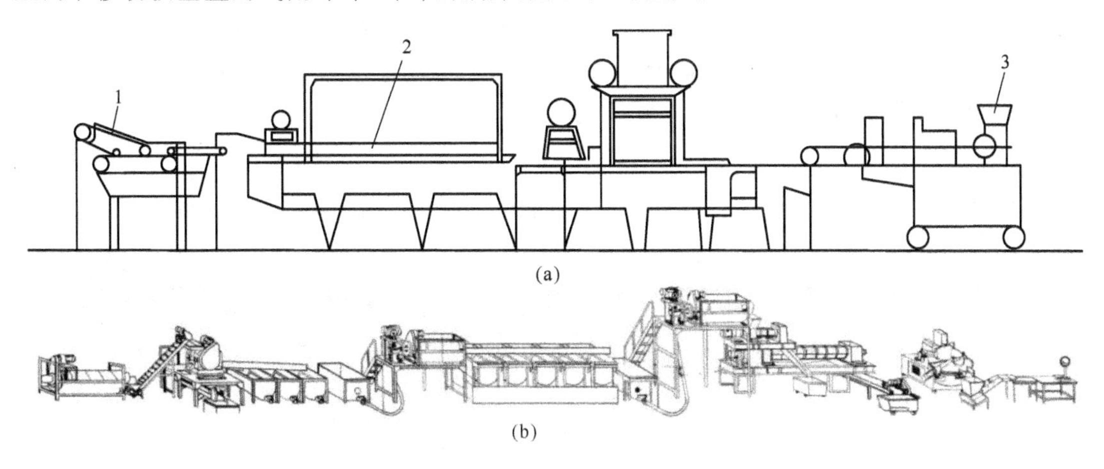

图 4-38　油炸鱼糜制品机械生产线

(a) 结构；(b) 外形

1—脱油机；2—双槽式自动油炸设备；3—成形机

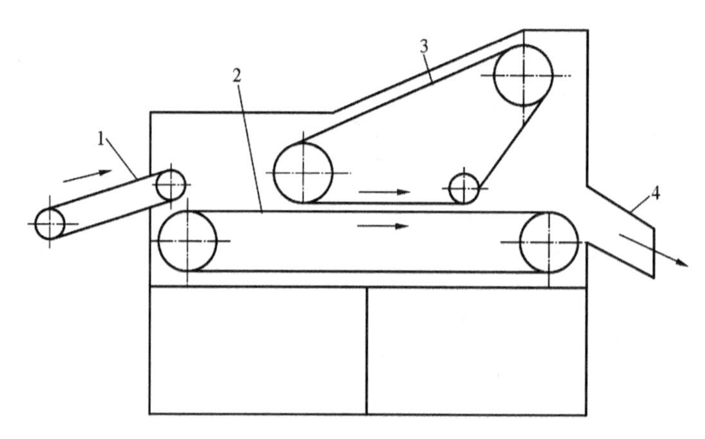

图 4-39　脱油机的工作原理

1—输送带；2,3—吸油输送带；4—出口

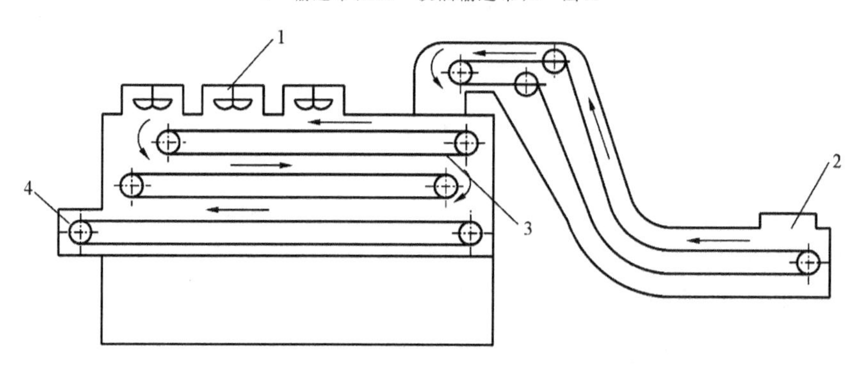

图 4-40　连续冷却设备的工作原理

1—轴流风机；2—提升机；3—不锈钢网输送带；4—出口

欧式油炸鱼糜制品的加工工艺是将成形的制品淋面浆和洒粉并油炸。面浆用面粉、鸡蛋加水配制，粉粒则采用面粉或面包屑。图 4-41 所示为欧式油炸鱼糜/肉糜制品机械生产线，由成形机、淋浆机、洒粉机和单槽式自动油炸设备组成。鱼糜或肉糜在成形机成形后送入淋浆机喷淋成浆，并用风机鼓风，吹去多余面浆，再到洒粉机喷洒面粉或面包屑，最后进入自动油炸机油炸。荷兰哥本(KOPPENS)制造的油炸制品机械生产线每小时可生产直径为 100 mm 的油炸制品 9000 个，制品厚度为 6～40 mm。

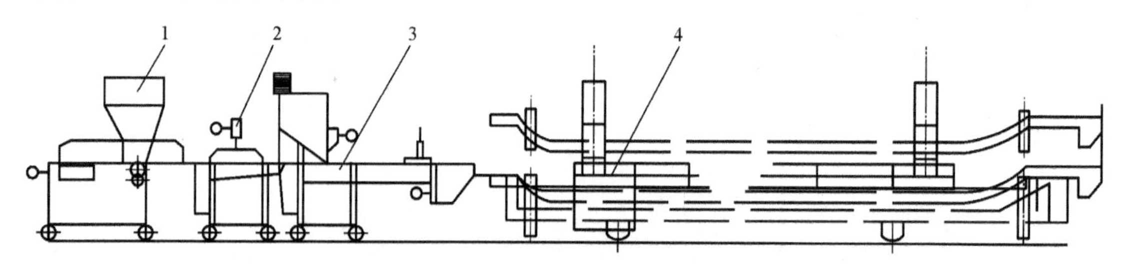

图 4-41　欧式油炸鱼糜/肉糜制品机械生产线

1—成形机；2—淋浆机；3—洒粉机；4—单槽式自动油炸设备

2）蒸煮鱼糕机械生产线

鱼糜原料经成形、塑料薄膜包装后再经蒸煮和冷却即制成鱼糕。图 4-42 所示为日本制造的蒸煮鱼糕机械生产线，由木底板供给机、三色鱼糕成形机、切断机、塑料膜包装机、排列供送

机、连续蒸煮设备和连续冷却设备等组成。此外，还配备加工有色鱼糜的搅拌机等。有色鱼糜是鱼糜原料加入食用色素和调味料经搅拌经混合而成的，如红色鱼糜是加入 6%的鸡蛋、2.2%的红米粉，黄色鱼糜加入了 8%的鸡蛋黄，白色鱼糜是鱼糜原料本色。成形机连续成形制品并将制品送入切断机，切断机按木底板长度分割制品，然后由塑料膜包装机包装。排列供送机将用塑料膜包裹的鱼糕排列成行并自动送入连续蒸煮设备。连续蒸煮设备由预热定形装置和连续蒸煮设备两部分组成，鱼糕随输送链在蒸煮部分的上部运行时，受到蒸煮部分的热气流预热，表面凝固而定形，预热时间为 40～60 min。鱼糕经预热定形后随输送链进入下部的蒸煮部分，用蒸汽喷入直接对其进行加热蒸煮，直至制品中心温度达到 75 ℃，蒸煮时间为 25～35 min。鱼糕蒸煮后进入连续冷却设备，冷却至室温。蒸煮鱼糕机械生产线每小时能生产 1500～2500 块鱼糕。

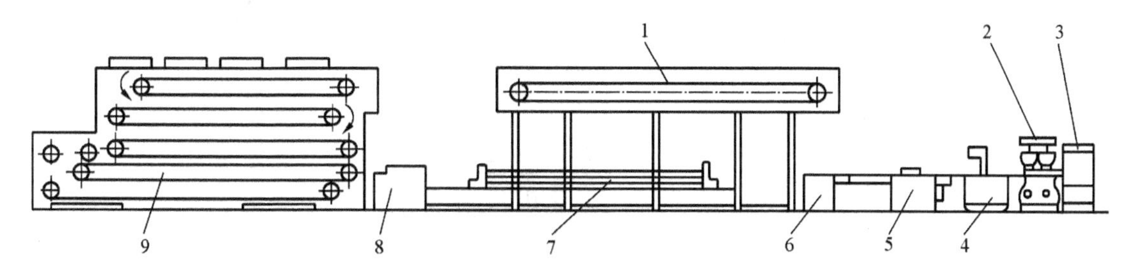

图 4-42　蒸煮鱼糕机械生产线

1—预热定形装置；2—三色鱼糕成形机；3—木底板供给机；4—切断机；5—塑料膜包装机；
6—排列供送机；7—连续蒸煮设备；8—输送机；9—连续冷却设备

3) 烘烤鱼卷机械生产线

烘烤鱼卷在日本称为“竹轮”，鱼糜原料经成形、烘烤、冷却后制成。图 4-43 所示为日本制造的烘烤鱼卷机械生产线，由成形机、烘烤设备和冷却设备组成。烘烤设备是由预热定形部分、烘烤炉、预冷却部分、拔芯棒机构、整形机构和芯棒回收清洗部分组成的连续生产设备。鱼卷成形后随预热定形输送链进入预热定形部分，先通过带式整形装置用水湿润并使表面光滑，随后被输送到上部的预热定形部分，被其下烘烤炉的热空气流加热，使表面干燥凝固而定形。鱼卷定形后由输送链送入下面的烘烤炉，鱼卷芯棒两端搁置在烘烤炉两侧的螺旋轴上。螺旋轴是用圆钢制成的等距螺旋，可使芯棒自转并缓慢移动，鱼卷在烘烤炉上受到均匀烘烤。烘烤炉采用电加热烘烤方式。1.6 kW 的电加热器有三个烘烤段。第一段和第三段各有 12 组电加热器，电功率均为 19.2 kW。第二段有 6 组电加热器，电功率为 9.6 kW。鱼卷在第一段烘烤时被电加热器直接烘烤，在第二段烘烤时除直接烘烤外还受到两侧金属板辐射烘烤，在第三段烘烤时还被覆盖在电加热器上的金属板辐射烘烤。鱼卷经过第一段和第二段烘烤后表面凝固，使热量传导入内部速度减缓而水分也难以蒸发，因而在第二段和第三段之间装有固定的针刺板，用于在鱼卷表面刺针孔，然后再烘烤。鱼卷烘烤后表面呈金黄色，中心温度达 85 ℃以上。为了节约电能，目前生产的烘烤炉已采用远红外线电加热器取代电热丝烘烤。

鱼卷烘烤后由输送链送入预冷却部分，鱼卷随预冷却部分的输送链移送时自然冷却。预冷却鱼卷被送至拔芯棒机构后，芯棒被拔出以进行回收清洗，鱼卷则进入整形机构。整形机构是一对直径不相等、相对转动的光滑辊，利用两辊的速度差将鱼卷因烘烤起皱的表面辗平，然后由输送装置送到连续冷却设备冷却。回收的芯棒由回收清洗部分的输送链送至清洗装置和涂油装置清洗并涂油，然后被送回成形机再次使用。

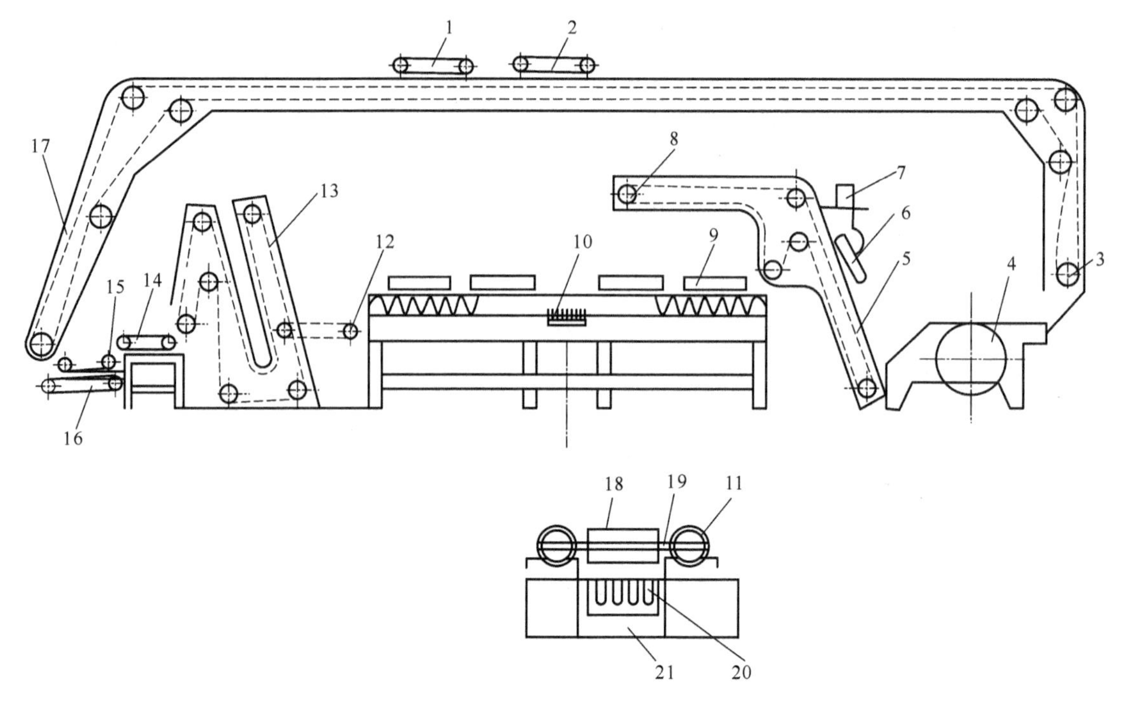

图 4-43　烘烤鱼卷机械生产线

1—芯棒涂油装置；2—芯棒清洗装置；3—芯棒输送链；4—鱼卷成形机；5—预热定形输送链；6—带式整形装置；7—水箱；8—预热定形部分；9—烘烤炉；10—针刺板；11—螺旋轴；12—输送链；13—预冷却部分；14—拔芯棒机构；15—整形机构；16—鱼卷输送装置；17—芯棒回收清洗部分；18—鱼卷；19—芯棒；20—电加热器；21—电热丝座

图 4-44 所示为拔芯棒机构的工作原理。输送轮将芯棒送入两条输送链，输送链上铰接着开有半圆孔的夹棒块，芯棒两端恰好夹在两个夹棒块构成的圆孔内并随输送链移动。拔芯棒链与芯棒输送链成 45°角布置。芯棒进入输送链的夹棒块时，其锥形带圆环头端恰好嵌入与拔芯棒链相连接的卡块的开口槽处。当两部分输送链向各自方向移动时，芯棒慢慢被拔出而鱼卷被夹棒块挡住，与芯棒脱离。烘烤鱼卷机械生产线每小时能生产 5000 根鱼卷，鱼卷重 40 g。

4）模拟蟹腿肉机械生产线

模拟水产品一般以冷冻鱼糜为原料，加入天然水产品的味素，和配料混合，经过加热凝固并使蛋白质纤维化，再成形得到具有虾、蟹、贝等天然水产品的外形、肉质和色泽的鱼糜制品。模拟水产品与一般鱼糜制品在加工工艺上的不同之处是前者进行了鱼肉蛋白质纤维化处理。制品的肉质纤维只有与某种天然水产品相似的结构，这样才能有相近的口感，如咀嚼性、弹性等。天然蟹腿肉是由许多束丝状的肌肉纤维组成的，每束纤维直径为 1～3 mm，牙齿咀嚼时肌肉纤维分离成单束，由此产生一种特殊的口感。天然虾肉由大量相互紧密缠绕在一起的肌肉纤维组成，纤维直径为几十微米到几百微米，具有弹性的口感。由于各种模拟水产品对肌肉纤维化的要求不同，各种模拟水产品的鱼肉蛋白质纤维化和成形的工艺技术和机械设备也不相同。国外模拟水产品的加工机械主要有模拟蟹腿肉和模拟虾仁的两种，模拟蟹腿肉加工机械由日本开发制造，已形成拥有较大生产能力的机械生产线，国内已引进成套设备。模拟虾仁加工机械为美国所开发，生产能力较小，目前，我国已经开发出该类产品。

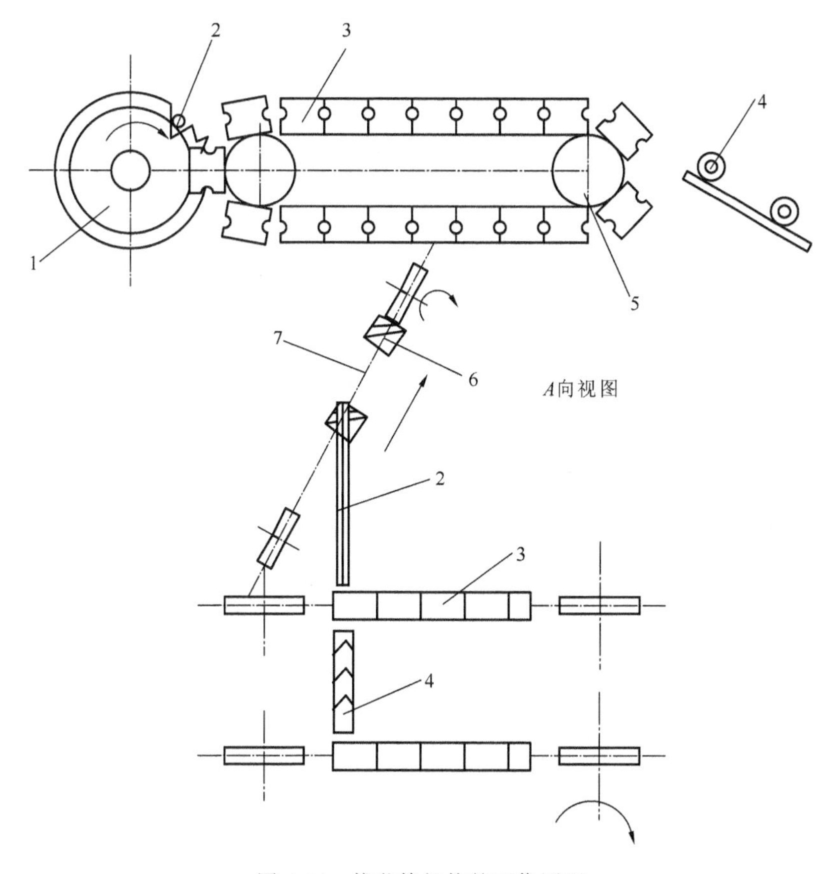

图 4-44　拔芯棒机构的工作原理

1—芯棒输送轮；2—芯棒；3—夹棒块；4—鱼卷；5—芯棒输送链；6—卡块；7—拔芯棒链

图 4-45 所示为采用纤维重叠法加工模拟蟹腿肉的工艺流程。鱼糜原料加入淀粉、蛋白、天然蟹味素等配料在斩拌机内斩拌混合。调味的鱼糜原料通过成形机的成形模挤出被送到蒸煮机的不锈钢网输送带上，构成 1～3 mm 厚的薄层。薄层鱼糜在蒸煮机上经过煤气烘烤和蒸汽蒸煮后蛋白质凝固，进入切刻机进行切刻，以形成鱼肉纤维。用转动的切刻辊将薄层鱼糜连续切割成间距 1 mm 左右的鱼肉纤维条，但并不切断。鱼糜被切刻的厚度约为薄层厚度的 4/5。切刻后的鱼糜层进入集束机，由数对间距逐渐缩小的圆弧形转辊将切刻开的鱼肉纤维集拢，使鱼肉纤维重叠构成类似蟹腿外形的鱼糕，送入包装机包装。此时着色料挤出机将淡红色着色料涂布在塑料包装薄膜上。薄膜包装机将着色薄膜包裹到鱼糕上，然后切断成“蟹腿肉段”(鱼糕段)。随后再经过蒸煮机和冷却机，将鱼糕段煮熟并冷却成为模拟蟹腿肉的鱼糜制品。包装膜打开后，着色料染在制品表面呈类似熟蟹腿肉的色泽。

图 4-46 所示为日本的模拟蟹腿肉机械生产线。在鱼糜原料中加入配料，用球形斩拌机斩拌和混合，得到蟹味鱼糜原料，将其卸入料斗车。料斗车与输送泵连接，通过管道将鱼糜原料送到成形机。成形机利用成形模带有的宽为 170～220 mm、高为 3 mm 的长方形模口，将鱼糜挤到蒸煮、烘烤和冷却联合机的蒸煮和烘烤部分的不锈钢网输送带上，构成与成形模口尺寸相近的薄层鱼糜。在蒸煮、烘烤部分的输送带末端，用薄刀片将熟鱼糜层剥离并牵引到机器上部的冷却部分输送带进行冷却。连续蒸煮、烘烤和冷却联合机的输送带可无级变速，带速为 5～10 m/min。调节薄层鱼糜的加热时间，同时自动控制蒸煮和烘烤的温度，使鱼糜层热处理

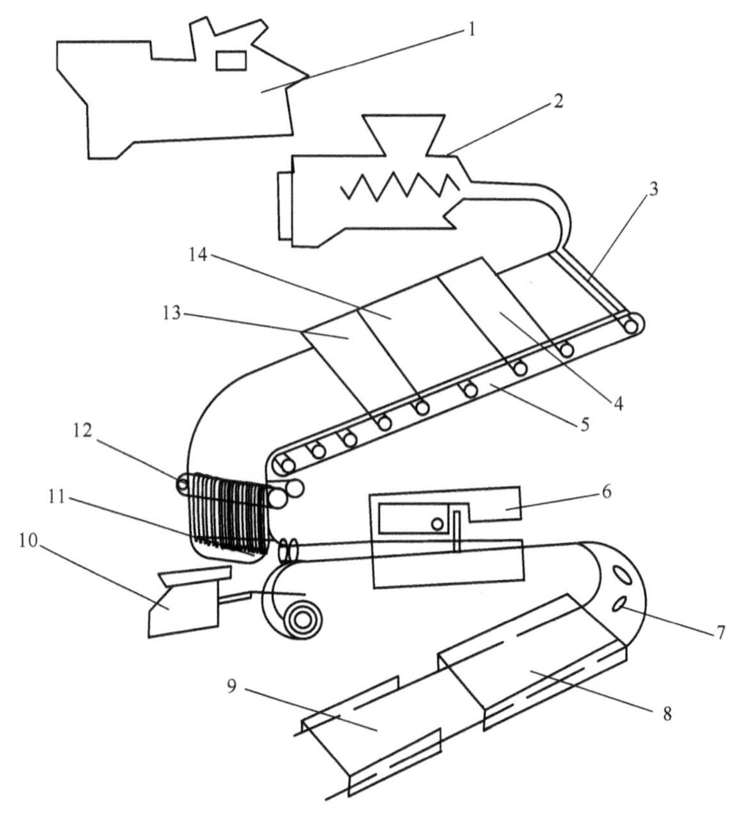

图 4-45　模拟蟹腿肉的工艺流程

1—斩拌机；2—成形机；3—成形模；4，13—煤气加热段；5—蒸煮机；6—薄膜包装机；7—模拟蟹腿肉段；8—蒸煮机；9—冷却机；10—着色料挤出机；11—集束机；12—切刻机；14—蒸汽加热段

后有一定的柔韧性和弹性。冷却的鱼糜层被送入切刻机，由切刻辊切刻成宽约为 1 mm 的条状鱼糜。切刻后的条状鱼糜被送入集束机，装在两条输送链上的圆弧状集束辊在移动时逐渐向中心靠拢，将条状鱼糜集拢并重叠，使之成为外径为 16～22 mm 的椭圆形带状鱼糕。着色包膜机的着色料是用擂溃机将鱼糜与色素混合并擂溃后制成。挤出机构先将着色涂料涂布在塑料薄膜卷的塑料薄膜上，再由包膜机构将着色薄膜包裹到带状鱼糕上，最后经切断机构将鱼糕切断成段。模拟蟹腿肉机械生产线每小时可加工 200～300 kg 的鱼糜原料。

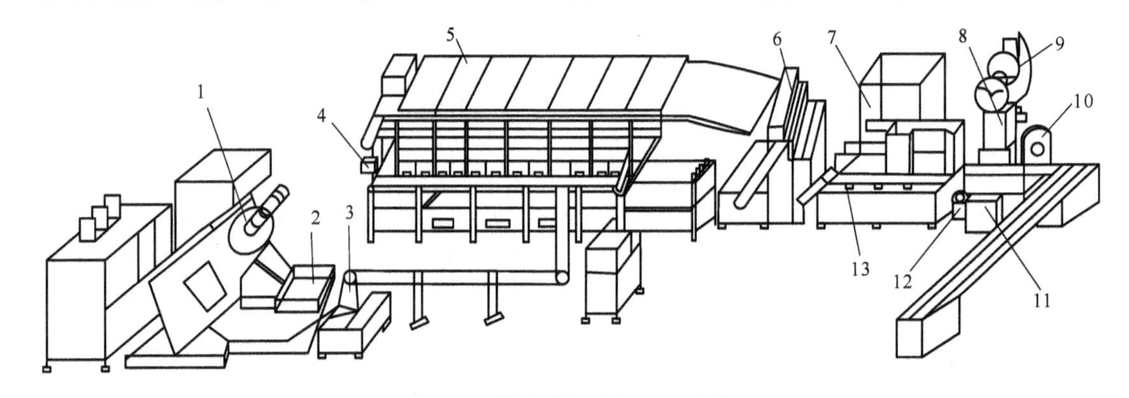

图 4-46　模拟蟹腿肉机械生产线

1—球形斩拌机；2—料斗车；3—鱼糜输送泵；4—连续蒸煮、烘烤和冷却联合机；5—冷却部分输送带；6—切刻机；7—集束机；8—着色包膜机；9—擂溃机；10—切断机构；11—包膜机构；12—塑料薄膜卷；13—集束辊

4.2.3　烘烤鱼片加工机械

国内烘烤鱼片加工机械有两种类型：一种是以马面鲀原料为主的烘烤鱼片加工机组，一种是以鳗鲡原料为主的烘烤鱼片加工机组。由于两种烘烤鱼片的加工工艺不同，组成机组的机械设备亦不相同，但其烘烤机械的结构基本相同。

1. 烘烤鱼片的工艺流程与设备

1）烘烤鱼片的工艺流程

（1）马面鲀烘烤鱼片的工艺流程。

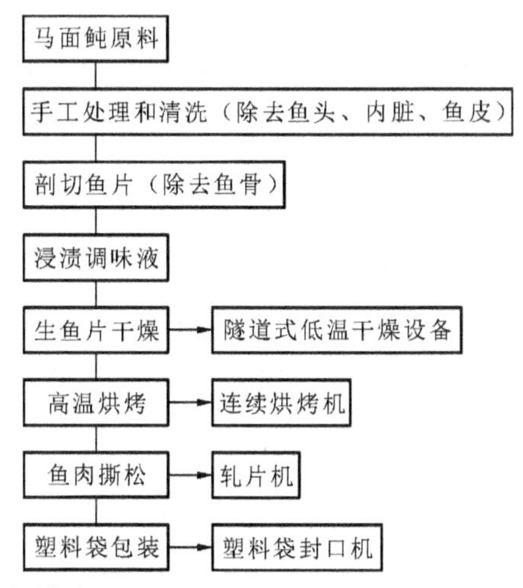

（2）烤鳗片的工艺流程与设备。

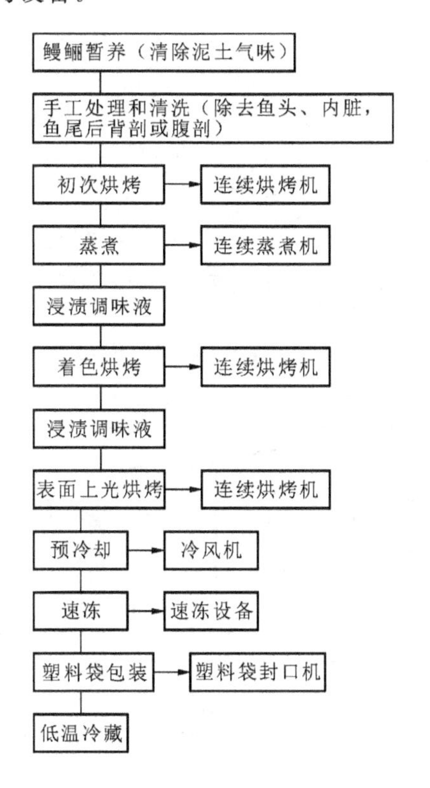

2）烘烤鱼片的主要设备

烘烤鱼片的专用设备是轧片机和连续烘烤机，目前国内已能生产制造马面鲀烘烤鱼片成套设备，但烤鳗片成套设备国内尚无产品，全部从日本引进。

(1) 轧片机。

轧片工艺的目的是将刚烘烤好的鱼片的鱼肉纤维撕松，使制品口感松软。轧片机的工作原理是：利用两只差速相等直径滚筒或差速不等直径滚筒产生不同的圆周作用力，辗轧并撕松鱼肉纤维。轧片机的类型有双滚筒式和三滚筒式两种。双滚筒式一次轧片，仅对鱼片进行纵向轧松，三滚筒式二次轧片，对鱼片先做纵向轧松然后做横向轧松，制品不易轧碎，口感更好。图 4-47 所示为双滚筒式轧片机，它由主动滚筒、被动滚筒、刮辊和鱼片输送带等组成。滚筒用厚壁无缝钢管制成，表面镀铬并抛光，滚筒表面光滑并有一定硬度，辗轧时不易黏结鱼肉并耐磨。滚筒传动轴为空心轴，轴的两端连接进、出水管，操作时将冷却水送入滚筒内冷却其表面，减少因表面过热而黏结鱼肉的现象。被动滚筒的轴承座装置在滑块上，转动手轮借助螺杆使轴承座沿机架导轨移动，调节两滚筒间隙以适应不同厚度的鱼片，调节范围为 0～5 mm。电动机通过蜗轮减速箱和链传动装置分别传动主动滚筒和输送带，主动滚筒再通过齿轮传动被动滚筒，两滚筒差速相对转动，差速比为 1∶11。电动机 15 通过 V 带传动和齿轮传动使刮辊 10、11 高速转动，由于刮辊与滚筒做相对转动，黏在滚筒表面的鱼肉被清除。刚烘烤过的热鱼片由输送带送入滚筒间受到辗轧和纵向撕松，成品从出料槽卸出。

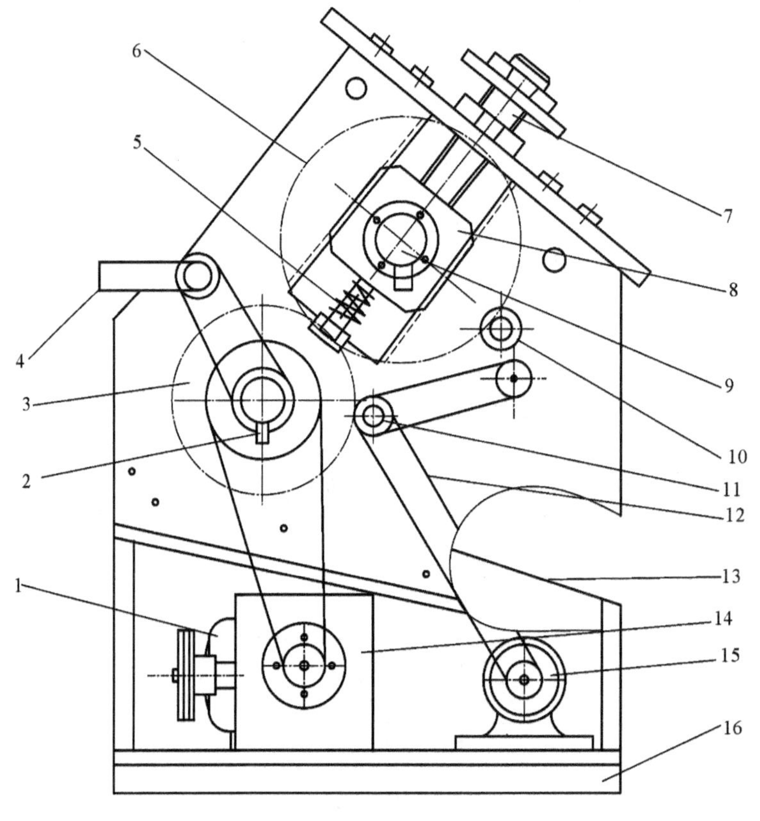

图 4-47　双滚筒式轧片机

1,15—电动机；2—水管；3—主动滚筒；4—鱼片输送带；5—弹簧；6—被动滚筒；7—螺杆；8—滑块；9—轴承座；10,11—刮辊；12—V 带；13—出料槽；14—蜗轮减速箱；16—机架

图 4-48 所示为三滚筒式轧片机的工作原理。机器结构与双滚筒式基本相同，但主、被动滚筒间差速比仅为 1∶1.15，而当第二被动滚筒转动时，刮辊做轴向移动。鱼片由输送带被送入第一被动滚筒与主动滚筒之间，受到辗轧和纵向撕松，然后进入第二被动滚筒和主动滚筒间再次受到辗轧和横向扯松。

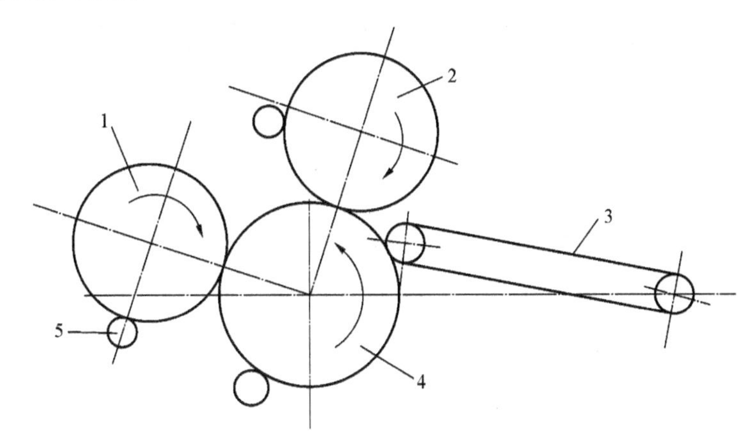

图 4-48　三滚筒式轧片机的工作原理

1—第二被动滚筒；2—第一被动滚筒；3—鱼片输送带；4—主动滚筒；5—刮辊

(2) 网带式连续烘烤机。

网带式连续烘烤机由不锈钢输送网带和烘烤装置组成。烘烤装置的热源常采用煤气或电热。为减少能耗，目前的烘烤机广泛采用装有远红外线辐射元件的煤气或电热烘烤装置代替直接烘烤装置。各种类型的网带式连续烘烤机的结构基本相同，但输送网带的长度、烘烤装置的布置和温度的分布与控制则根据烘烤原料的性质和工艺要求设计，并不完全相同。如马面鲀烘烤是含水分少的干鱼片烘烤，烤鳗是含水分多的生鱼片并多次浸渍调味液再烘烤，两种烘烤机的结构不完全相同。

图 4-49 所示为日本制造的烤鳗机，它由两台相同的网带式连续烘烤机并联组成。输送网带用滚子链条连接并传动，网带长 7.5 m，宽 0.375 m，带速可在 1～3 m/s 范围内做无级调节。烘烤机采用煤气烘烤，烘烤装置分为两部分：输送网带的前段是将煤气燃烧嘴设置在上、下网带之间，距上网带约 96 mm，共 4 只燃烧嘴并列为两排而构成的长约 2.1 m 的直接火焰烧烤段；输送带的中段采用远红外线煤气辐射烘烤器，将其设置在网带上面，间距可调节，一般长为 120 mm，烘烤器共 12 只并列两排，构成了约 3.5 m 长的辐射烘烤段。每只煤气燃烧嘴或远红外线烘烤器均装有助燃空气调节阀，可通过调节空气量来控制煤气燃烧强度，以得到合适的烘烤温度。鱼片烘烤后的中心温度约为 75 ℃。有的烤鳗机组由单列的数台烤鳗机和连续蒸煮机组成，便于连续烘烤、蒸煮和浸渍调味液。烤鳗机组的生产能力为每小时 2000～3000 块鱼片。

图 4-50 所示为马面鲀鱼片远红外线烘烤机。鱼片输送带是两个同步移动的不锈钢网带，在烘烤中夹持鱼片移动，保持鱼片平整。电动机通过无级变速箱和链传动装置带动下输送网带，再由输送网带轴一侧的齿轮传动装置带动上输送网带同步移动，带速在 1～6 m/s 范围内做无级调节。烘烤装置分两组，分别设置在上、下输送网带间，由远红外线辐射电加热器组成，电加热功率为 37.5 kW。烘烤温度通过温度传感器和控制仪表自动调节，烘烤温度的调节范围为 150～230 ℃。机器的生产能力为每小时 60 kg 鱼片。

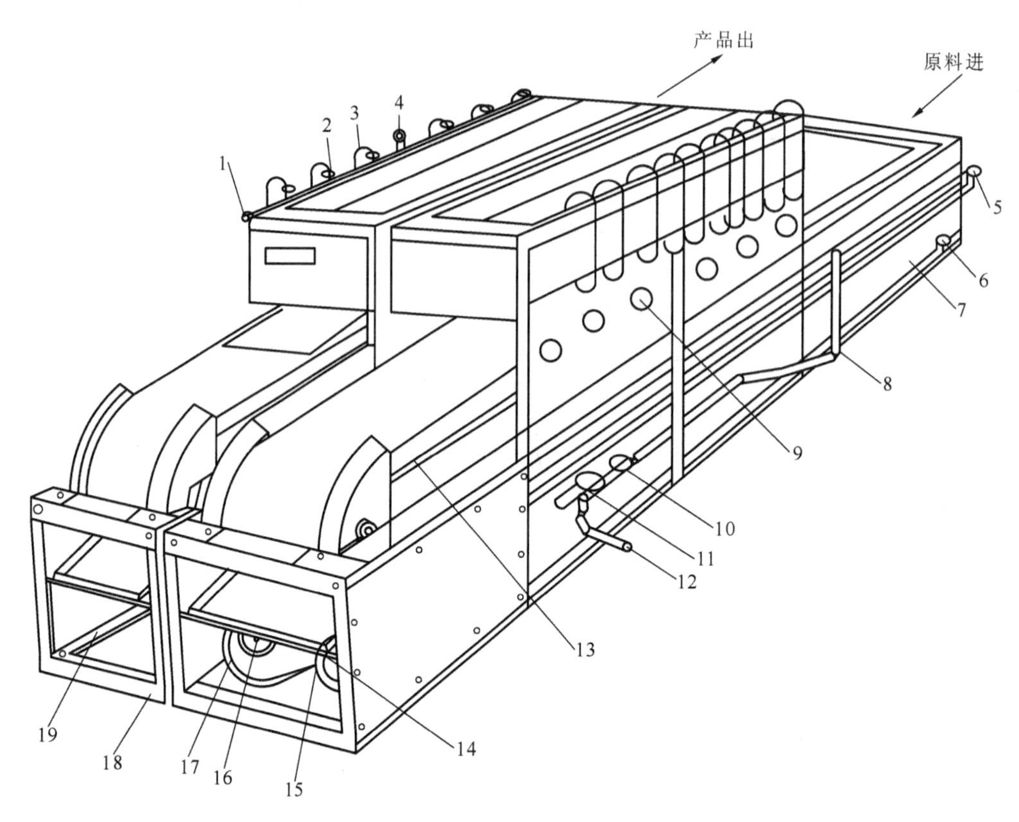

图 4-49　烤鳗机

1,5—进煤气阀;2—远红外线煤气烘烤器调节手轮;3—远红外线煤气烘烤器;4—煤气压力表;6,9—助燃空气调节阀;7,19—水槽;8—排水管;10,11—煤气减压阀;12—煤气进口管;13—输送网带;14—链轮;15—链传动装置;16—输送带调速手轮;17—无级变速箱;18—机架

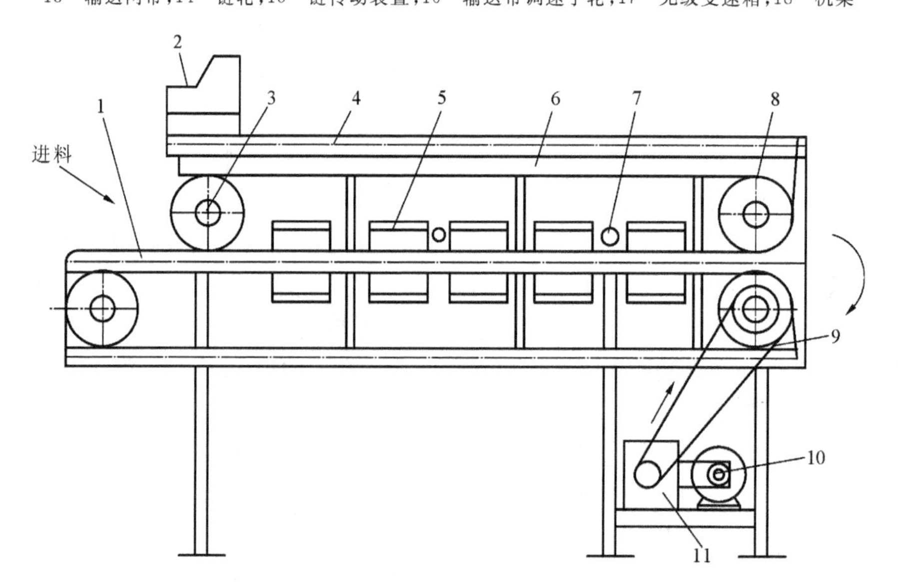

图 4-50　马面鲀鱼片远红外线烘烤机

1—下输送网带;2—控制箱;3—保温罩;4—上输送网带;5—远红外线电加热器;6—隔热板;7—温度传感器;8—齿轮传动装置;9—链传动装置;10—电动机;11—无级变速箱

2. 远红外线辐射的加热原理和元件

红外线和可见光一样，都是电磁波，它是一种肉眼不可见的光线，在电磁波谱中处于可见光与微波之间，波长范围为 0.72～1000 μm。红外线按其波长通常可分为几个区域。红外线区域的划分，各学科有所不同，并无严格的界限。在加热领域，一般将 0.72～2.5 μm 波段的红外线称为近红外线，2.5～15 μm 的称为远红外线（实效区），15～1000 μm 的称为极远红外线（微效区）。红外线除用波长表示外，通常还用波数表示，即 1 cm 长度上具有波长为 λ 的波数，以下式表示

$$K = \frac{10^4}{\lambda} \tag{4-1}$$

式中　K——波数（cm^{-1}）；

λ——波长（μm）。

红外线亦遵循可见光按直线传播的规律。当红外线射到物体表面时，入射量将分为几部分：一部分被物体吸收，一部分被物体反射回空间，另一部分则穿透物体。若用 P 表示入射的红外线量，用 $P_{吸}$、$P_{反}$、$P_{透}$ 分别表示被物体吸收、反射和透射的红外线量，则根据能量守恒定律，可得

$$P = P_{吸} + P_{反} + P_{透} \tag{4-2}$$

令 $\alpha=\frac{P_{吸}}{P}$为吸收率，$\rho=\frac{P_{反}}{P}$为反射率，$\tau=\frac{P_{吸}}{P}$为透射率，则

$$\alpha + \rho + \tau = 1 \tag{4-3}$$

对于非透明材料 $\tau=0$，则 $\alpha+\rho=1$。

应当注意，α、ρ、τ 不仅取决于被加热物体本身的属性、结构和形状等，而且也与辐射源的温度及辐射光谱有关。远红外线加热技术是以辐射传热进行加热的一种技术。远红外线所产生的电磁波以光速直线传播到被加热物体上。当远红外线的发射频率和被加热物料中分子运动的固有频率（亦即远红外线的发射波长和被加热物料的吸收波长）相匹配时，在物料内部将产生激烈的摩擦热，从而实现对物料的加热。如果远红外线与分子本身的固有频率不相匹配，则远红外线就不会被吸收，而是穿过分子或被分子反射。

对远红外线能产生吸收的物质，并非对所有波长都有很强的吸收能力，一般只是在几个波长范围内吸收比较强烈，物质的这种特性通常称为物质的吸收选择性。而对辐射体来说，也并不是对所有波长的辐射都有很高的辐射强度，其辐射能力是按波长不同而变化的，辐射体的这种特性称为辐射选择性。当吸收选择性和辐射选择性一致时，称为匹配辐射加热。在远红外线加热技术中，达到完全匹配辐射是不可能的，一般只能接近匹配辐射。原则上，辐射波长与物质的吸收波长匹配得越好，辐射能被物质吸收得越快，穿透得越浅。在研究匹配辐射时，应先了解被加热物料的红外吸收光谱、加热的要求和物料厚度等因素，确定最佳匹配方式，然后再选择合适的辐射源。食品的匹配辐射烘烤在糕点、饼干、面包等的制作方面已有一些研究，但在水产食品方面还少有研究。

远红外线辐射元件有电热式和非电热式两大类：电热式是通过电阻体将电能转变为热能，使辐射层保持足够的温度并向外辐射远红外线；非电热式是以可燃性气体（如煤气、天然气、烟道气等）燃料作为热源，加热轴衬层并向外辐射远红外线。这两类辐射元件除了热源形式不同外，其元件在结构原理上并无本质的区别。

电热式远红外线辐射元件有管式和板式两种，它们是将辐射涂料涂覆在管状和板状基体

上而构成的。远红外线辐射元件的基体可采用金属或陶瓷复合的材料，内放电阻加热线。辐射涂料的种类很多，常用的有金属氧化物、碳化物、氮化物和硼化物等，根据辐射加热食品的要求，从中选择一种或几种混合物制成。碳化硅远红外线辐射管的管内是电阻加热线，碳化硅管外涂覆远红外线辐射涂料。板式远红外线辐射元件是在电阻加热线上放置碳化硅板并涂覆远红外线辐射涂料而构成的。

非电热式远红外线辐射元件的热源主要是煤气和天然气。煤气远红外线辐射元件的形式按燃烧表面的材料的不同，可分为金属网式、微孔陶瓷板式和复合式等。图 4-51(a)所示为金属网式煤气远红外线辐射元件。当一定压力的煤气从喷嘴以 60 m/s 的速度喷出时，在引射器的收缩管外构成负压区（周围空气为正压）而把空气自然引入。煤气与空气在引射器内均匀混合后，由喷头进入壳体空间，从金属网的小孔向外扩散。用火焰点火后，混合气体就在两层金属网之间迅速无焰燃烧，网面温度急剧上升，在 1～2 min 之内温度可达 800～850 ℃，这时炽热金属网和它们之间的高温烟气都向外辐射远红外线。这种煤气远红外线辐射元件能辐射波长范围为 2～6 μm 的远红外线。为了加大辐射光谱中远红外线的比重，可降低网面温度和在网外适当距离放一块涂有远红外线辐射涂料的涂层板。辐射金属网的外网材料为 10 目的铁铬铝合金，内网材料为 44 目的铁铬合金。图 4-51(b)所示为微孔陶瓷板式煤气远红外线辐射元件，陶瓷板材料为锆英石或氧化铝，微孔孔径为 0.85～0.9 mm。这种辐射元件的燃烧面是由多块小的陶瓷板用黏结剂黏结拼制而成的，使用时间长，但陶瓷脆性大，受力冲击易损坏。图 4-51(c)所示为复合式煤气远红外线辐射元件，它由金属网和微孔陶瓷板组合而成，即在微孔陶瓷板面上 10～20 mm 处加一层金属网，这样可改善煤气燃烧情况，将辐射效率提高 10%左右。

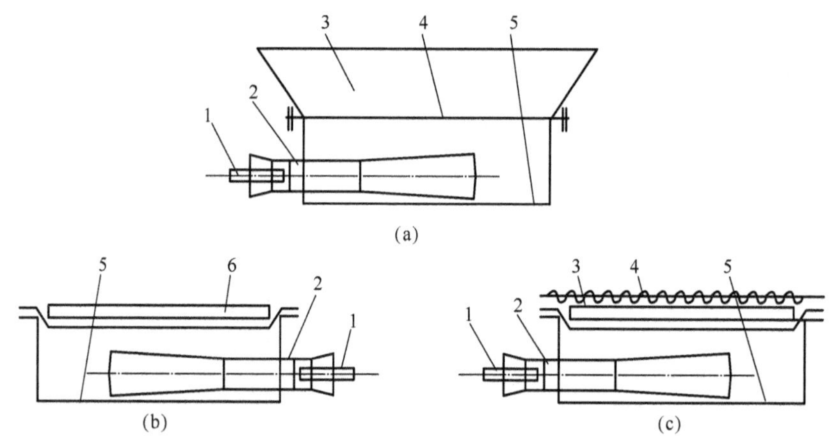

图 4-51　煤气远红外线辐射元件

(a) 金属网式；(b) 微孔陶瓷板式；(c) 复合式

1—喷嘴；2—引射器；3—反射件；4—金属网；5—壳体；6—多孔陶瓷板

3. 烘烤机电热功率和煤气消耗量的计算

1) 电热功率的计算

电热功率的计算方法有热平衡法、估算法和功率密度法等。

(1) 热平衡法　热平衡法是根据加热元件发出的总热量与烘烤鱼片水分蒸发所消耗的热量、加热机件所需的热量和散发损失热量之和相平衡的方法进行计算，即

$$Q = Q_1 + Q_2 + Q_3 + Q_4 + Q_5 \tag{4-4}$$

式中　Q——烘烤机总电热消耗量，kJ/h；

Q_1——鱼片升温消耗的热量，kJ/h；

Q_2——鱼片水分蒸发消耗的热量，kJ/h；

Q_3——水分蒸发为水蒸气后，继续加热至炉温消耗的热量，kJ/h；

Q_4——传动链及网带升温消耗的热量，kJ/h；

Q_5——烘烤机向环境散发的热量，kJ/h。

各项热量消耗计算如下。

$$Q_1 = G_1 \cdot c_1 \cdot \Delta t_1 \tag{4-5}$$

式中　G_1——每小时烘烤鱼片的质量，kg/h；

c_1——鱼的平均比热，kJ/(kg·℃)；

Δt_1——鱼片升温前后的温差，℃。

$$Q_2 = G_2 \cdot q \tag{4-6}$$

式中　G_2——鱼片加热每小时蒸发的水分质量，kg/h；

q——水分蒸发时的汽化热，kJ/kg。

$$Q_3 = G_2 \cdot c_2 \cdot \Delta t_2 \tag{4-7}$$

式中　c_2——水蒸气的比热，kJ/(kg·℃)；

Δt_2——水蒸气温度由 100 ℃升至炉温的温差，℃。

$$Q_4 = G_3 \cdot c_3 \cdot \Delta t_3 \tag{4-8}$$

式中　G_3——每小时进入烘烤机的传动链和网带的质量，kg/h；

c_3——钢的比热，kJ/(kg·℃)；

Δt_3——传动链和网带升温前后的温差，℃。

烘烤机向周围环境（车间）散发的热量可采用自然对流传热和辐射放热公式计算。

$$Q_5 = \left\{KF(t_1 - t_2)^{1.25} + 4.88\varepsilon\left[\left(\frac{T_3}{100}\right)^4 - \left(\frac{T_2}{100}\right)^4\right]F\right\} + 4.19 \tag{4-9}$$

式中　F——烘烤机各散热面的总面积，m^2；

t_1——各散热面的实际平均温度差，℃；

t_2——环境温度，℃；

T_1、T_2——散热面的绝对温度和环境温度，℃；

K——金属壁自然对流放热系数，当温差不大时取平均值 2.2；

ε——金属壁全辐射率，$\varepsilon = 0.34$。

由于功率与电压的平方成正比，与电阻成反比，即 $P_d = \frac{U^2}{R}$，当电压产生波动时，烘烤机的实际功率将受到影响，同时考虑到生产条件的变动，功率应有一定的储备，因此由平衡计算得到烘烤机应配置的功率 P_d 为

$$P_d = \frac{PK_2}{3600K_1} \tag{4-10}$$

式中　P——烘烤机的计算功率，kW；

K_1——电压波动修正系数，其值如表 4-1 所示；

K_2——功率储备系数，取 $K_2 = 1.0 \sim 1.3$。

表 4-1　K_1 与 U 的关系

U	240	230	220	210	200	190	180	170
K_1	1.19	1.093	1	0.911	0.826	0.746	0.67	0.6

(2) 估算法　在数据不足或简化计算时,可根据烘烤机的热效率 η_s 进行计算。

$$\eta_s = \frac{Q_{有效}}{Q_{供给}} = \frac{Q_1 + Q_2 + Q_3}{Q} \tag{4-11}$$

则

$$Q = \frac{Q_1 + Q_2 + Q_3}{\eta_s} \tag{4-12}$$

所需功率为

$$P_d = \frac{Q}{3600} = \frac{Q_1 + Q_2 + Q_3}{\eta_s} \tag{4-13}$$

其中,η_s 一般不低于 0.5。

2) 煤气消耗量的计算

$$B = \frac{Q}{Q_0} \tag{4-14}$$

式中　B——煤气消耗量,m^3/h;

Q_0——煤气的低位发热量,$Q_0 = 13810\ kJ/m^3$。

4.3　贝、藻类加工机械

4.3.1　贝类加工机械

可食用贝类的种类很多,以贝类为原料加工生产的贝类食品或半成品的品种也日益增多。在生产贝类加工食品或半成品的过程中,原料的脱壳和壳肉分离是重要的工序。

双壳贝类的贝肉通过闭壳肌与贝壳连接,同时通过闭壳肌的作用控制贝壳的张开和闭合。为了从鲜活的贝壳中取出贝肉,必须使闭壳肌失效并与贝壳分离,从而使贝壳张开,贝肉从贝壳中脱落。据此,以鲜活贝类为原料加工贝肉的常用工艺流程为清洗→加热→脱壳→壳肉分离。

(1) 清洗:清洗的目的主要是为了清除贝类体内的泥沙、污物等。常用的是紫外线净化设备,主要包括水泵、养贝箱、紫外线发生器及净化池等。水泵将海水吸入水池,水经紫外线照射消毒并增氧后,再由水泵送入净化池内循环使用。净化池内装有箱架,架中可层层叠放养贝箱。贝类在箱内放养一段时间后,体内的泥沙、污物等即陆续排入水中而达到净化目的。排出的废物通过箱底排除。

(2) 加热:加热的目的是使闭壳肌失去控制贝壳张合的能力,贝壳张开并与贝肉分离。常用的热源是蒸汽。近年来国内外均有采用微波作为热源对贝类进行加热、脱壳的报道。微波脱壳时,采用一聚焦力极强的小功率微波发生器,仅对贝类闭壳肌的某一特定点加热,使贝壳张开,壳肉分离,而未经微波辐射的大部分贝肉仍保持其原有的鲜度和温度,避免了常规加热法使贝类体液流失的缺陷,这种方法适于生产鲜贝肉。

为了保证脱壳效果,提高分离效率,应根据原料的品种、特性选定加热方式和工作参数。例如,据有关资料介绍,加热毛蚶时保证工作室的温度在 100～104 ℃之间,蒸汽压力为 0.4 MPa,加热时间为 4 min 左右,可取得良好效果。但是,用蒸汽一次加热的贻贝常出现部分贝壳不能充分张开或完全不张开的情况,而且,有的贻贝壳虽然开度较大,但闭壳肌仍与贝壳牢固连接,贝肉不易脱落,从而会降低壳肉分离效果。长期的生产实践表明,如果采用低温水预煮和高温蒸汽加热相结合的方式，则贻贝的全开壳率可达 98%以上，贝肉的自然脱壳率可达 90%左右。采用这种加热方式时，其工作参数为：预煮阶段，水温控制在 55～60 ℃，预煮时间为 2～5 min；汽蒸阶段，汽蒸室温度控制在 100 ℃左右，汽蒸时间为 3.5 min 左右。

(3) 脱壳：如果加热方式得当，工作参数选用合理，经加热后的贝类的壳体会充分张开，闭壳肌与壳体完全分离，从而为贝肉的脱壳和肉壳分离提供方便。

通常采用施加外力的方法使贝肉脱离贝壳。其具体措施有振动、拍击、搅拌和水力冲击等。应根据贝壳和贝肉的特性选用脱壳方法。例如，贻贝的壳薄肉嫩，采用拍击、搅拌等剧烈的方法易使贝壳破碎、贝肉损伤，影响产品质量，而采用振动法则可收到良好效果，但对于壳体和贝肉不易破碎、可经受较大外力作用的贝类，则可选用上述各种脱壳方法。

(4) 壳肉分离：常用的壳肉分离方法有利用贝类个体壳肉几何尺寸大小不同的筛分法和利用壳肉密度不同的浮选法。

筛分法是基于任何一种双壳贝，其个体的贝壳尺寸总是大于贝肉的这一事实。按被分离贝类的个体尺寸选用相应规格的筛网，使散布在筛网上方的贝肉可通过筛孔落到筛网下方，而贝壳则无法通过筛孔仍被阻留在筛网上方，从而达到壳肉分离的目的。但在实际生产中，由于原料的规格不可能相同，所以会经常出现小贝壳与大贝肉一起通过筛孔的情况。事先对原料进行分级，使同一批贝类的规格趋于一致，可降低分离后的贝肉中混杂贝壳的程度，提高分离效率。

浮选法即水分离法，是近年来国内外普遍采用的贝类壳肉分离法。浮选法又可分为饱和盐水分离和助析水分离两种。根据测定，各种贝类的壳的密度均明显大于贝肉的密度。例如，毛蚶壳的密度为 2.5 g/cm^3，毛蚶肉的密度为 1.13 g/cm^3，贻贝壳的密度为 2.2 g/cm^3，贻贝肉的密度为 1.06 g/cm^3。饱和盐水分离法是选用其密度值介于贝壳和贝肉密度值之间的饱和盐水，使浸入盐水中的贝壳下沉，贝肉漂浮，从而将壳肉分离。助析水分离法是提供一股与壳肉流向相反(或成一定角度)的辅助水流，借以“放大”壳肉的密度差，以利于壳肉的分离。浮选法的分离效果不受贝类规格差异的影响，且由于壳肉在水中分离，贝肉易于保持完整和清洁。而助析水分离法可避免饱和盐水分离法所带来的贝肉含盐量增加、贝肉鲜度降低和消耗盐的缺点。

以下介绍几种贝类蒸煮、脱壳和壳肉分离机械的结构。

1. 贻贝预煮、蒸煮机

图 4-52 所示为 YJ-YZ-79 型贻贝预煮、蒸煮机的结构示意图。YJ-YZ-79 型贻贝预煮、蒸煮机由箱体、输送带、蒸汽管及控制阀、温度计等组成。箱体分上、中、下三层，上层为热水预煮室，中、下两层为汽蒸室，箱体前端的上方有进料口，后端下方设出料口。出料口处装有汽封式叶轮。箱体内的上、中、下三层均设有链式输送带，由安装在箱体外的电动机经减速器带动。输送带的轴端采用滑动轴承加密封垫。整个箱体在长度方向由前至后向上倾斜，斜度为 1∶20，以保证预煮室内有足够数量的贻贝浸入水中和保证预煮时间。上层预煮室中的水用蒸汽加热，水温由安装在蒸汽管上的阀门调节供汽量来控制。中、下层汽蒸室的温度则由安装在每一层中的蒸汽管上的四个阀门来控制。箱体外的压力式温度计用于监测各工作室的温度。

贻贝经分粒、洗刷、分级等处理后，由链斗式提升机运送，经进料口落到上层预煮室的输送带上，浸在 55～60 ℃的温水中预煮并缓慢向前移动。到达上层输送带的端部，贻贝落入汽蒸室输送带，由蒸汽管喷入蒸汽直接蒸煮。贻贝顺序通过中、下层输送带，在下层输送带的端部落入汽封式叶轮。汽封式叶轮转动时将贻贝从出料口送出机体外，并能阻止蒸汽泄漏。

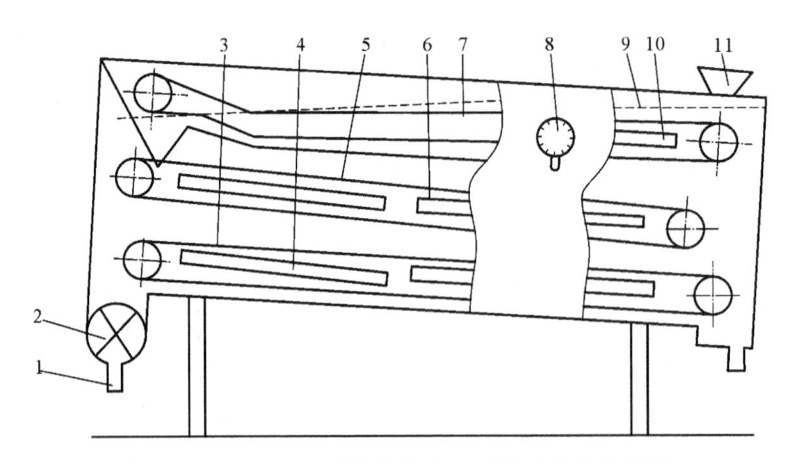

图 4-52　YJ-YZ-79 型贻贝预煮、蒸煮机的结构示意图

1—出料口；2—汽封式叶轮；3—下层汽蒸室蒸汽管；4—下层汽蒸室输送带；5—中层汽蒸室蒸汽管；6—中层汽蒸室输送带；7—预煮室输送带；8—压力式温度计；9—水位线；10—预煮室蒸汽管；11—进料口

该预煮、蒸煮机的生产能力可达 5000 kg/h；预煮室的温度为 55～60 ℃，预煮时间为 2 min，蒸煮室的温度为 100 ℃，蒸煮时间为 4～5 min。据介绍，该装置可使贻贝的开壳率达 66%，肉的脱壳率达 90%。YJ-YZ-79 型贻贝预煮、蒸煮机将预煮和蒸煮两道工序组合在一个箱体内，且采用上、中、下三层的布置形式，使整台装置的结构紧凑。另外，由于箱体的上层为预煮室，而预煮室的温度不高，所以可以采用普通的盖板，省去了为防止蒸汽外逸而设置的汽封进料装置。

荷兰福兰肯公司设计制造的贻贝加工设备由脱壳、清洗、分级、预煮、去足丝、汽蒸和去碎片等单机组成。该设备的工艺特点是将预煮安排在去足丝之前进行，以达到易于去除足丝的目的，预煮温度为 50℃，时间为 3 min，汽蒸室的蒸汽温度为 140 ℃，蒸煮时间为 30～40 s。据介绍，经过预煮的贻贝在去足丝机中的去足丝率可达 95%，而高压短时间蒸煮可保持贻贝贝肉原有的风味，提高成品率，开壳率接近 100%。

2. 贻贝壳肉分离装置

组合式贻贝壳肉分离装置由横向往复隔板筛和水力分离装置配以相应的输送装置组成，如图 4-53 所示。它是将筛分和浮选法相结合，进行贻贝壳肉分离的装置。

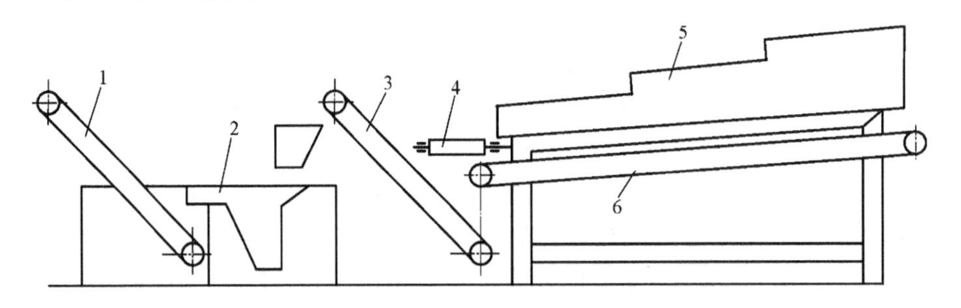

图 4-53　组合式贴贝壳肉分离装置的结构示意图

1—贝肉输送机；2—水力分离装置；3，6—链板式贝肉输送机；4—贝壳输送机；5—横向往复隔板筛

1）横向往复隔板筛

横向往复隔板筛由筛体、机架和筛体的传动装置等部件组成，如图 4-54 所示。筛体以 1∶5的斜度倾斜安装在机架上，分为三段并呈阶梯形布置。筛体用角钢焊成，筛网由不锈钢的钢丝焊成，筛孔为 25 mm×40 mm 的长方形孔。三段筛体由同一根曲轴分别通过连杆带动做

横向往复运动，但同一时刻相邻两个筛体的运动方向相反，以抵消筛体往复运动中的惯性力，减少整机的不平衡性。为了进一步减少惯性力的影响，每段筛体沿运动方向的两端对称装有减振弹簧。在筛网上方装有与筛体运动方向相垂直的竖立木质隔板，隔板高 40 mm，两侧面贴橡胶板。相邻两隔板的间距为 100 mm。

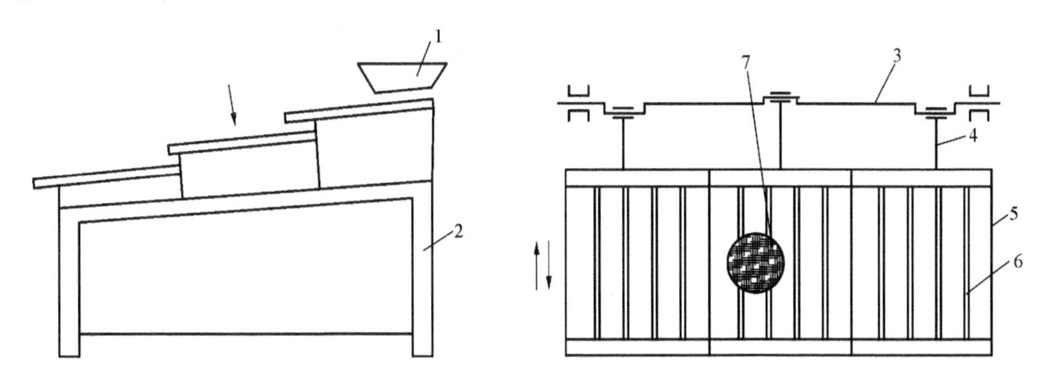

图 4-54　横向往复隔板筛的示意图

1—进料斗；2—机架；3—曲轴；4—连杆；5—筛体；6—隔板；7—筛网

筛体的下方装有由镀锌铁板焊成的梯形断面的贝肉接收斗(图中未画出)。

支承筛体的机架与传动机构的机架彼此分离，以减少筛体工作时的振动对传动机构的影响。筛体由曲轴连杆机构带动做横向往复运动，振动频率为 480 次/min，振幅为 30 mm。蒸煮后的贻贝由斗式提升机送至隔板筛第一段筛体的进料端，经进料斗落到做横向往复运动的筛网上，并自动敞开。随着筛体的往复运动，贻贝不但彼此间发生碰撞，而且还与隔板碰撞，从而使贝肉从壳中脱落。已脱落的贝肉通过筛网上的孔眼沿贝肉接收斗下落到链板式贝肉输送机上，被送往水力分离装置做进一步的分离。被阻留在筛网上方的贝壳则以 0.5～0.6 m/min 的速度沿倾斜的筛网面下移，经第三段筛体框架下端的出口落入贝壳输送机上。

经过筛分的贝肉中还会混有少量的贝壳碎片及个体较小的整贝壳，其数量约占贝壳总量的 10%。这部分贝壳可通过下一步的水力分离装置除去。

2) 水力分离装置

如前所述，水力分离法是利用贝壳和贝肉的密度不同，从而在水中有不同的沉降速度的特性，达到将混杂在一起的贝壳和贝肉分离的目的。

图 4-55 所示为水力壳肉分离装置。

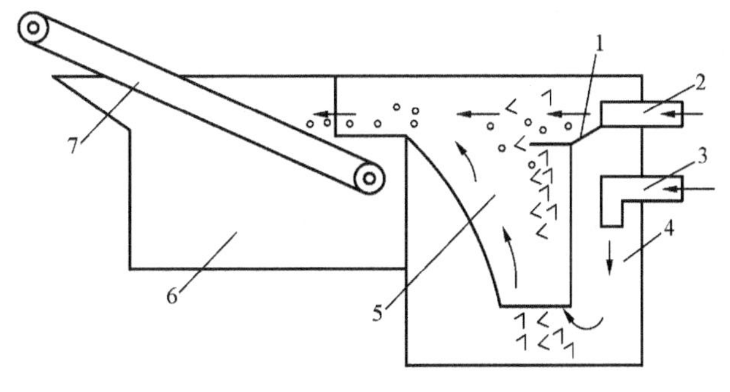

图 4-55　水力壳肉分离装置

1—下料导槽；2—冲水管；3—助析水管；4—助析水槽；5—分离漏斗；6—回水槽；7—贝肉输送机

图中：○表示贝肉，<表示贝壳

该装置的回水槽、下料导槽及分离漏斗均由钢板焊接制成。在助析水槽进料端的侧壁上分别设置冲水管和助析水管。冲水管和助析水管的供水均由水泵从回水槽中抽取，循环使用。工作时，贝壳和贝肉的混合物沿下料导槽下滑，被冲水管的水流冲到分离漏斗的上部。这时，贝壳和贝肉以各自不同的沉降速度向分离漏斗下沉，沉降至一定深度的贝肉将被自下而上流动的助析水流推送到分离漏斗的上部，进而随水流一道从下料导槽的出口流出，落到贝肉输送机上。由于贝壳的密度大于贝肉的密度，助析水流的浮力不足以使其上移，所以下沉的贝壳将继续下沉至槽底，落在贝壳输送机上，被送出水槽。

4.3.2　藻类加工机械

当前，用作食品加工原料的常见藻类有紫菜、海带和裙带菜等。这些藻类的加工均分为一次加工（初加工）和二次加工（精加工）两类。本节主要介绍紫菜初加工的机械设备。紫菜的初加工是指以海中生长的紫菜为原料，通过一定的工序将紫菜制成低含水量紫菜饼的工艺过程。其工艺流程是：原料收割→切碎→洗净→调和→制饼→脱水→烘干→剥离→分拣集束→二次干燥。

1. 紫菜收割机

人工养殖的紫菜生长在水平铺设于海中的种苗网上，养成的紫菜可用紫菜收割机收割。常见的紫菜收割机有泵式和旋切式两类。

1）泵式紫菜收割机

图 4-56 所示为日本生产的一种泵式紫菜收割机。泵式紫菜收割机由自吸式水泵、切割器、分离器及驱动水泵的原动机组成。原动机通过带传动带动自吸式水泵运转，水泵与分离器以及水泵与切割器之间分别由软管连通。

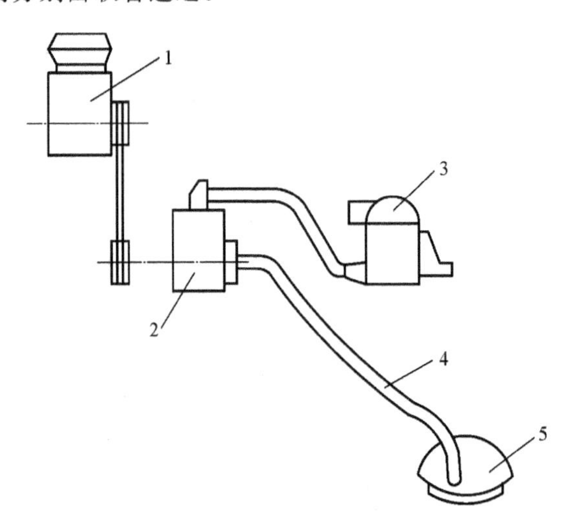

图 4-56　泵式紫菜收割机

1—原动机；2—自吸式水泵；3—分离器；4—软吸管；5—切割器

该收割机的切割器由叶轮、固定刀盘、转动刀盘和壳体等组成（见图 4-57）。切割器的固定刀盘和转动刀盘分别由 15 把不锈钢刀片组成，固定刀盘上刀片的倾斜方向与转动刀盘上刀片的倾斜方向相反。转动刀盘通过转轴与叶轮相连。

工作时，被水泵抽吸的海水沿切割器叶轮的径向流过，驱动叶轮旋转，从而使转动刀盘旋转。随海水一起被吸入的紫菜进入固定刀盘、转动刀盘的刀片间隙时被切断，与海水一起沿塑料软管进入自吸式水泵。

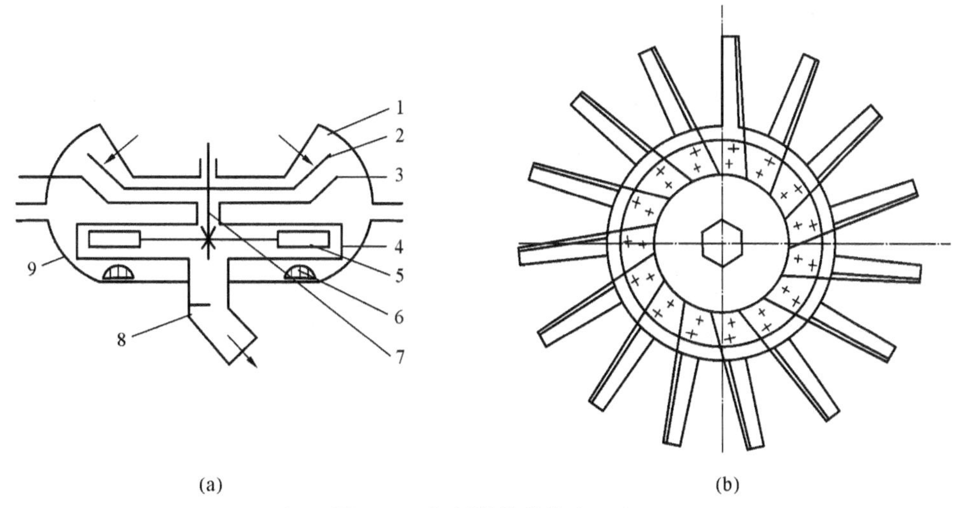

图 4-57　切割器的结构和刀盘

(a) 结构;(b) 刀盘

1—上盖;2—转动刀盘;3—固定刀盘;4—导流盖;5—叶轮;6—浮圈;7—转轴;8—出料口;9—下盖

分离器的作用是将被泵抽吸上来的紫菜和海水分离。图 4-58 所示为日本 YS5D-3 型分离器。

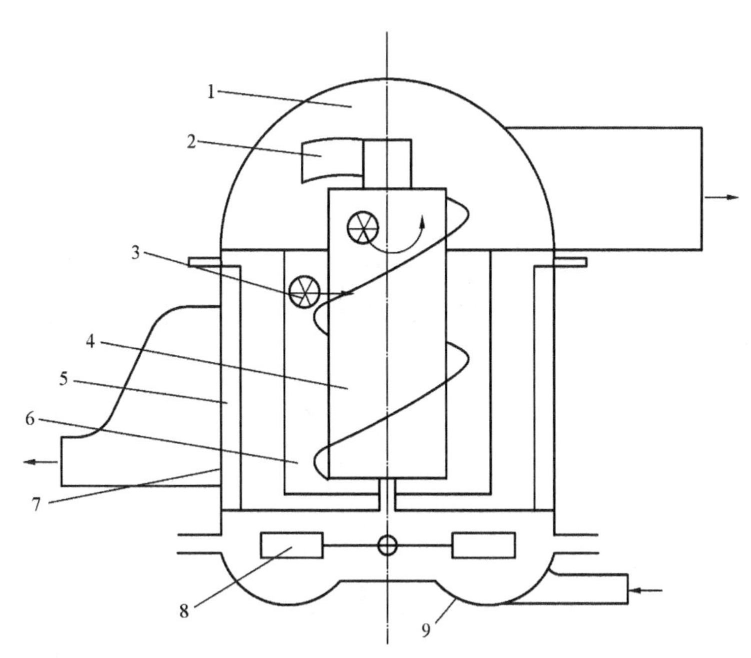

图 4-58　YS5D-3 型分离器

1—上罩盖;2—拨料叶片;3—转动滤网;4—送料螺旋;5—调节活门;6—固定滤网;7—壳体;8—水动叶轮;9—底盖

分离器由壳体、拨料叶片、水动叶轮、固定滤网、转动滤网等组成。工作时,混有紫菜的海水进入分离器后,海水透过不锈钢滤网,在向排水口流动的过程中推动水动叶轮旋转,从而使用橡胶制成的送料螺旋及拨料叶片转动。被滤网阻挡的紫菜被推移到分离器下部后,从出料口排出。

2) 旋切式紫菜收割机

旋切式紫菜收割机只具有切割功能,而不具备泵式紫菜收割机所具有的抽吸和分离功能。

这种收割机由原动机、传动机构、切割器和用于将动力传递给切割器的挠性轴组成。原动机和传动机构安置在机架上，机架上有供背负用的背带和固定用的腰带。工作时，操作人员将机架背在身上，一只手持切割器的手柄，将切割器对准要切割的紫菜进行收割，另一只手持小抄网，接住割下的紫菜。

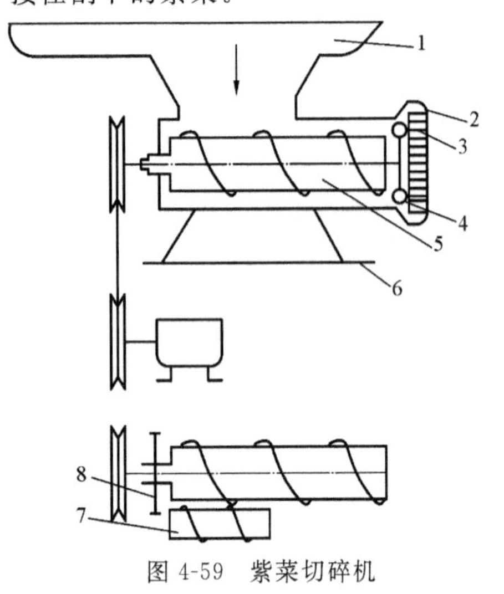

图 4-59 紫菜切碎机

1—喂料口；2—多孔圆盘；3—刀片；4—螺膛；5—送料螺旋；6—机架；7—辅助推料螺旋；8—传动装置

2. 紫菜切碎机

紫菜切碎机由进料盘、送料螺旋、刀片、多孔圆盘及传动装置等组成，如图 4-59 所示。它的结构与绞肉机相同。为了改善原料的喂入状况，使紫菜易于进入送料螺旋的螺膛，在喂料口的侧面增设辅助推料螺旋。紫菜的硬度随其品种、养殖方式、收割期等的不同而不同，为适应紫菜硬度的变化和满足不同的加工要求，紫菜切碎机配备了不同规格的刀片和多孔圆盘。刀片的规格有四片、六片和八片三种，如图 4-60 所示。刀片与多孔圆盘的间隙要求在0.05～0.10 mm 范围内，多孔圆盘上小孔的直径在 2.5～6.5 mm 范围内，分为几种规格（见表 4-2），以满足不同的加工要求。多孔圆盘上的小孔中心线与圆盘面成 60°角，其目的是使圆盘端面上的小孔刃口更加锋利，并使切碎的紫菜能沿螺旋推进的方向顺利地被挤出。

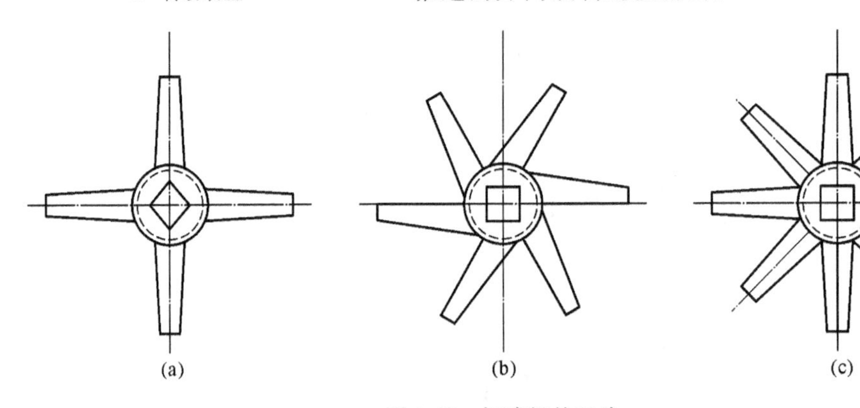

图 4-60 切碎机的刀片

(a) 四片；(b) 六片；(c) 八片

表 4-2 切碎机的多孔圆盘的规格

型 号	04	03	00	1	2	3	4	5	6
孔径/mm	2.5	2.7	3.0	4.0	4.5	5.0	5.5	6.0	6.5

工作时，置于进料盘上的紫菜落入旋转的送料螺旋和辅助推料螺旋，被连续推进到刀片与多孔圆盘之间，由高速旋转的刀片将其切碎，并从多孔圆盘的小孔中挤出。切碎机刀片数越多，紫菜就被切得越碎。但是，如果刀片数过多，非但不能达到将紫菜切碎的目的，反而会成为阻挡原料送进的障碍。所以，一般刀片最多为八刃的。切割时，应配备相应的多孔圆盘。多孔圆盘上小孔的孔径越小，紫菜被切得越细。选定多孔圆盘的规格时，要考虑紫菜的硬度。在切割硬度大的紫菜时如选用孔径过小的多孔圆盘，切出的紫菜不但不细，反而容易堵塞小孔，产

生挤压，将紫菜绞成糊状。另外，应保持刀刃的锋利，否则将影响切割效率，甚至会造成一些紫菜被磨碎成糊状的情况。

3. 紫菜清洗机

切碎后的紫菜还必须再次清洗，以便进一步去除紫菜中的泥沙杂质，并降低紫菜的盐分。清洗用水为 8～10 ℃的淡水，清洗时间不可太短。清洗机由初洗水箱、二次清洗水箱、搅拌叶片、推进叶片、过滤器及带传动装置等组成，如图 4-61 所示。初洗水箱是清洗机的主体，由薄钢板焊接装配而成。箱体中的滤水筛板用 1.5 mm 的不锈钢板钻若干小孔制成。冲洗紫菜后夹带泥沙的水经此滤水筛板，流到箱体下层后从出沙口流出。电动机经带传动装置带动初洗水箱的搅拌叶轮轴，进而经齿轮传动装置带动二次清洗水箱小的搅拌叶轮轴和过滤器运转。初洗水箱的搅拌叶轮轴上装有两组搅拌叶轮，二次清洗水箱中的搅拌叶轮上装有一组推进叶片。

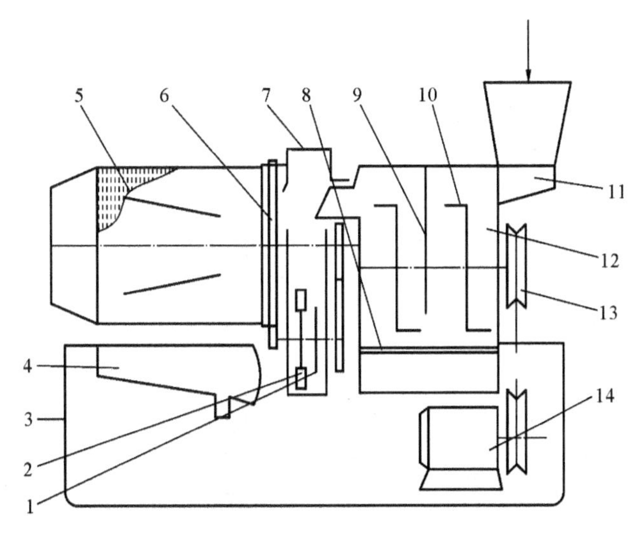

图 4-61　紫菜清洗机

1—搅拌叶轮；2—推进叶片；3—机架；4—集水槽；5—过滤器；6—大齿轮；7—二次清洗水箱；8—滤水筛板；9—挡板；10—搅拌叶轮；11—进料斗；12—初洗水箱；13—带传动装置；14—电动机

清洗机中的搅拌叶轮和推进叶片可使箱体中的紫菜和水发生搅动，在连续不断地向过滤器方向移动的过程中使附着在紫菜上的泥沙分离和沉淀。过滤器则能使经过清洗的紫菜与水分离，水由滤网经集水槽排出，紫菜则从过滤器端部的出口流入容器中。

清洗机二次清洗水箱两侧的进、出口分别与初洗水箱的出口及过滤器的进口相连。为了防止从初洗水箱出口流出的未完全洗净的紫菜直接经二次清洗水箱的进、出口进入过滤器，从而使二次清洗水箱失效，在二次清洗水箱中设置了隔板，以保证水箱的进口与出口隔开，既可避免了未经洗净的紫菜直接从出口流入过滤器，又使洗净的紫菜能借助隔板的

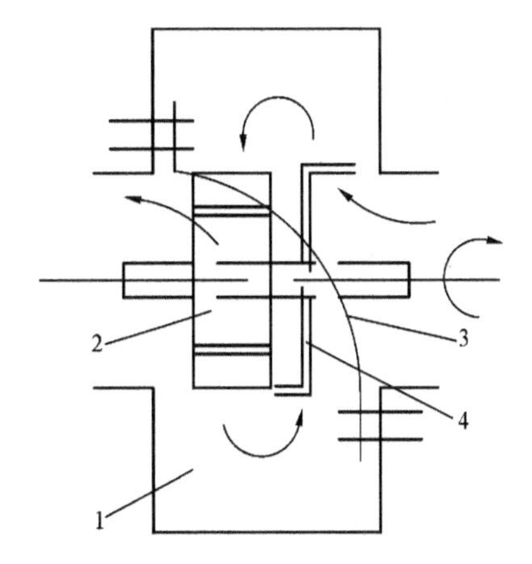

图 4-62　紫菜清洗机二次清洗水箱的结构

1—箱体；2—搅拌叶轮；3—隔板；4—推进叶片

作用与水一道经箱体的出口流入过滤器。二次清洗水箱的结构如图 4-62所示。

工作时，经切碎的紫菜由进料斗落入初洗水箱中。在搅拌叶轮的搅动下，紫菜上附着的盐分被洗去，夹带在紫菜叶片上的泥沙则透过滤水筛板的小孔，沉淀到水箱的底部，并从出沙口定时排出。紫菜随着搅动的水流进入与初洗水箱相连的二次清洗水箱，进一步清除泥沙后进入过滤器，与清洗水分离。

紫菜的切碎和清洗可以由具有单一功能的切碎机和清洗机完成，也可用将切碎和清洗工序组合起来的切碎洗净机来完成。后者不但节省场地，而且，切洗出来的紫菜质量也好。

4. 紫菜调和机

切碎洗净的紫菜需按要求调制成一定比例的菜水混合液，才可以送入制饼机制饼。配制菜水混合液可用调和机来完成。

调和机由调和桶、供菜机构、供水系统和传动机构等组成，如图 4-63 所示。供菜机构由搅拌器、供菜阀板和定量叶轮组成。搅拌器绕调和桶轴线低速转动。供菜阀板安装在调和桶的底板上，在偏心连杆机构的带动下绕其轴线上下摆动，使桶中的紫菜间歇地落入位于调和桶下方的一做间歇转动的定量叶轮中，叶轮上装有六片沿圆周均匀分布的叶片，该叶轮间歇转动的速度可通过微动调节器调节，经供料阀板流出的紫菜落入定量叶轮的叶片间，调配成具备一定含水量的菜水混合液。

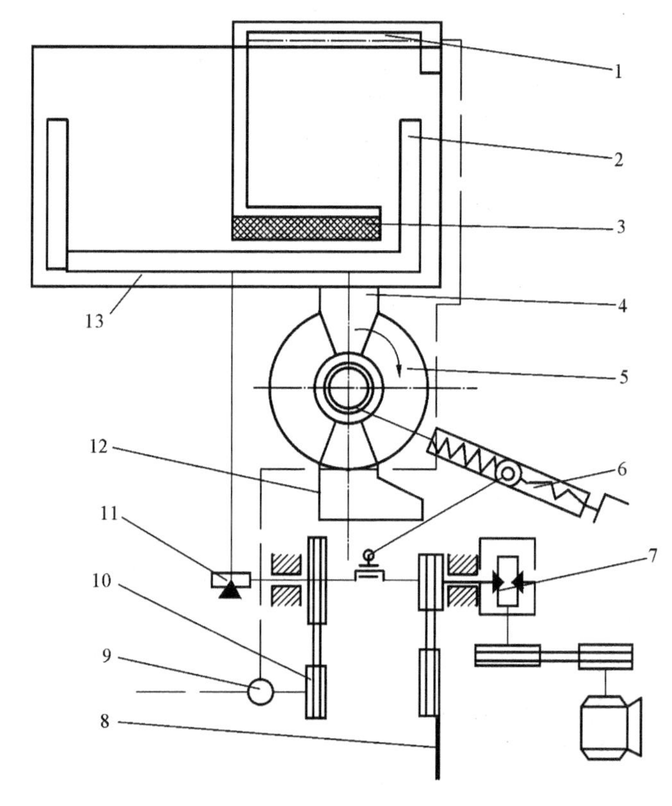

图 4-63 紫菜调和机

1—洒水管；2—搅拌器；3—橡胶挡板；4—供菜阀板；5—定量叶轮；6—微动调节器；7，11—蜗轮减速箱；8—传动阀板的连杆；9—水泵；10—V 带传动装置；12—水管；13—调和桶

调和机工作时，从定量叶轮定量送出的菜水混合液进入制饼机的储液箱。由于调和机的供水系统送入的水量一定，而调和机送出的紫菜量取决于定量叶轮的间歇转动速度，所以只要

调节定量叶轮的回转速度，就可以调节菜水混合液的配比，从而控制制饼机制出菜饼的厚度。一般规定，每张重 2 g 的干紫菜饼约需 1 kg 的水。

5. 紫菜制饼机

紫菜制饼机的作用是将已调和好的含水量均匀的菜水混合液经浇片、滤水等工序制成一定形状的片状菜饼。该机由成形框架、浇片机构、保水和脱水机构、输送机构和传动机构等组成。图 4-64 所示为紫菜制饼机的结构。

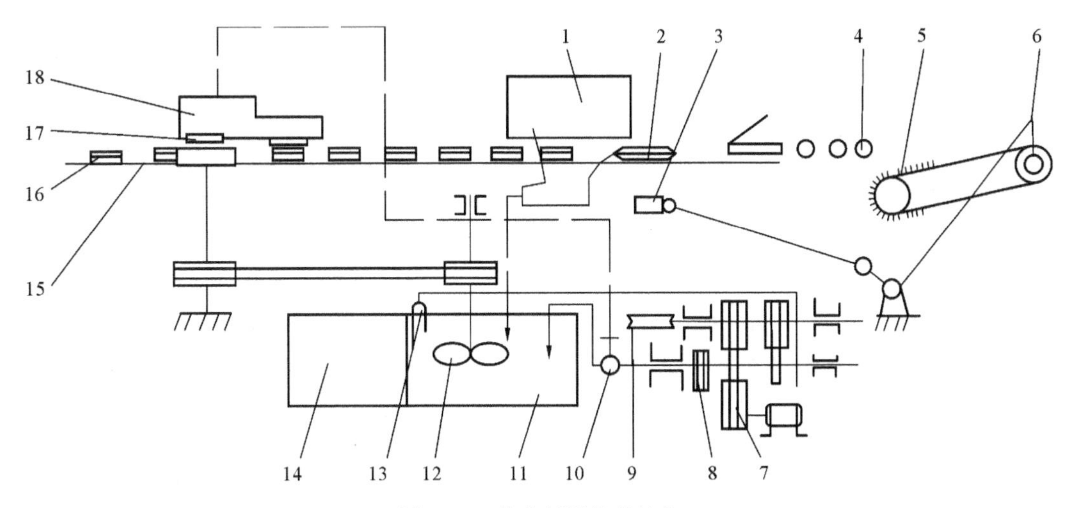

图 4-64　紫菜制饼机的结构

1—紫菜调和机；2—传动链轮；3—凸轮；4—辊柱输送机；5—竹帘输送机；6—棘轮机构；
7—V 带传动机构；8—V 带轮（传动辊柱输送机用）；9—蜗轮减速器；10—输送泵；11—储液箱；12—搅拌叶片；
13—液位控制器；14—储水箱；15—保水导轨；16—成形框架；17—凸轮连杆机构；18—浇片控制箱

1）工作原理

由调和机输出的菜水混合液被送入敞口的储液箱。储液箱装有液位控制器，对箱内的菜液量进行自动控制。液位控制器有两根长度不同的触杆。当箱内混合液液面超过短触杆时，控制器将电源切断，调和机即停止工作，不再向储液箱输送菜液；当箱内液面低于长触杆的下端时，控制器又接通电源，调和机恢复运转，继续向储液箱输送菜液。储液箱置于制饼机的下部，箱中的菜液由输送泵被送至浇片控制箱中。

制饼机的工作台呈长圆形，四周设置用角钢构成的椭圆形轨道。15 个成形框架安装在无端链条的链节上，随链条沿椭圆形轨道等速移动。成形框架的张合由位于工作台上方的两条导轨控制。制饼机开始运转后，先由人工将竹帘放入张开的成形框架的托框栅板上。放入竹帘的成形框架移动至浇片控制箱，箱体的阀门开启，箱中的菜液定量流到成形框架的竹帘上。浇在竹帘上的菜水混合液，一面随框架向前移动，一面在保水导轨的作用下下降，先在竹帘上方飘浮并均匀散布，然后随保水导轨下降，滤去成形框架上的盛菜框内菜液中的水分，紫菜则均匀地附着在竹帘表面。随后，在两条导轨的作用下，盛菜框和竹帘分别张开。在继续移动过程中，附着紫菜的竹帘随着一条轨道的下降而自动落在辊柱输送机上，并被自动排列在竹帘输送机上，再由人工取下送去脱水、烘干，盛菜框则在另一条导轨的作用下，仍保持张开状态，以便于人工向托框栅板上放置竹帘。

制饼机的上述工作是连续进行的。整机的各工作机构（除调和机外）由一台 0.75 kW 的电动机驱动，生产效率与竹帘的移动速度、菜水混合液的浓度以及菜液注入量等因素有关。制饼机的生产能力一般可达每小时 2000～3200 张，每制造 100 张紫菜饼需紫菜 3.5～4.5 kg。

2）成形框架

如图 4-65 所示，成形框架的作用是将由浇片控制箱浇下来的菜水混合液定形。它由盛菜框、铝制底框架、塑料托框栅板、脱料托板、脱落滑板、连接支架、橡胶浮水器、滚轮等组成。底框架连接在传动链条座上，使整个成形框架被传动链牵引。滚轮 7、9、10、11 在制饼机底座的轨道上滚动，从而保证成形框架在传动链牵引下沿轨道的形状移动。脱料托板和盛菜框分别依靠连接支架和滚轮 2、4 在各自导轨上运动，从而实现开合。导轨设置在工作台面上方，用 ϕ14 mm的圆钢和角钢制成，导轨的位置根据成形框架有关部件的运动要求设计。机器启动时，其盛菜框是张开的，以便于人工将竹帘放到托框栅板和脱料托板上。当该成形框架被传动链牵引向浇片控制箱的浇液口移动时，沿导轨运动的滚轮 2 因导轨的下降，迫使该成形框架的盛菜框下降压在竹帘上。成形框架处于浇液口下方时，保水导轨将滚轮 2 下压，使框架紧闭。完成浇液的成形框架在快要移动到取帘机构的位置时，另一条导轨出现并逐渐升高，使在其上运动的滚轮 4 带动连接支架上的脱料托板上倾，附有紫菜的竹帘和盛菜框也同时被托起，该框架移动到取帘机构的位置时，导轨下降后断开，滚轮 4 失去依托而恢复原位，从而使连接支架上的脱料托板落下，原先被它托起的附有紫菜的竹帘下落在取帘机构的辊轮上被运走。在这同时，由于导轨的作用，盛菜框仍处于张开位置，并又移动到插帘位置上，完成一个工作循环。

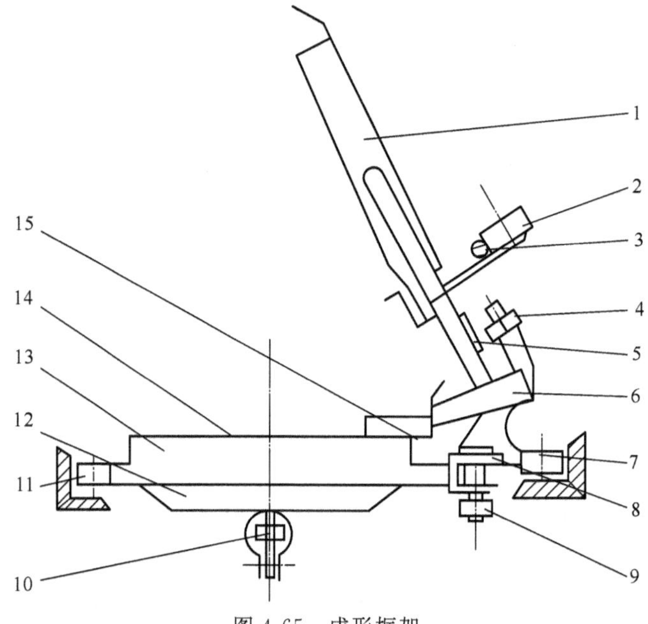

图 4-65　成形框架

1—盛菜框；2，4，7，9，10，11—滚轮；3—导轨；5—脱落滑板；6—连接支架；
8—传动链条座；12—橡胶浮水器；13—底框架；14—托框栅板；15—脱料托板

铝制底框架上装有塑料托框栅板，下面套有橡胶浮水器，橡胶浮水器下面装有滚轮 10 及控制流水速度的控制杆。滚轮 10 沿制饼机工作台面，在保水导轨和脱水导轨上滚动。

3）浇片控制箱

如图 4-66、图 4-67 所示，浇片控制箱的作用是向已放入竹帘的成形框架内定量浇注菜水混合液。它由箱体、滑板、滑板控制机构和锁紧机构组成。

箱体是容纳菜水混合液的容器，箱体的上部设有溢流孔，超过溢流孔的菜液由溢流孔经管道流回储液箱，从而保持箱内液面的高度。其底部有三道长圆形孔，长圆形孔的上方覆盖三条滑板。三条滑板由滑板控制机构控制，可左右滑动，从而使底板上的开孔被覆盖或开启。底板上的孔开启时，箱体内的菜水混合液可经此孔流出；孔被滑板覆盖时，菜水混合液则停止流出。图 4-67 所示为滑板开闭控制机构。滑板开闭控制机构由开合凸轮、滚轮 1、开合柄、转轴及弹簧 3 组成，用来控制滑板的移动，而滑板控制机构的动作则受锁紧机构的控制。

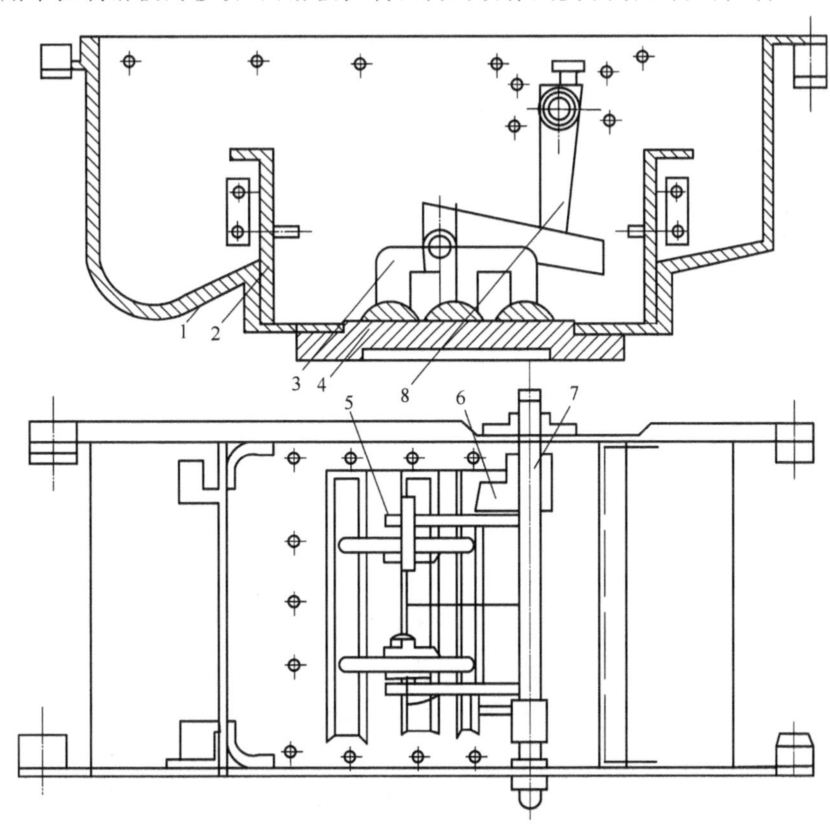

图 4-66　浇片控制箱

1—箱体；2—挡水板；3—滑板；4—漏孔底板；5—连接板；6—活动杆；7—转轴；8—弹簧架

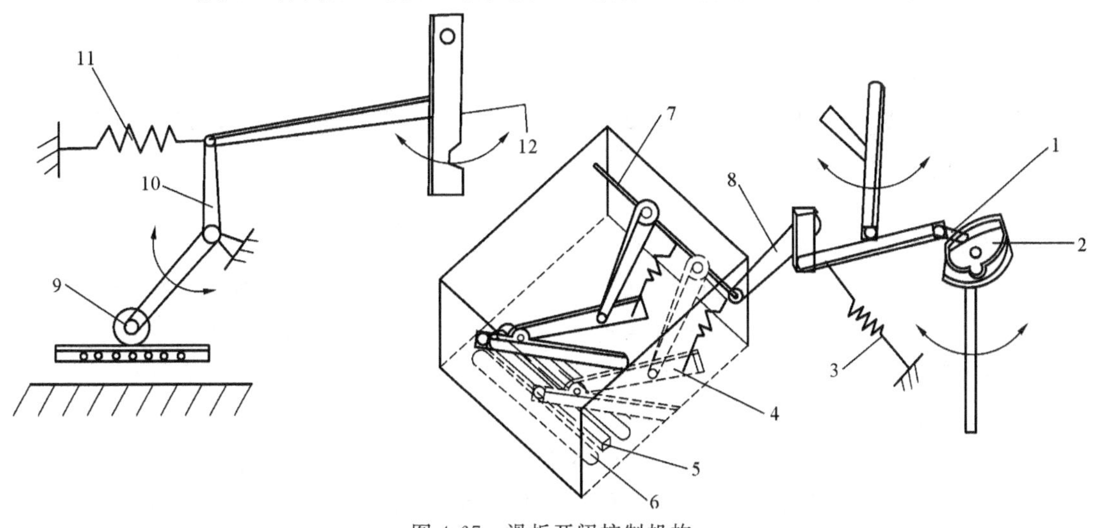

图 4-67　滑板开闭控制机构

1,9—滚轮；2—开合凸轮；3,11—弹簧；4—连接杆；5—滑板；6—长圆形槽；

7—转轴；8—开合柄；10—连杆；12—锁杆

当未插放竹帘的成形框架移动到浇片控制箱下方时，锁紧机构将开合柄锁住，滑板控制机构则无法动作。其具体工作过程如下。

当放有竹帘的成形框架移动到浇片控制箱下方时，成形框架的盛菜框因框架内放入竹帘而升高，从而使在盛菜框架的弯板上滚动的滚轮 9 向上升起，连杆的上端右移，迫使锁住滑板控制机构开合柄的锁杆松开，滑板控制机构即可动作。

滑板控制机构中的弹簧 3 使滚轮 1 紧靠在开合凸轮的端面上滚动，并随着端面的起伏而上下移动。当滚轮向上移动时，带动连杆和开合柄向上摆动，从而使转轴逆时针转动，并带动滑板右移，箱体底部的长圆形槽露出，箱体内的菜水混合液可通过这些槽注入盛菜框内。当滚轮接触到凸轮的下凹部分时，在开合柄和弹簧的作用下，滑板复位，将箱底槽遮盖，停止浇液。

在空行程或移动至控制箱底部的成形框架内没有竹帘时，在锁紧机构中的弹簧 11 的作用下，滚轮 9 下降，连杆上端向左移动，使锁杆将滑板控制机构的连杆锁住，开合柄无法活动，遮挡住箱底孔的滑板也就不会移开。这样可以防止向没有插入竹帘的成形框架浇注菜水混合液的现象发生。

4. 保水脱水机构

为了保证制出的紫菜饼厚薄均匀，应使注入盛菜框中的菜水混合液在盛菜框上均匀分布后，再让其中的水分透过竹帘，从而使紫菜均匀地附着在竹帘表面。为此，设置脱水保水机构来控制紫菜混合液的保水和脱水时间。在制饼机工作台上方装有保水导轨和脱水导轨。当已插放了竹帘的成形框架移动到浇片控制箱下方，浇液机构开始定量向盛菜框内浇注菜水混合液时，位于成形框架下部的橡胶浮水器下方的滚轮随保水导轨的升高而上移，从而将浮水器托起，使混合液在盛菜框的竹帘上方有足够的停留时间，以达到菜液在竹帘上均匀分布的目的。当成形框架向前移动到保水导轨降低的区间时，浮水器下方的滚轮随之下移，浮水器也因此而恢复原位，盛菜框中竹帘上方的水得以经托框栅板流入浮水器内，紫菜则均匀地附着在竹帘上。当成形框架继续向前移动到设置有脱水导轨的区段时，一方面成形框架上的连接支架在滚轮和导轨的作用下开始后倾，使附着了一层紫菜的竹帘和盛菜框架一起被向上抬起，另一方面随着脱水导轨的上升，位于浮水器下方的滚轮随之上移，从而将盛满水的浮水器托起，使其中的水得以经托框栅板排出。随后，随着脱水导轨的下降，浮水器重新下落，为开始下一个工作循环做好准备。

保水导轨和脱水导轨由底座支承，通过调节螺栓可调整保水导轨和脱水导轨的高度，以便控制浮水器的保水量，使制出的紫菜饼厚薄均匀。

5. 输帘机构

输帘机构的作用是将制饼机成形框架上制好菜饼的竹帘送出制饼机。输帘机构由辊柱输送机和叶片输送机两部分组成，如图 4-68 所示。辊柱输送带由六个铝制辊柱组成。图 4-64 中的带轮经 V 带驱动端部的一根铝辊柱转动，其余五根铝辊柱则由另一组带连接带动。两个张紧轮用来调节带的松紧，确保六根铝辊柱都能正常转动，以使落在铝辊柱上的菜饼竹帘向叶片输送机方向移动。

叶片输送机由 150 片厚度为 0.75 mm 的镀锌钢板组装在特制的链条上而构成。图 4-64 中的凸轮经连杆带动摇臂、棘爪摆动，进而使棘轮带动叶片输送机的链轮间歇转动。由辊柱输送机送过来的菜饼竹帘正好一张张地被推入做间歇转动的两个叶片之间，在叶片输送机的另一端，由人工收集后送去进行脱水处理。

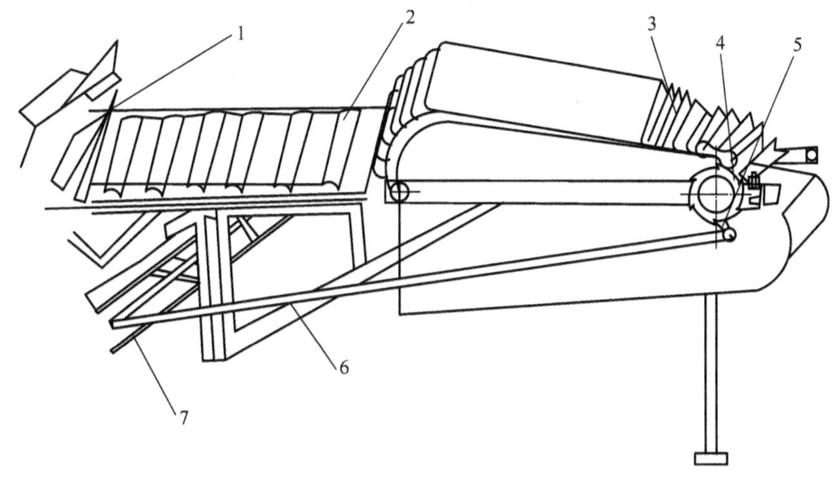

图 4-68　输帘机构

1—成形框架；2—辊柱输送带；3—输帘叶片；4—棘轮；5—棘爪；6—摇臂；7—连杆

6. 国产全自动紫菜初加工机械

目前，国产全自动紫菜初加工机械已被相关生产单位采用，并取得良好的效果。该设备由切菜机、清洗机、调和机、搅拌槽、浇饼机构、脱水机构、加热箱、烘干箱、剥离机构、干紫菜输送带、主机传动系统、分拣集束机及二次热风干燥机等组成。

该设备中的清洗机结构简单、紧凑，清洗效果良好。图 4-69 所示为这种清洗机的结构。它由外圆筒、内圆筛筒、清洗刷及传动系统等组成。由供液泵抽吸来的菜液经进料口进入清洗机的内圆筛筒中。在高速旋转的清洗刷的作用下，菜液中的泥沙随清洗水经筛筒壁流出，从排水口排出筒外。被留在筛筒内的紫菜在螺旋状清洗刷的推动下向上移动，经出料口进入调和槽中。

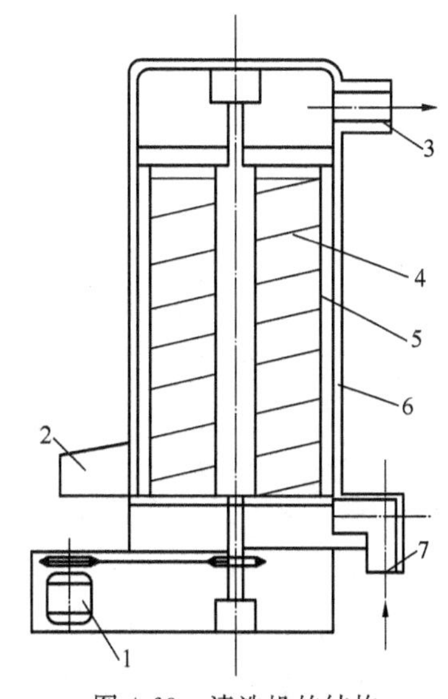

图 4-69　清洗机的结构

1—电动机；2—排水口；3—出料口；4—清洗刷；5—内圆筛筒；6—外圆筒；7—进料口

该设备的搅拌槽的输液管道上设置了菜液浓度控制器。从调和机流出的紫菜进入搅拌槽的储液槽后，靠进入的淡水将其稀释，并用桨叶搅拌，使其成为浓度合适的菜液。设置在输液管上的光电传感器将储液槽中紫菜液的浓度值传递到浓度控制器中，当槽中的紫菜液浓度高于设定值时，浓度控制器发出信号使清水泵启动，向储液槽中注入清水，使菜液的浓度达到设定值；当菜液的浓度低于设定值时，浓度控制器发出的信号使混合液泵启动，从储液槽中经滤网由清水槽中抽水，使菜液的浓度提高到设定值。

该设备的脱水机构先靠吸水风机吸去菜饼中的部分水分，使其定形，然后进入一次和二次脱水。脱水通过采用脱水海绵对紫菜饼进行挤压吸水来实现。为了防止挤压菜饼的海绵上黏附紫菜，在脱水海绵外包上了具有高弹性和高孔隙度的保护海绵。

该设备的剥菜机构分超前剥离、前剥离和后剥离三道工序，将烘干的菜饼从菜帘上剥离。超前剥离是将菜帘的中部压紧，然后靠剥菜辊使菜帘上的前半张紫菜与菜帘分离；前剥离时，压块压住菜帘的中部，剥菜辊继续使菜饼松动；后剥离时，剥菜压杆滚轴从菜帘的背部滚压，并使已经松动的菜饼从帘上脱落。

4.4　鱼粉鱼油加工机械

4.4.1　湿法鱼粉鱼油生产工艺流程

鱼粉生产时，若原料的含脂率高于25%，必须采用脱脂工序。脱脂的方法有三种。第一种是萃取法，这种方法可使鱼粉的含脂率低于1%，常用于药用鱼粉和甲型食用鱼粉的生产。第二种是离心法，它常用于中脂性（含脂率为2.5%～10%）和高脂性（含脂率在10%以上）原料的饲用鱼粉生产。第三种是压榨法，又分为干法压榨和湿法压榨。原料在干燥以后进行压榨、脱脂的称为干法压榨；原料经过蒸煮后先榨除大部分含油液汁，再将榨饼进行干燥的称为湿法压榨。采用干法压榨工艺时，原料所含的大量油脂在干燥过程中长时间地经受高温，易于氧化酸败，降低成品鱼粉鱼油的质量和储存性能。所以，干法压榨工艺目前已逐渐被淘汰。湿法压榨工艺则广泛应用于采用中脂性原料生产鱼粉的情况。

采用湿法压榨工艺生产鱼粉鱼油时的工艺流程如下。

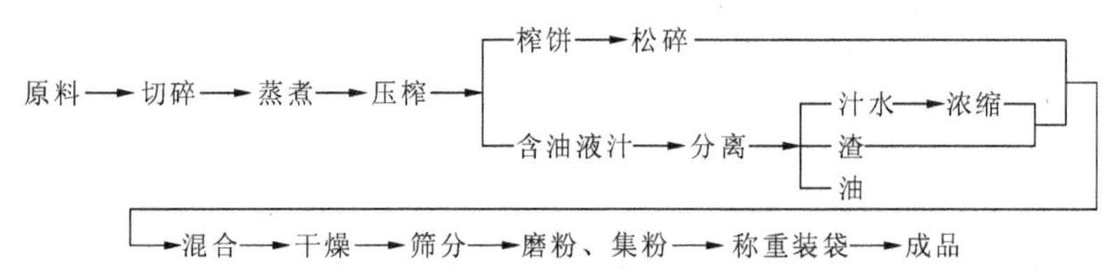

湿法压榨生产工艺的应用范围受到原料性状的限制。当原料的含脂率高于10%时，采用湿法压榨工艺，所得鱼粉的含脂率往往超过规定的标准。原料的质地过于柔嫩，含胶质较多或鲜度较差，都会给湿法压榨工序带来困难。另外，随着海洋渔业资源的变化和开发，生产鱼粉的原料也趋于多样化，其中有的品种是湿法压榨工艺难以有效处理的。同时，有些含脂率较高且易于腐败变质的中上层鱼类亦被用作生产鱼粉的原料。于是，从20世纪60年代初期起，出现了离心法生产工艺。这种工艺是用卧式螺旋离心分离机取代湿法压榨工艺中的螺旋压榨机来完成脱脂工序。为此，要求将绞碎的原料在蒸煮器中煮成烂熟的、具有流动性的浆料，以便于将其泵入离心机中脱脂。离心法生产工艺适用于任何含脂率的原料以及用常规的湿法压榨生产工艺设备所难以处理的各种原料，从而提高了对原料的适应能力。因此，离心法生产工艺在国际鱼粉工业中得到了日益广泛的应用。

采用湿法压榨生产工艺制得的鱼粉有全鱼粉和非全鱼粉两种。将原料在蒸煮、压榨过程中产生的汁水经浓缩后加入榨饼中而制成的鱼粉称为全鱼粉；否则为非全鱼粉。由于在全鱼粉生产中，液汁中的水溶性蛋白质可通过沉淀为固形物进行回收，所以其得率比非全鱼粉的得率高3%～5%。目前国内一些国产鱼粉生产设备以及远洋拖网加工渔船没有汁水真空浓缩设备，摇气和压榨过程中产生的液汁没有被回收，而是直接排放掉了，这不仅降低了产品得率，还带来了环境污染问题。

4.4.2　鱼粉加工专用设备

在采用湿法全鱼粉生产工艺制造鱼粉鱼油时，经常配备的设备有切碎机、蒸煮机、压榨机、离心分离机、干燥机、磨粉机、筛粉机、汁水真空浓缩设备和除臭设备。本节主要介绍鱼粉加工的专用设备。

1. 连续蒸煮机

在鱼粉生产中将原料进行蒸煮的目的：一是杀菌消毒；二是破坏原料的细胞组织，使蛋白质凝固，并使油质和水分游离出来，以保证后继的脱脂、脱水工序顺利进行。

不同的鱼粉生产工艺对原料的蒸煮的要求亦不相同。在湿法压榨生产工艺中，要求原料是经过蒸煮之后成为用手捏拢能成团块、松手落地即自行散开的熟料。在离心法生产工艺中，则要求将预先绞碎的原料蒸煮成为具有流动性的浆状物料。物料的蒸煮温度通常为 80～90 ℃，最高不超过 100 ℃，最低不低于 70 ℃，主要依据原料的品种和性状来选定。蒸汽的工作压力通常为 0.5～0.6 MPa，工作温度为 150～160 ℃，蒸煮 1 t 原料耗用蒸汽量为 150～170 kg。各种类型的蒸煮机均由筒体、搅拌推进装置和加热装置组成。蒸煮机的筒体通常是卧式圆筒，筒内装有搅拌推进装置和加热装置。待蒸煮的原料自筒体的进料口进入筒内，在加热蒸煮的同时被搅拌，并沿筒体的轴线向出料端移动。

蒸煮机的载热体常采用蒸汽或高温燃油气体。对原料的供热方式大都是间接式，载热体不与原料直接接触而经中间传热面向被蒸煮的原料传送热量。但是大多数类型的间接式蒸汽加热蒸煮机都设置了直接向筒体内供蒸汽的蒸汽管，以备在蒸煮含水率低、组织坚实、含胶质较多而难以蒸透的原料时使用。在向筒体内直接供汽时，蒸汽的凝结水进入被蒸煮的物料，会提高物料的含水率，从而增加干燥机的负荷。所以，在蒸煮一般原料时，尽量不要向筒体内直接供汽。

蒸煮机中采用的中间传热面有两种形式。一种是静止的夹套式传热面，即在筒体外加装一外套，两者之间为一空心夹套。通入该夹套的蒸汽通过筒体外壁向筒体内供热。当筒体较长时，通常将夹套分成数段(2～4 段)。筒体较短时，夹套可不分段。另一种是运动的转子传热面。在这种情况下，蒸煮机中的搅拌、推进部件及带动搅拌、推进部件的转轴均是空心的。蒸汽经空心转轴送至与被蒸煮物料接触的搅拌、推进部件的内腔，进而向被蒸煮物料传热。大多数类型的蒸煮机都有上述两种中间传热面，以增大传热面积，缩小蒸煮设备的外廓尺寸。

蒸煮机中采用的搅拌推进构件有很多种类和形式，常见的有螺旋绕片型、搅拌叶片型、管束型、锥钉型等。螺旋绕片型构件的推进作用和传热效果都较强，搅拌叶片型和锥钉型构件的搅拌作用较强，而管束型构件的传热效果和搅拌作用较强。许多种蒸煮机都装有一种以上的搅拌推进构件，使搅拌、推进和传热的性能更为完善。

图 4-70 所示为装有搅拌片的两种螺旋绕片式蒸煮机，图 4-70(a)所示为叶板搅拌的螺旋绕片式蒸煮机，图 4-70(b)所示为锥形板搅拌的螺旋绕片式蒸煮机。

在螺旋绕片式蒸煮机中，螺旋绕片和搅拌片相间布置在空心转轴上。筒体进料口的下方布置有螺旋绕片，以防止物料在进料口处堵塞，随后按螺旋线布置少量的搅拌片，使物料松散，在筒体的中段布置较多的螺旋绕片，使物料充分加热，在出料区则布置有搅拌片，使熟料均匀而松散地卸出。

加热蒸汽分两路供入蒸煮机内。一路由非传动端供入空心转轴，进而进入空心的螺旋绕片和搅拌片，凝结水由空心转轴的供汽端经排水管引出。另一路由位于筒体下方的供汽管进入蒸汽夹套，凝结水从供汽管的另一端引出。

在筒体的进料区，中段和出料区均设置了温度传感器，将物料的温度在控制板上显示出来，同时用传感器输出的信号自动控制蒸汽供应量，使物料的温度保持在规定值。筒体出料区的上部装有观察窗，以便观察物料的蒸煮情况。夹套顶部装有可开或可卸的上盖，以便于清洗和抢修。

这种蒸煮机的传热面较大，而筒体较短、筒径较大，适宜于集装式鱼粉设备。

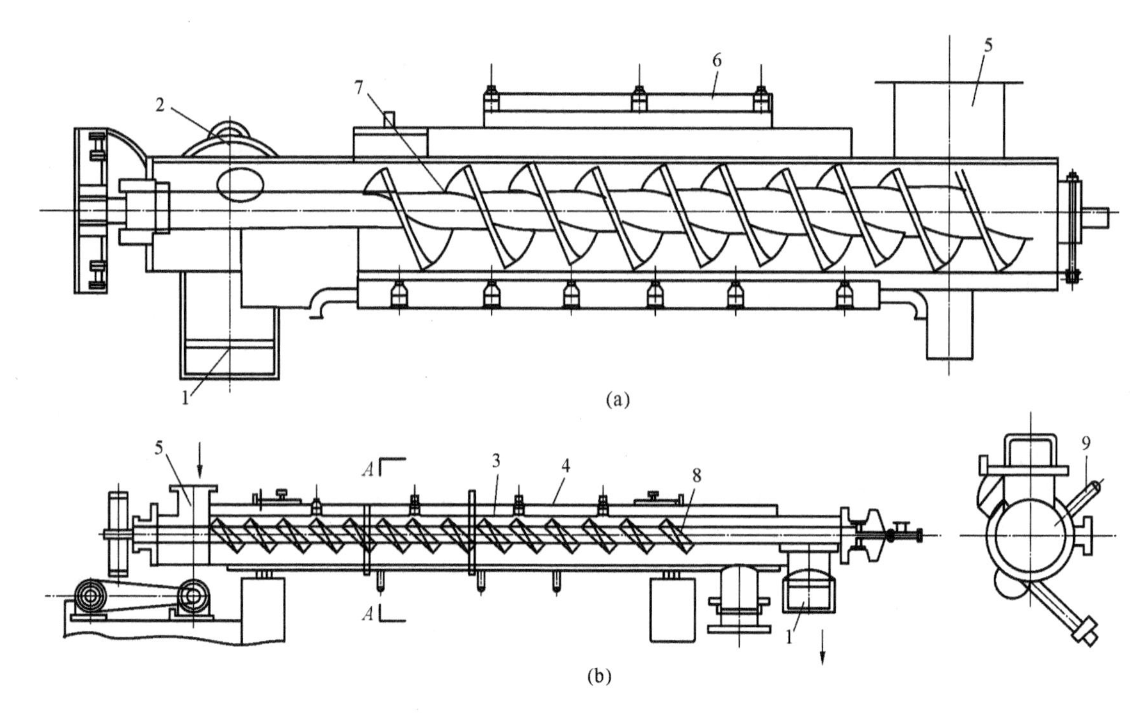

图 4-70　装有搅拌片的螺旋绕片式蒸煮机

(a) 叶板搅拌的螺旋绕片式蒸煮机；(b) 锥形板搅拌的螺旋绕片式蒸煮机

1—出料口；2—观察窗；3—蒸汽夹套；4—筒体；5—进料口；6—上盖；7—空心转轴；8—搅拌片；9—温度传感器

在单机连线式鱼粉成套设备中的蒸煮机一般具有较长的筒体、较小的筒径。其空心转轴上通常都布置有按螺旋线排列的空心板式搅拌片，蒸汽的供应和凝结水的排出方式与前述蒸煮机类似。蒸煮机一般设有单独的传动装置，并可通过调速器来调节转子的转速，从而调节物料的蒸煮时间。转子的转速通常为 1.5～3 r/min，蒸煮时间一般为 15～25 min。

图 4-71 所示为采用高温燃油气体（简称高温燃气）为载热体的瑞典阿法拉伐生产的间接加热式蒸煮机。

这种蒸煮机的圆筒形壳体的外侧有隔热层，筒体内有管束式滚筒的转子。壳体的内侧与转子外侧间形成一夹套层。滚筒内装有两圈水平布置的管束。滚筒两端部的中央各有一颈管，分别支承在支承辊 6 和 7 上。颈管和滚筒本体之间靠端盖板连接。水平管束的两端焊接在端盖上。出料端的颈管上装有大传动链轮，由电动机经调速装置及小链轮传动，使转子在支承辊子上滚动。进料端的进料螺旋由另一电动机经减速箱、V 带和锥齿轮传动而运转。

高温燃气从进气管输入后，进入水平管束及壳体与转子的夹套中，降温后的废气从出气管排出。蒸煮机的尾端备有接管，以备必要时排出湿空气之用。被绞成浆状的原料由进料口被加入后，被进料螺旋送进滚筒内腔，受到高温燃油气体的间接加热而得到蒸煮。由于滚筒的轴线与水平线呈 5°倾角，向出料端倾斜，所以滚筒转动时，物料在受到翻滚时能逐渐向出料方向移动。在滚筒本体出口端与筒颈的交界处有两块出料刮板，用于将熟料刮入出料端的筒颈内，以便将熟料从斜槽卸出。这种蒸煮机有较大的传热面积，原料因随滚筒的转动而翻滚，得到充分搅拌，热效率较高。滚筒内腔难以清洗是这种蒸煮机的缺点。

高温燃气进入蒸煮机时的温度约为 400 ℃，出口处的废气温度约为 160 ℃，传热面的温度不超过 120 ℃，物料的实际蒸煮温度最高不超过 100 ℃，所以对制品质量没有不良影响。

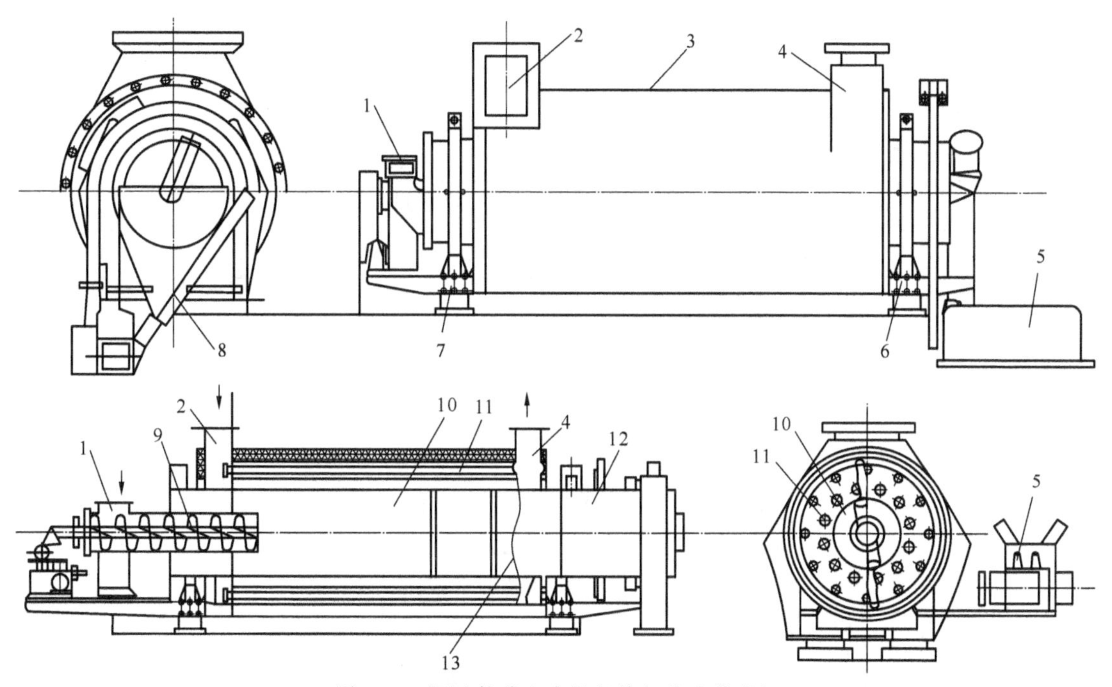

图 4-71　阿法拉伐生产的间接加热式蒸煮机

1—进料口；2—进气管；3—带隔热层的外壳；4—出气管；5—驱动装置；6,7—支承辊；
8—熟料出口斜槽；9—进料螺旋；10—滚筒式转子；11—水平管束；12—滚筒端部颈管；13—出料刮板

2. 螺旋压榨机

在鱼粉的湿法压榨生产工艺中，常用螺旋压榨机将经过蒸煮的熟料中所含的大部分含油液汁榨出，使榨饼的含水率降至 50%～55%。但是，由于螺旋压榨机并不能脱除物料中所含的全部油脂，因此湿法压榨只适合于含脂率低于 10%的中脂性原料。近些年来，采用离心法生产工艺时也常应用螺旋压榨机，将卧式螺旋离心机排出的渣料（含水率为 60%～65%）进一步脱水至含水率为 50%左右，以减轻干燥机的负担。

螺旋压榨机的主要工作部件是被榨笼包围着的榨螺杆。由于榨螺杆上螺旋段的螺距和螺杆的螺距沿前进方向逐渐减小，而螺杆的底径逐渐加粗，于是每节螺旋与榨笼内表面所构成的空间（榨室）的容积自进料端向出料端的方向均匀递减。因此物料在从进料端向出料端移动的过程中随着榨室容积的减小而被压缩，其中的液汁连续地被榨出。

螺旋压榨机首节榨室的容积与末节榨室容积之比，称为螺旋压榨机的容积比。鱼粉工业中使用的螺旋压榨机的容积比通常在 4.5～5.5 之间。而首节榨室中的物料体积与末节榨室中的物料体积之比称为压缩比。螺旋压榨机的压缩比略小于容积比。压缩比的值取决于容积比、物料在首节榨室中的充满程度（即填充系数）、物料的品种和性状等因素。

根据工作螺杆数，螺旋压榨机有单螺杆和双螺杆两种形式。单螺杆压榨机结构简单，出料端有可调节物料压榨程度的调节装置。双螺杆压榨机压榨效率高，能有效地防止物料的“随转”现象，但不能改变物料的压榨效果。

1）单螺杆压榨机

图 4-72 所示为单螺杆压榨机。单螺杆压榨机由机壳、榨螺杆、改变物料压榨程度的调节锥塞以及防止物料随同螺杆转动的止转装置等组成。整台压榨机承载在一焊接机架上。机架的两端各固定有一个轴承座，用于支承螺杆。螺杆由电动机经调速器、减速箱和链传动装置带

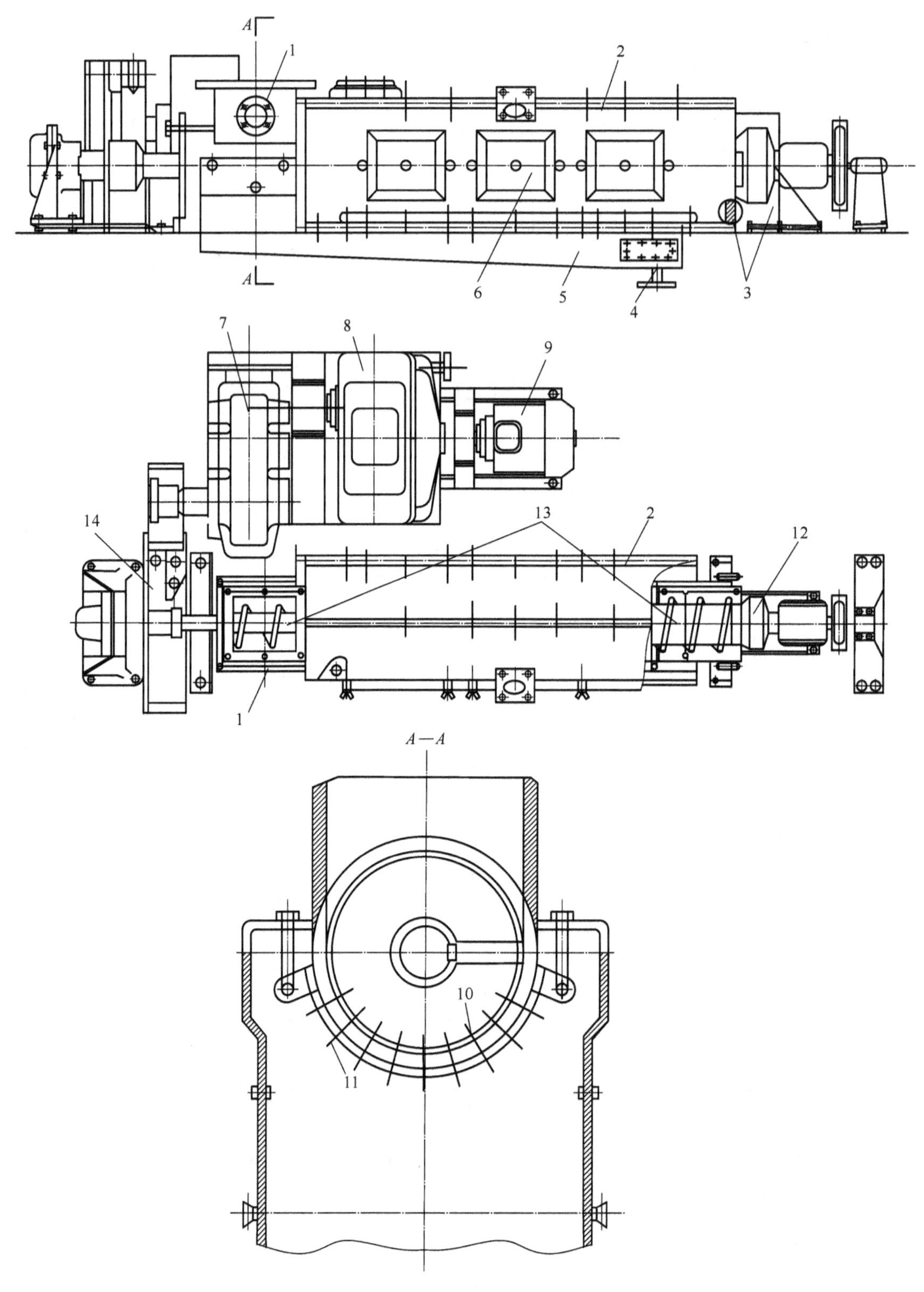

图 4-72　单螺杆压榨机

1—进蒸汽管；2—机壳；3—榨饼出口箱；4—液汁排出管；5—底盘；6—窗盖；7—减速箱；8—调速器；9—电动机；10—榨笼；11—铁排；12—调节锥塞；13—螺杆；14—链传动装置

动。机壳为组合式结构。机壳的侧面有三个用于清洗和检修的窗口，上有可拆卸的窗盖。机壳前端连接有进料箱，箱的一侧有进蒸汽管。机壳末端连接有榨饼出口箱。机壳底部连接有倾斜的底盘，底盘末端有液汁排出管。机壳内由吊环螺栓吊装着左右两根长螺栓。铁排和榨笼的耳环均依次串在长螺栓上并得到固定。铁排由许多肋条拼合，肋条间有缝隙。铁排分上、下两部分，环抱住榨笼，起支承榨笼的作用。榨笼由上、下两个薄壁半圆筒拼合而成。根据压榨机的长度，榨笼一般由 2～3 段组成。下部半圆筒壁上有许多锥形小孔，榨出的液汁由这些小孔流至底盘。每段筒体上的小孔直径各不相同，后段的孔径比前段的小。有些压榨机的上半个筒体上亦有出液孔。

榨螺杆穿过机壳中央，一般由两种不同类型的螺杆组成。前端是进料螺杆，其螺距和底径不变，仅起推进物料的作用，以将物料均匀地供应给后面的螺杆。与进料螺杆相接的是压榨螺杆，该螺杆的螺距逐渐减小，底径则递增，对物料产生压榨作用。为了制造方便，榨螺轴可分数段组成。螺旋片的外缘和榨笼之间保持 1～3 mm 的间隙。如图 4-73 所示，大多数单螺杆压榨机都装有调节锥塞。调节手轮的中心有螺孔，与榨螺杆末端的螺纹部分相啮合，手轮的轮周上有凸缘伸入装有压簧的弹簧盒内，锥塞的凸缘从盒的另一端伸入。锥塞的小端套在榨螺杆末端的外围。锥塞的外周与机壳末端的出料孔内周之间形成一个环形的出饼通道。手轮旋转时，锥塞做轴向移动，即可改变环形通道的大小。通道变小时，出饼速度慢，物料在榨室内受到较强的压榨；反之，通道扩大时，压榨效果减弱。

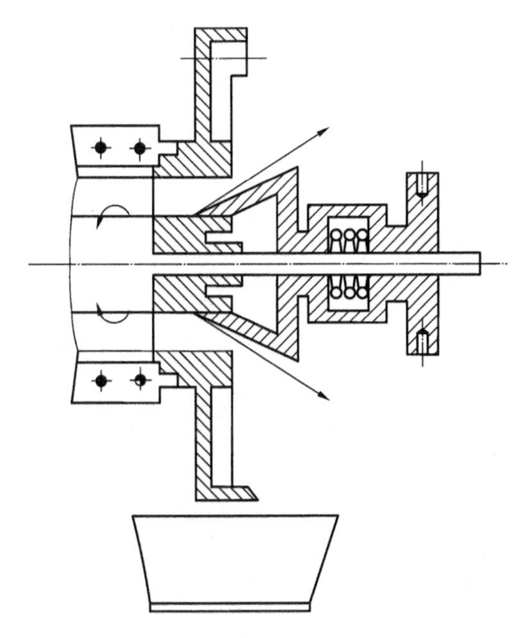

图 4-73　单螺杆压榨机的调节锥塞

有的单螺杆压榨机附装有专门的止转装置，用于消除或减轻物料的“随转”现象。止转装置有静止的，亦有运动的。静止的类似梳齿，运动的类似削板输送机。

2）双螺杆压榨机

双螺杆压榨机的榨笼内有两根平行的榨螺杆，它们具有相同的螺距递减率和底径递增率。其中一根榨螺杆的螺旋片伸入另一根榨螺杆的榨室中，两根榨螺杆做相向旋转。这种结构可以避免物料的随转现象，提高压榨效率，但是无法装置调节锥塞，不能调节物料的压榨程度。图 4-74 所示为双螺杆压榨机的结构。

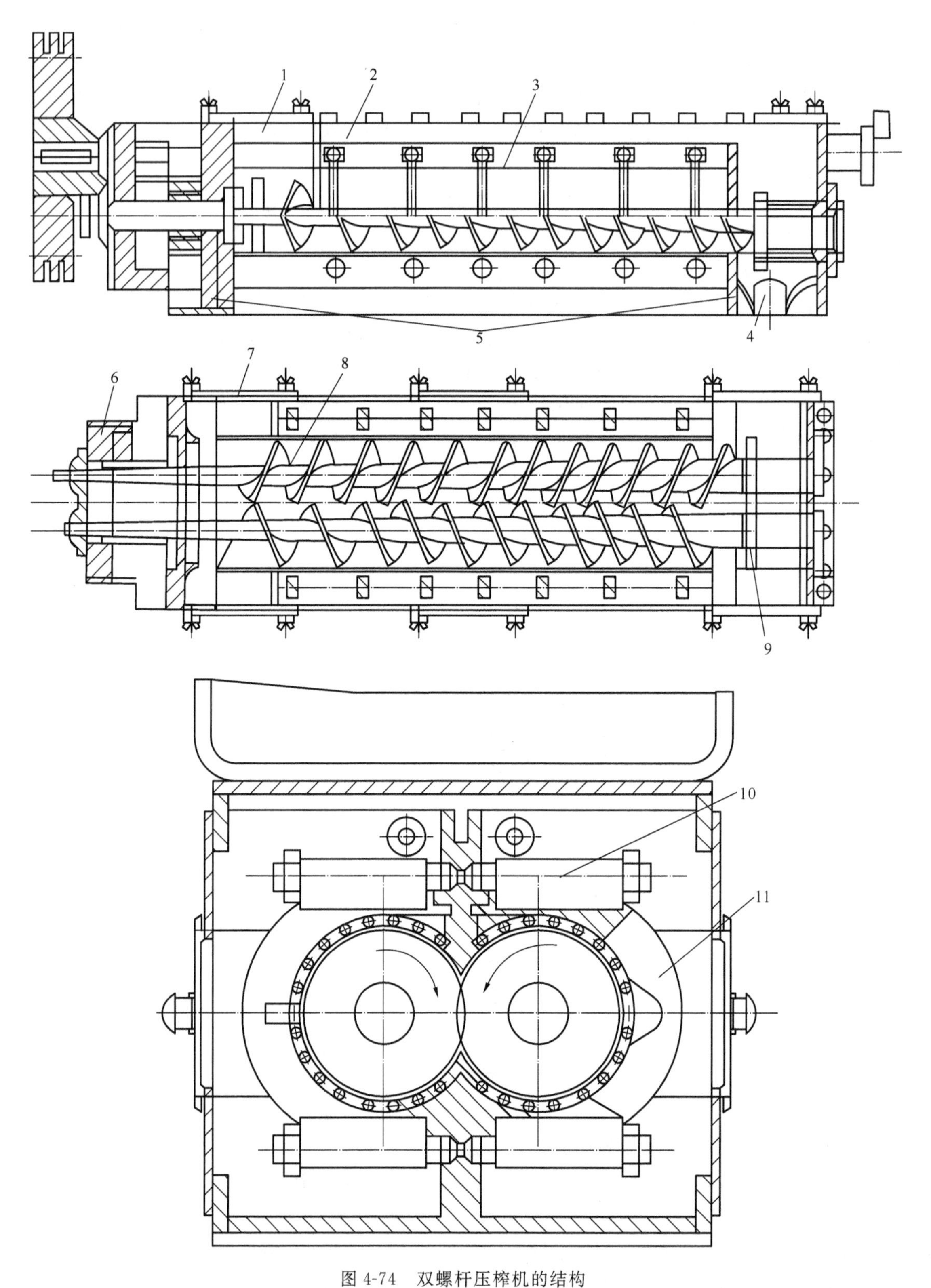

图 4-74　双螺杆压榨机的结构

1—进料管；2—机壳；3—双层榨笼；4—出饼口；5—底盘；6—齿轮减速箱；
7—观察窗；8—榨螺杆；9—打饼叶轮；10—夹紧螺栓；11—铁排

该螺旋压榨机有一箱形机壳,减速箱连接在机壳前端面上。电动机经调速器、V 带传动及减速齿轮传动而驱动主动榨螺杆,主动榨螺杆再通过一对齿轮传动机构来驱动另一根榨螺杆,使它们做同速相对旋转。两根榨螺杆的螺旋片旋向相反。每根榨螺杆前半段螺杆的底径不变而螺距大幅度递减,后半段螺杆的底径递增而螺距不变。螺旋片的外缘直径为 210 mm,与榨笼内表面的间隙为 2 mm。

榨笼由内、外两层网筒组成。内层网筒的内径为 214 mm,网筒上沥液孔的孔径分段递减,分别为 4 mm、2 mm、1 mm,外层网筒的沥液孔的直径比内层的大得多。两层网筒相互紧贴,外面由铁排抱紧,铁排由上、下各两排夹紧螺栓夹紧在机壳内的中央纵梁上。这种双层网筒结构使榨笼的刚度和强度比单层结构的大,可承受更大的压榨力而不致变形。双层网筒结构还可使榨笼外围的铁排肋条排列得稀疏些,相邻两肋条的间距向出料方向递减,以适应压榨力的递增。

榨螺杆的末端装有打饼叶轮,用来打碎榨饼。叶轮的轴向位置可以调节,以便调整榨饼的打碎程度。

机壳下方有收集液汁用的底盘和出液管,用来排出榨液。

机壳的两侧有盖板,上部有观察窗,供清洗、检修和观察用。机壳末端有供清洗用的热水管。

经蒸煮的熟料由进料管被送入,在向出料方向推进过程中被压榨,压榨比为 3.5～5。榨出的液汁从榨笼的沥液孔中流出,集积于底盘中,再经出液孔由泵抽出。榨饼被叶轮打碎后从出饼口排出。榨饼含水率为 50%～55%,若蒸煮适当,榨螺杆转速调选恰当,可使榨饼含水率达到 50%左右。

螺旋压榨机的工作参数计算如下。

(1) 压榨能力　压榨机的压榨能力用每小时能压榨的熟料质量表示,它可用下式进行计算

$$Q = 60 \cdot \frac{\pi}{4}(D^2 - d^2)(t_1 - s)nr\Phi \tag{4-15}$$

式中　D——螺旋片的外径,m;

d_1——首节榨螺杆的底径平均值,m;

t_1——首节榨螺杆的螺距,m;

s——螺旋片的厚度(平均值),m;

n——榨螺杆的转速,r/min;

r——熟料的比重,t/m³,一般取 $r=0.8\sim1$ t/m³;

Φ——首节榨室的充填系数,一般可取 $\Phi=0.5\sim0.8$。

(2) 榨螺杆的功率 N_0

$$N_0 = \frac{Pv}{102\eta_0} \tag{4-16}$$

式中　P——物料在压榨过程中所受的平均压榨力,$P=Fp$;

F——螺旋片的投影面积(平均值),cm²,$F=\frac{\pi}{4}\left[D^2-\left(\frac{1}{2}d_k-d_1\right)^2\right]$;

d_k——末节榨螺杆的底径(平均值),m;

p——物料所受的单位压榨力(平均值),对于鱼粉原料可取 $p=4\sim5$ MPa;

v——物料轴向移动的平均速度,m/s;

η_0——榨螺轴的机械效率，$\eta_0=0.8\sim0.9$。

$$v=\frac{n(t_1+t_k)/2}{60}=\frac{n(t_1+t_k)}{120} \tag{4-17}$$

式中 t_k——末节榨螺杆的螺距，m。

（3）电动机的功率

$$N\geqslant K_q\frac{N_0}{\eta} \tag{4-18}$$

式中 K_q——满载启动系数，一般取 $K_q=1.2\sim1.4$；

η——总传动效率，$\eta=0.7\sim0.8$。

3.连续干燥机

在鱼粉生产中，原料的含水率通常为70%～80%，而鱼粉成品的含水率一般规定应在12%以下。因此，无论采用何种生产工艺，都必须有效地进行脱水干燥。

除了干燥生产工艺外，在采用其他生产工艺时，通常先采用机械力（压力或离心力）脱除原料中的大部分水分，使物料的含水率降为50%～60%，然后再在干燥机械中将物料干燥到规定的含水率。之所以如此，是因为仅采用机械力脱水很难使物料的含水率低于50%。

为了提高干燥效率，必须考虑下列因素。

（1）物料的比表面积　单位质量物料的表面积称为比表面积。比表面积越大，物料的受热面积就越大，干燥速度就越快。因此，物料进入干燥前必须经过松碎，以增加其比表面积。但是应注意，不宜将物料破碎到粉末状态，否则在干燥过程中物料易被烘焦或结团，这样反而会降低干燥效率和成品质量。

（2）干燥机械的单位传热面积　对于鱼粉生产中使用的干燥机械，单位传热面积表示每24 h处理1 t原料所使用的中间传热面的面积。从理论上说，单位传热面积越大，物料干燥得越快，但是干燥机械的金属材料消耗量也越多，设备的体积也越大。因此干燥机械的单位传热面积不宜过大。在鱼粉干燥机中，一般将单位传热面积控制在1 m^2 左右。

（3）物料与传热面之间的有效接触面积　物料与传热面之间必须保持有效而均匀的接触面积。因此，必须使物料受到适当的搅动以防物料结成团块。同时必须使传热面分布适当，以增加物料表面与传热面之间的接触几率和均匀性，从而提高干燥效率。

（4）温度差　温度差是指传热面的温度与物料温度之间的平均温度差。提高温度差，一般也可提高干燥速度。但是，在鱼粉生产中，为了有效地保存鱼粉中的营养成分，传热面的温度和物料的实际温度均不宜过高。如果温度差较大（如用高温燃气进行干燥时），则必须缩短物料与传热面的接触时间，使物料的实际温度不超过90 ℃。在采用蒸汽间接加热干燥时，蒸汽夹套采用分段式较有利于做到在干燥进程的不同区段，随着物料温度的升高而保证适宜的温度差。

（5）传热系数　一般干燥机械均采用钢材做传热面。由于钢的导热系数 λ 较大，而传热面的壁厚 δ 一般较小，所以热阻 δ/λ 较小。但是，如果传热面结垢，由于垢层的导热系数很小，一般仅为钢材导热系数的1/20，其热阻较大，传热面的传热系数将大大降低。因此在干燥过程中必须防止传热面积垢。在生产全鱼粉时，因有浓缩液加入，使物料的黏性增大，传热面上容易积垢。因此常采用两段干燥方式，或者不采用中间传热面而使传热介质与物料直接接触。前者可有效地防止积垢，后者由于没有中间传热面而无从形成积垢。

(6) 水蒸气的排出　干燥作业中必须使物料蒸发出的水蒸气及时地排出干燥机，否则就会降低物料的干燥速度。为此，常利用风机从干燥设备中抽气，及时将干燥设备中的水蒸气排出。有些干燥机械采用预热空气强制通风来加速水蒸气的排出。

鱼粉工业中所应用的干燥机的种类和形式很多。为了能全面地表述各类干燥机的主要特征，可按下述几种方式对干燥机进行综合分类。

(1) 按作业的连续性来区分　干燥机可分为连续作业的和间歇作业的两类。目前使用的干燥机械大多是连续作业的，间歇作业的干燥机械已很少使用(如蒸干机)，正逐渐被淘汰。

(2) 按使用的载热体来区分　干燥机可分为用蒸汽和用高温燃气来加热干燥的两大类。目前，采用湿法压榨生产工艺的鱼粉设备中的干燥机仍以使用蒸汽作为载热体的居多，通风热空气只用作辅助载热体。采用直接干燥工艺或离心分离工艺的鱼粉设备中的干燥机则以使用高温燃气作为载热体的居多。

(3) 按载热体与物料之间的传热方式来区分　干燥机可分为直接接触传热和间接传热干燥机两类。采用蒸汽作为载热体的干燥机均为间接传热式的，采用高温燃气作载热体的干燥机中除旋风式干燥机为直接接触传热式的之外，其他的大多为间接传热式的。

(4) 按干燥机的结构特征来区分　干燥机按机体外形可分为卧式圆筒形干燥机和旋风式干燥机两类；按运动部件可分为转子式干燥机和滚筒式干燥机两类；按转子结构可分为空心式转子干燥机、圆盘片或盘管式干燥机和列管式转子干燥机等几类。

以下介绍几种典型的干燥机。

1) 圆盘式转子蒸汽干燥机

在采用湿法压榨生产工艺的鱼粉设备中，广泛采用具有圆盘式转子的蒸汽干燥设备。这类干燥设备用于蒸汽间接加热方式，主要传热面是转子上的圆盘面。某些型号还具有蒸汽夹套传热面。

图 4-75 所示为集装式鱼粉设备中的圆盘式转子蒸汽干燥机的一般结构。

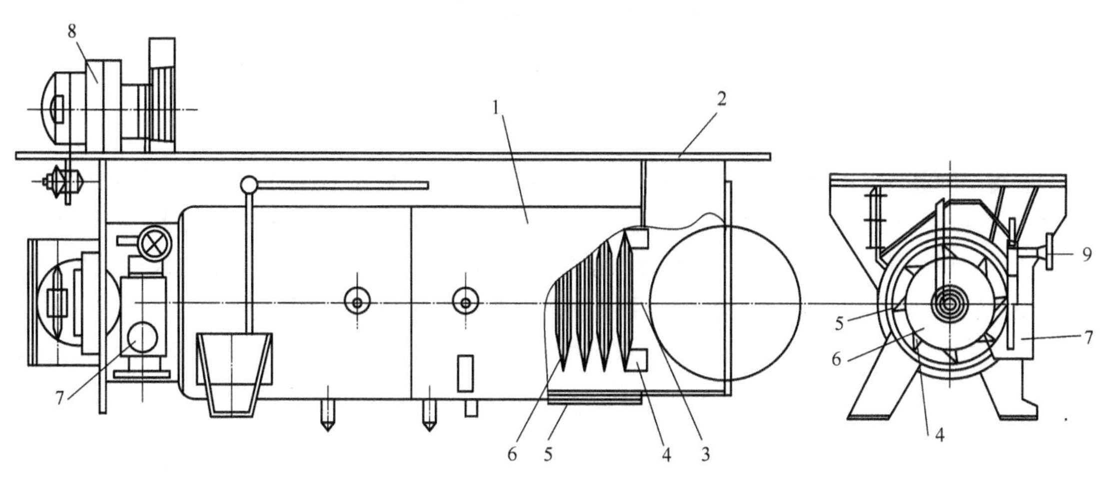

图 4-75　圆盘式转子蒸汽干燥机

1—筒体；2—进料口；3—转子空心轴；4—刮板；5—蒸汽夹套；6—空心圆盘；7—出料口；8—传动装置；9—调节手轮

该干燥机的筒体是卧式圆筒。筒体的顶部有一平台，供安装螺旋压榨机用。筒体外表面涂敷了隔热材料。筒壁内备有加热蒸汽的夹套。除小型干燥机的蒸汽夹套为一整体外，一般都将夹套分成数段，每段都有进汽管和凝结水排出管。

转子由空心轴和焊接在轴上的空心圆盘组成。轴与圆盘之间是连通的，蒸汽从轴一端的进汽管通入，经轴内的通道进入各圆盘内腔。凝结水排出管的末端也伸入空心轴内，以便引出凝结水。

每个圆盘上均有带一定倾角的刮板。所有刮板绕轴线呈螺旋线形布置，用于推进与搅拌物料。

转子轴两端与轴承之间有气密式填料结构，如图 4-76 所示。

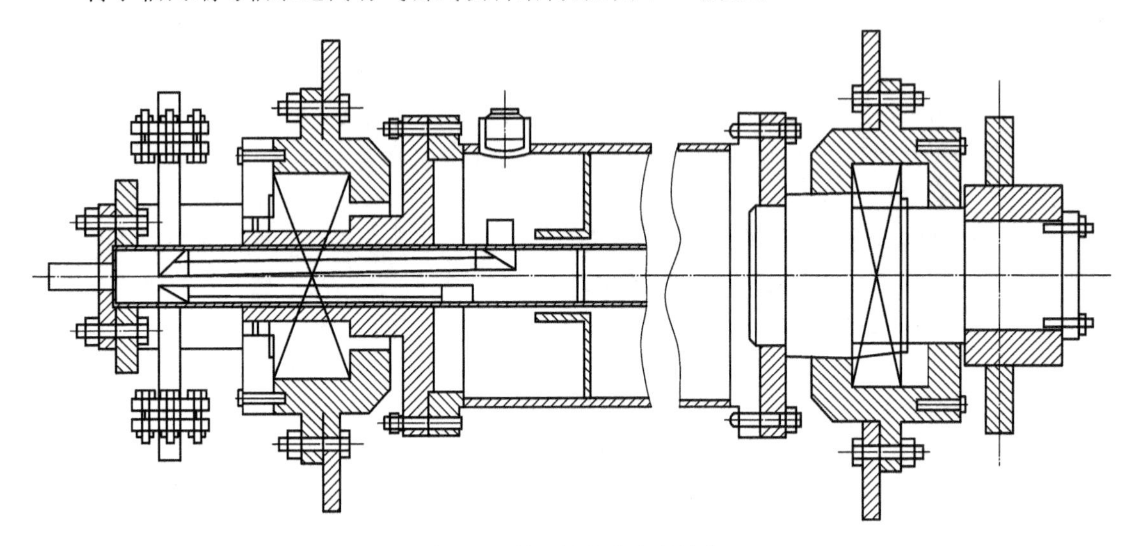

图 4-76　转子轴端的密封结构

转子由传动装置传动，传动装置包括电动机、调速器、链传动装置等。传动装置通常位于与蒸汽进口相对的一端。

物料从进料口加入干燥机的筒体后，受到转子的搅拌和推进，并通过传热面得到加热，使水分蒸发。烘干的物料从出料口卸出。出料口上装有闸门，通过调节手轮可调整出料口的开启度，用于控制物料在干燥设备内的干燥时间。

物料蒸发出的水蒸气和臭气由风机吸出后引入旋风分离器。

干燥机加热蒸汽的工作压力比蒸煮机高。

应用于阿特拉斯单机连线式鱼粉设备中的圆盘式转子蒸汽干燥机的基本结构如图 4-77 所示，它的原理与前述干燥机类似。其主要不同点在于其筒体顶部不是平台，而是一个用作主风室的长方形箱体。箱体的进风端装有小型热交换器。由蒸汽支管进入的蒸汽通过散热片将空气预热到 90 ℃左右。热空气与物料呈逆流方式在机内流通，带走物料中蒸发出来的水蒸气与臭气。转子结构与前述的相同，但是进气管的出料口位于物料出口端。蒸汽夹套是分段式的。

圆盘式转子蒸汽干燥机的操作使用要求是根据物料的品种、形状，正确地执行干燥过程的温度规范。蒸汽工作压力一般为 0.6 MPa，最高不超过 0.7 MPa。物料的实际温度不宜超过 90 ℃，使凝结水及时而畅通地排出则是保证传热效率的关键。

2）管板式转子蒸汽干燥机

管板式转子蒸汽干燥机的结构如图 4-78 所示。

这种干燥机由固定的筒体和转子组成。筒体为一带肋的框架结构，顶部开设了进料口和排气口，底部有出料口。空心转轴上装有若干换热板片。板片（加热片）由管子制成螺旋状，相

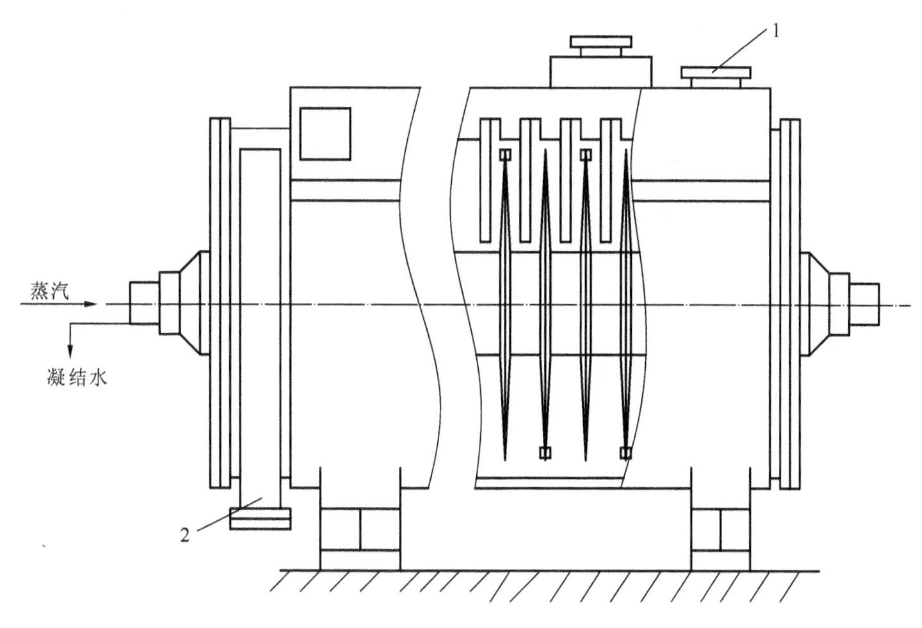

图 4-77 圆盘式转子蒸汽干燥机

1—进料口;2—出料口

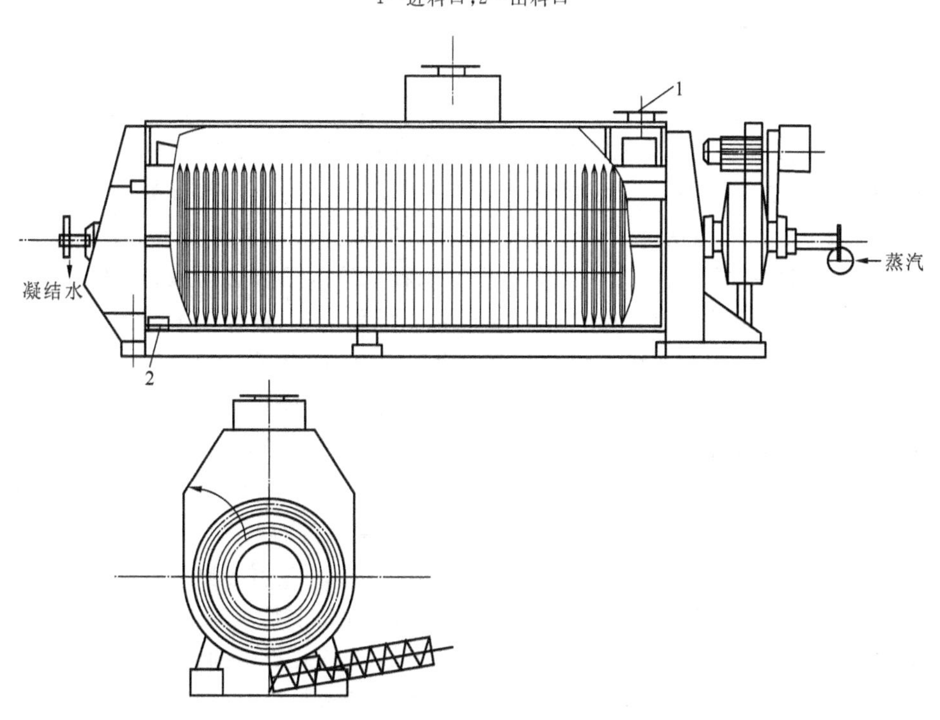

图 4-78 管板式转子蒸汽干燥机

1—进料口;2—出料口

邻管子间的空隙处用钢板盖住。如图 4-79 所示的螺旋管加热片,蒸汽通过转轴内三根纵向安装的管子引入后,再分送到每一块换热板片的螺旋管中。螺旋管的横截面大小保证了其中的蒸汽有一定的流速,从而可避免空气在其中停滞和积聚。加热板片的外缘和筒体的内表面装有推进物料的输送叶片。此外,筒体内表面还装有位于换热板片间的刮料板。

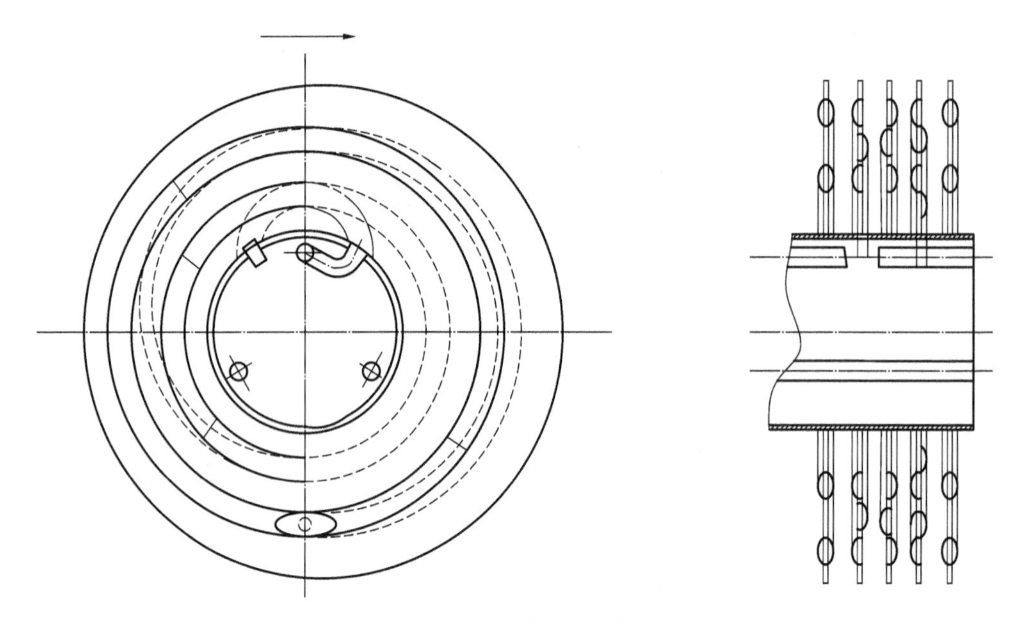

图 4-79　螺旋管加热片

由于螺旋状的加热面有助于物料均匀地干燥、混合和破碎，而且加热面有自洁功能，所以这种干燥机常用于全鱼粉的生产。

3）采用高温燃气的干燥机

（1）旋风式干燥机　旋风式干燥机用于直接干燥工艺。它采用高温燃气在高速下与物料进行短时间的直接接触方式对物料进行干燥。比较典型的旋风式干燥机为“阿特雷托”型旋风式干燥机，其结构如图 4-80 所示。该机的壳体呈扁圆筒形。机壳内部分为进口区、工作区和出口区三个区段。进口区包括位于上部具有斜底流槽的进料口、位于侧壁的轴承座和位于下部的进气口。工作区实质上是一个锤式磨粉机。原料在该区段被边干燥、边粉碎。主轴的中段用链连接一轮毂；轮毂的轮辐上用螺栓固定有两个圆盘，其中直径较大的为主圆盘，它将工作区分隔为前、后两个工作室。在主圆盘两侧面近外缘处固定有若干块锤片，其数量因主圆盘的直径大小而异；直径较小的为副圆盘，盘上有销子连接若干锤片。主、副盘上的锤片都随主轴高速回转。主轴的转速因型号而异：生产能力小的，圆盘直径亦小，转速则较高：生产能力较大的，圆盘直径亦大，转速则较低，但可保证锤片有相应或较大的转速。在壳体的相应隔板上用螺栓固定了若干定置锤片，与上述转动锤片相配合。主轴的右段顺序地装有吸风叶轮、导风鼓轮和排风叶轮。吸风叶轮位于工作区和出口区之间，排风叶轮位于出口区，两者之间为导风鼓轮。轮周具有流线形光滑曲面。两个叶轮的风压只要足以克服气流自机体入口至进入旋风分离器这一区段内的沿程阻力即可，过大的风压反而会使尚未干燥的粗粉粒随气流流出。总的风量应保持每处理 1 t 原料有 4.3～5 m^3/min 的排气速度。

主轴末端的轴承座安装在一个用螺栓固定在机壳侧壁上的悬臂支架上。轴的另一端或通过联轴器直接与电动机轴相连接，或采用变速传动装置。

原料由进料口供入工作区的前室，从燃气发生器产生的高温燃气由进料区下部进入工作区的前室后，因前室中锤片的高速回转而被加速并做旋风式运动，从而使其中的物料受到剧烈搅动。同时，物料因动、静锤片的相互作用而被击碎。碎粉随气流穿过挡板上的孔道及锤片与壳体内壁之间的弯形通道进入后室，又被后室内的锤片进一步磨细。原料在被磨碎的过程中，

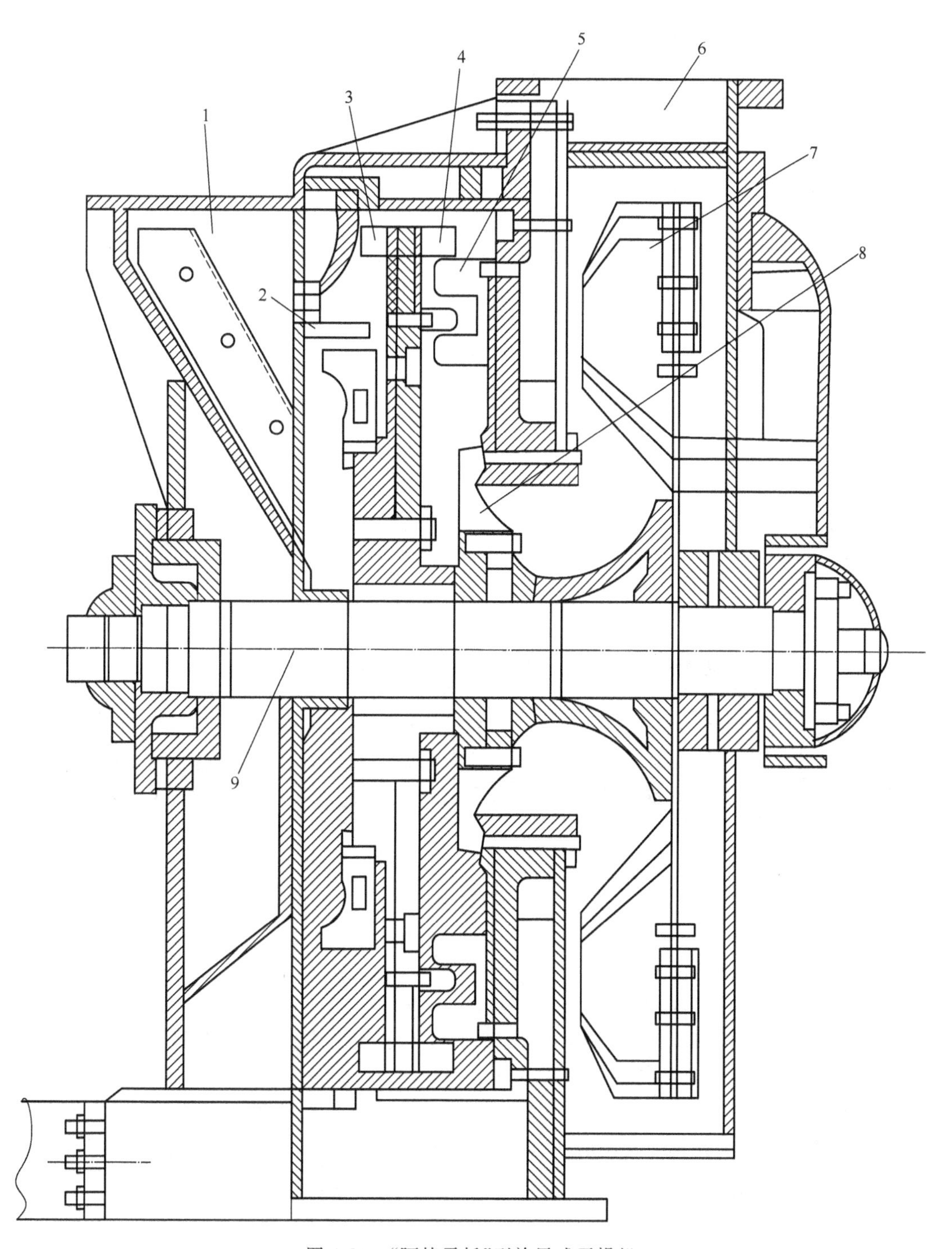

图4-80　“阿特雷托”型旋风式干燥机

1—进料口；2,5—定置锤片；3,4—转动锤片；6—出料口；7—排风叶轮；8—吸风叶轮；9—主轴

由于气体的高温和剧烈的搅动而被强化干燥。干粉随气流排出机外，并经过输送管道进入旋风分离器。

进入工作室的气流温度约为510 ℃，干燥器出口处的气流温度约为100 ℃，干粉温度约为70 ℃。只要进入本机的原料含水率在60%左右，就可保证成品鱼粉的含水率不超过10%。

这种形式的干燥机有较好的技术经济指标。它与处理能力相同的常规蒸汽干燥机相比，体积小 3～4 倍，每千克燃料（柴油）蒸发水分的能力为 10～12 kg，与同样用高温燃气直接接触干燥的滚筒式干燥机相比，每蒸发 1 kg 水分，随水分所消耗的燃料可低 2～3 倍。

应用该形式的干燥机干燥高脂性原料时，不得采用重复干燥的方式，以防止油脂氧化。在这种情况下，应当将煮熟的原料先经过压榨，除去大部分含油汁液之后，再进行一次性干燥。对于中脂性原料，若添加适量的抗氧化剂，则可不经压榨而直接用该形式的干燥机进行一次性干燥。

（2）阿法拉伐列管式转子燃气间接干燥机　该机结构与同类型蒸煮机相同，如图 4-81 所示。

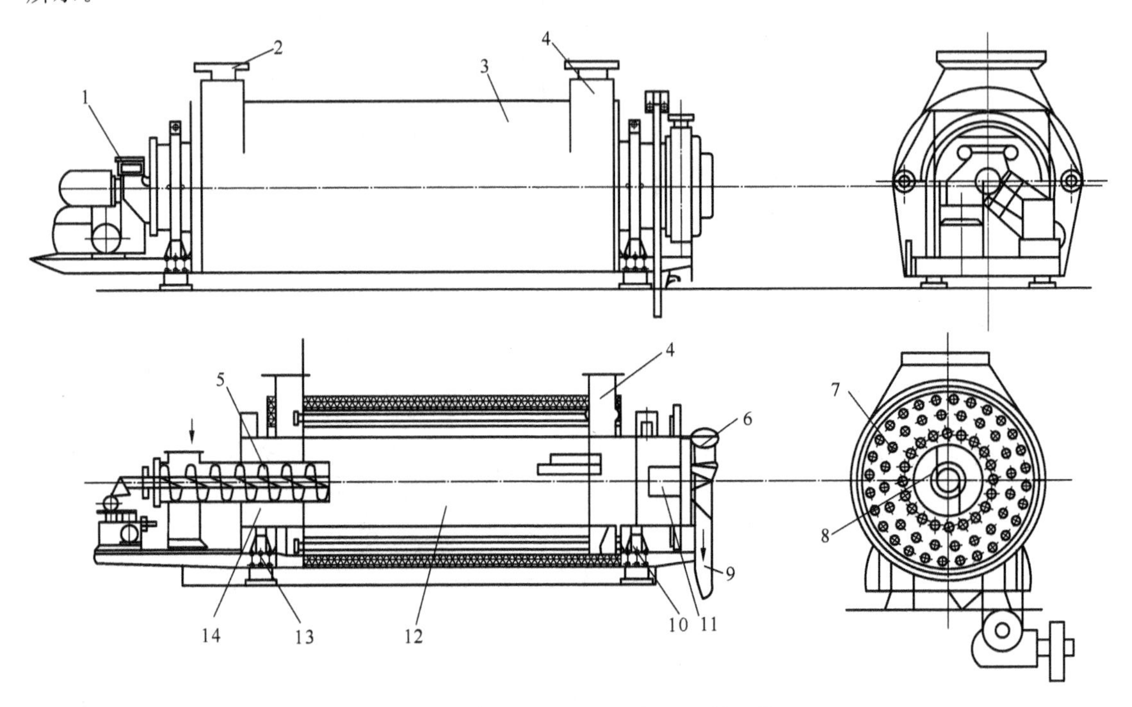

图 4-81　阿法拉伐列管式转子燃气间接干燥机

1—进料口；2—高温燃气进口；3—外筒体；4—废气出口；5—进料螺旋；6—预热空气进口；7—列管束；8—出料管；9—导槽；10,13—轴承座支架；11,14—筒管；12—转子

该干燥机有固定的卧式圆形外筒体，筒体外表面涂有绝热层，筒底有横梁与轴承座支架 10、13 相连。当筒体较长时，在其中段还有支承底架。

转子的两端有筒管 11 和 14，右边的筒管外有大传动链轮。筒管内由 72 根水平列管排列成三个同心圆。筒管两端面与外筒体两端面之间为工作气体进出的空间。筒管外表面与外筒体壁之间有一环形间隙。工作气体从进气口进入外筒体之后，分别流经环形间隙和水平列管，然后从废气出口排出。

物料由进料口经进料螺旋送至筒管内腔，从列管表面吸收热量。物料进入筒管后因筒管和列管的旋转而翻升，同时又因外筒体和转子都在水平方向向出料方向成 2°倾角，而向进料端推进到筒管末端。上升的物料落入导槽，再经筒管 11，最后从出料管口卸出。

在筒管 11 上有预热空气的进口。预热空气在通过筒管内腔时，吸收物料中蒸发出的水分和臭气，经筒管 14 末端的出口导入旋风分离器。

高温燃气进入干燥设备时的温度高达 400 ℃，离开干燥设备时的温度约为 160 ℃，列管外表面的平均温度约为 140 ℃，物料在出口处的平均温度约为 70 ℃。因此，传热时的平均温差比较大，传热效率高。物料温度比较低，有利于保证成品鱼粉的质量。再加上预热空气通风，所以干燥效率较高。

工作气体出口湿度虽然比较高，但由于被利用来预热空气，并有一部分循环使用，所以热经济性较好。

4）两段式干燥机组

阿特拉斯等系列鱼粉设备中，常用热空气预干机作为第一段干燥设备，并用圆盘式转子蒸汽干燥设备作为终干机，组成两段式干燥机组，用于全鱼粉生产。在单机连线式鱼粉设备中，预干机和终干机各作为单机串联使用；在集装式鱼粉设备中，常用将空气预干机、圆盘式转子蒸汽干燥机、旋风分离器、风机等组成一个集装式干燥机组，如图 4-82 所示。

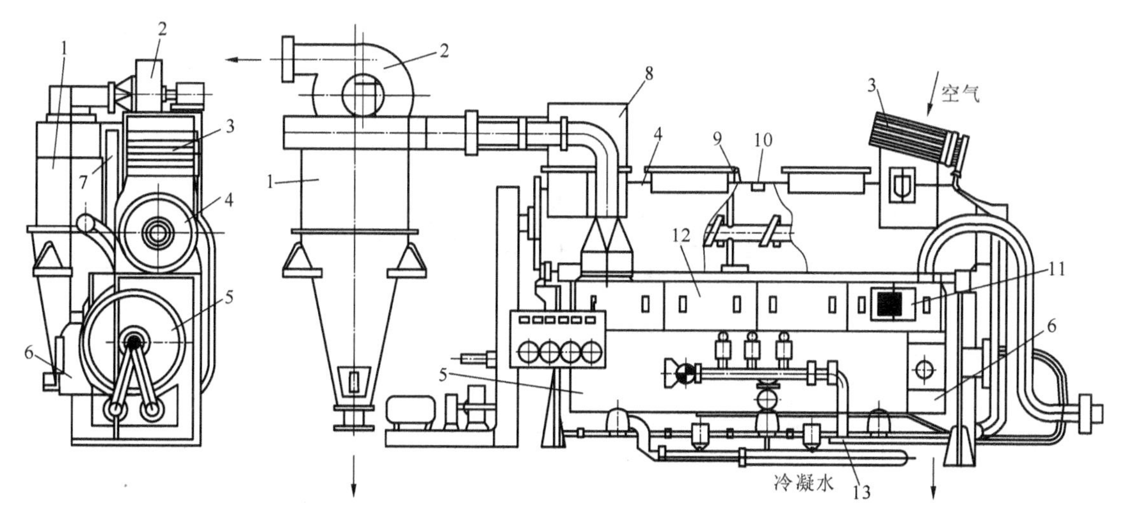

图 4-82　集装式干燥机组

1—旋风分离器；2—风机；3—预热器；4—预干机筒体；5—终干机筒体；6—终干机出粉口；7—终干机排气管；8—预干机汽包；9—搅拌板；10—预干机转子轴；11—终干机通风空气进口；12—终干机通风室；13—圆盘式转子

在集装式干燥机组中，第一段干燥用的热空气预干机采用热空气与物料直接接触加热，排除了间接传热面。因此，即使物料具有较高的含水率和黏稠度，也不会结垢。预干机置于终干机之上，其筒体左端的出料口与终干机顶部的进料口直接衔接。预干机筒体的右上部为预热器，内有散热片。空气从上端吸入，经过散热片而被加热。热空气流过筒体，将物料加热，并吸收蒸发出的水蒸气和臭气，最后从汽包经管道进入旋风分离器。

物料从预热器旁的进料口进入筒体后，被转子搅拌推进，同时直接从热空气中取得热量，蒸发水分。转子由转子轴和搅拌板组成。搅拌板相对于轴线的倾斜角度可以调整。物料在预干机筒体中的装载量约为筒体容积的 1/3。在出料口处的一对搅拌板具有与其他搅拌板相反的倾斜角度，迫使到达此处的物料从出料口卸出。卸出的物料含水率为 30%～40%，呈半干状态。物料在终干机的干燥过程与前述同类型干燥机的相同。

4.4.3　湿法鱼粉鱼油加工成套设备

20 世纪 50 年代以来，世界上很多国家的厂商出产了多种系列型号的湿法鱼粉鱼油加工成套设备。近年来，我国也已基本具备了自行设计、制造用湿法压榨生产工艺生产鱼粉的成套设备的能力。湿法鱼粉鱼油加工成套设备按其组成方式可分为单机连线式和集装式两大类。成套设备中的各种工艺性单机按照生产工艺流程的顺序布置在相同的一个平面上，并用输送机械连接成流水作业线的组成方式称为单机连线式。这类成套设备的操作使用、拆装、检修、维护保养都比较简便，但占地面积较大，适用于陆上鱼粉加工厂。成套设备中的各种工艺性单机按照生产工艺流程立体、密集地组装成若干个机组，如鱼粉机组、鱼油机组、浓缩装置等，各种机组中的工艺性单机之间尽可能不用输送机械而直接衔接的组成方式称为集装式。这类成套设备结构紧凑、体积小、质量小、占地面积小，适宜于安装在远洋拖网加工渔船或远洋加工渔船上。但是，这类成套设备所需求的材质好，制造成本较高，在拆装、检修、维护保养方面不及单机连线式成套设备方便。

1. 湿法压榨工艺的鱼粉成套设备

这类鱼粉成套设备在很多国家都有系列化产品，牌号、型号繁多，但其设备组成和工作原理都大致相同。现以丹麦出产的"阿特拉斯"系列产品为例进行介绍。图 4-83 所示为"阿特拉斯"系列鱼粉成套设备的典型流程。

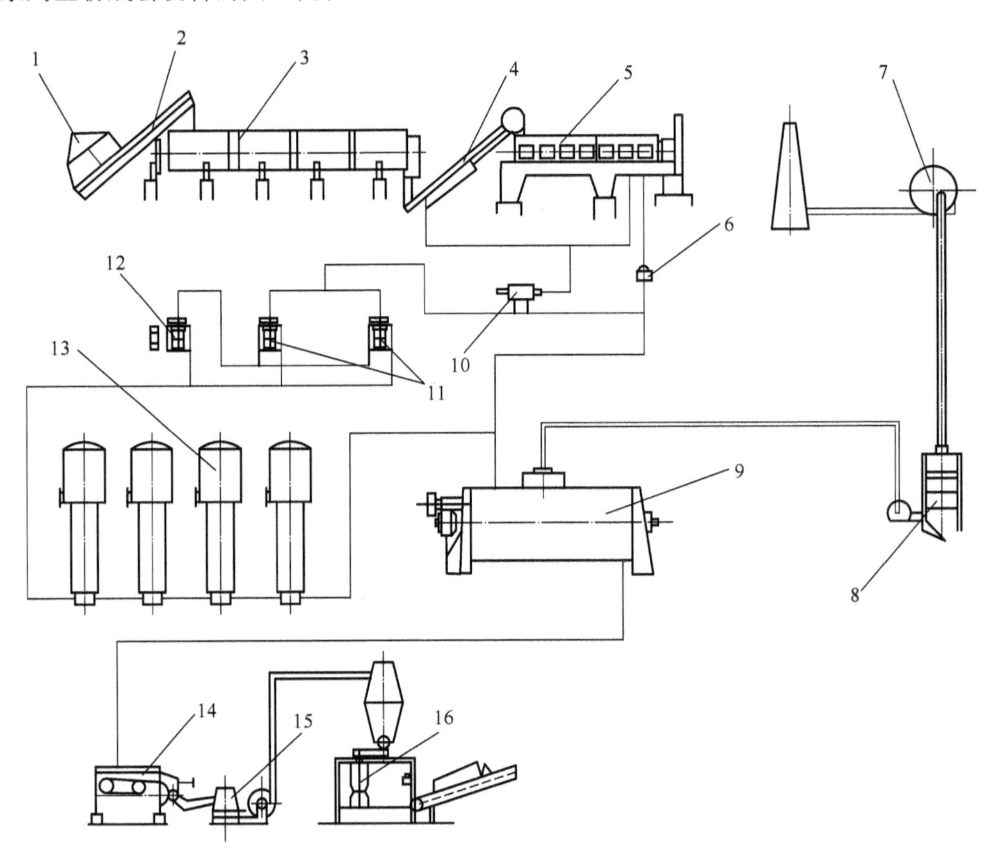

图 4-83　"阿特拉斯"系列鱼粉成套设备的流程

1—切鱼机；2—加料装置；3—蒸煮机；4—沥水式螺旋输送机；5—螺旋压榨机；6—榨饼松碎机；7—锅炉；8—除臭装置；9—干燥机；10—卧式螺旋离心机；11—含油汁液初分离用碟式离心机；12—粗鱼油提纯用碟式离心机；13—汁水真空浓缩设备；14—带磁力分离器的振动筛；15—磨粉集粉机组；16—自动称重装袋装置

1）切鱼和加料

小型原料可不切块直接送入蒸煮机。个体较大的原料则由切鱼机切成 2～3 cm 宽的条块后，经加料装置定量而均匀地供入蒸煮机。

切鱼机采用 H 系列产品，有三种型号。H_1 型采用直线型切割，适用于日处理原料能力在 50 t 以下的成套设备。H_2 型和 H_3 型均采用斜线型切割，分别适用于日处理原料能力为 50～

100 t 和 100 t 以上的成套设备。

加料装置采用 AFA 型装料器。该装料器由料斗、料位传感器和螺旋输送机械组成。料位传感器用来自动控制料斗内的料位高度,使加料量与蒸煮器的处理能力相适应。

2) 蒸煮

蒸煮机采用 SS 系列产品。该系列产品有八种型号,日处理原料能力为 15～1000 t。圆筒形壳体内有分段式蒸汽夹套和直接蒸汽喷管。筒体内有搅拌式空心转轴,由调速器调速以控制原料的蒸煮时间。因原料品种、性状不同,蒸煮时间为 15～25 min。加热蒸汽的工作压力约为 0.5 MPa,蒸煮温度为 95 ℃左右。在起初的 2/3 蒸煮期内,原料从初温升到规定的蒸煮温度。对一般原料只用蒸汽夹套和空心转轴中的蒸汽间接加热。对于含水率较低、组织较坚实、含胶质较多的难以蒸透的原料,在起初的 1/3 蒸煮期内,可同时直接使用蒸汽接触加热,以改善蒸煮效果,利于压榨脱脂。

蒸煮 1 t 原料的额定蒸汽消耗量为 150～170 kg。

3) 压榨

压榨是湿法压榨工艺中的关键性工序,良好的压榨可脱除原料中所含水分的 75%和所含油脂的 85%左右,使榨饼的含水率低达 50%左右。压榨的效果不仅取决于螺旋压榨机的性能,而且取决于原料蒸煮的适宜程度和进入压榨机物料的温度。

该系列设备中采用的螺旋压榨机多为 BS 系列双螺杆压榨机,有六种型号。在日处理原料能力为 50 t 以下的设备中,常采用 PS 系列单螺杆压榨机。

为减轻压榨机的负荷,本设备在蒸煮机与压榨机之间设有沥水式螺旋输送机,其前半段筒体的下半部为多孔筛筒,熟料在向上倾斜输送的过程中,一部分含油汁液经筛孔沥入下方的夹套。这部分沥出的汁液与压榨出的汁液合并后进入后续工序。

4) 处理含油汁液

由沥出汁液和榨出汁液合并所得到的含油汁液中含有的鱼油量约占含油汁液总量的 85%。这部分鱼油可通过对含油汁液的离心处理而加以回收,作为鱼粉生产中的副产品。含油汁液中还有 8%～12%的干物质,其中的 5%～9%为呈溶解状态的水溶性蛋白质和维生素及某些微量元素,可通过蒸发浓缩加以回收,还有 1%～3%的不溶性固形物,其中有一部分粒度较大或呈碎片状,在离心分油时易堵塞离心机内部的通道,故在离心分油前需进行除渣。

(1) 除渣　目前,本系列设备大都采用卧式螺旋离心机进行除渣。被加热到 90～95 ℃的含油汁液用泵送入卧式螺旋离心机的转鼓中。在离心力作用下,比重较大的固相渣沉降在鼓壁上成为外层,比重较轻的液相(包括油和水溶液)处于内层。固相渣由与转鼓做差速同向旋转的卧式螺旋经转鼓的狭端排出,液相物料则由另一端排出。滤渣含水率为 60%～70%,含油量极微。除渣后的滤液中残存 0.3%～0.8%的细粒度固相渣。

(2) 分油　将由卧式螺旋离心分离机分出的滤液导入有加热蒸汽管的保温桶中,使之保持在 90～95 ℃,并用初分离用的碟式离心机组进行油水分离,将其分为粗鱼油和黏液。黏液中的含油量应不高于 0.6%。粗鱼油中仍含有少量的残渣和水分。将温度为 90～95 ℃的粗鱼油导入提纯用的碟式离心机,同时加入热水,经分离得成品鱼油和黏液。

初分离用的碟式离心机通常是具有自动清渣功能的碟式离心机,其圆锥形分离转鼓带有自动喷渣孔。提纯用的碟式离心机通常具有圆筒形分离转鼓。转鼓上设有喷嘴,需要定期停止供液,人工清洗去渣,或装置 CIP 自动清洗系统,在不停机的情况下随时自动进行清洗。

(3) 汁水浓缩　在日处理原料能力为 30～35 t 的本系列设备中,通常配有 AgC 系列的多效真空浓缩装置，用来将分油工序中分出的内含5%～9%干物质的液汁浓缩成含35%～50%干物质的黏液。将浓缩黏液加入榨饼中生产全鱼粉，其得率可高达22%～24%，饲用价值也有所提高。而不加入浓缩黏液所生产的普通鱼粉的得率一般为18%～20%。

5）榨饼松碎

由压榨机中取出的榨饼呈块状，不利于吸收浓缩黏液及干燥。所以，本系列设备配置了AWM系列的松碎机，用于将榨饼打碎。

6）混料

从卧式螺旋离心分离机分离出来的滤渣和从分油工序中得到的粉渣以及松碎后的榨饼都被送入螺旋输送机。同时，将浓缩黏液用泵送至螺旋输送机，经喷管喷入上述物料中。这些物料在螺旋输送机中得到搅拌、混合后被输入干燥机。

7）干燥

输入干燥机的混合物料的含水率为51%～56%，而经过干燥的干粗粉的含水率不得高于12%。汁水经浓缩后，不仅浓度提高，而且黏度增加，使混合料具有相当的黏性。这就导致干燥时易于在静止的加热面上形成积垢层，使干燥效率下降。所以，在生产全鱼粉时最好采用没有蒸汽夹套的干燥设备，如圆盘转子式干燥机。这种干燥机不设蒸汽夹套，主要靠空心的圆盘式转子来加热物料，并使用预热到约90 ℃的通风空气来加速干燥过程，使物料的干燥温度仅为80 ℃左右，而干燥时间只需30～40 min。在生产全鱼粉时，也可采用两段式干燥方法。在预热干燥阶段将混合物料干燥成含水率为40%～45%的半干品，在终干阶段再将半干品干燥成含水率为10%～12%的干粗粉。浓缩黏液也分两次加入。预干前加2/3的浓缩黏液，剩余的1/3的浓缩黏液在终干前加入。

8）筛分

将干燥设备输出的干粗粉冷却到30 ℃以下，再经振动筛筛除其中较粗大的骨头或硬物。筛得的干粗粉呈一薄层，通过磁力分离器的筒管，借助磁力除去可能混在干粉中的铁性杂质。

9）磨粉与集粉

磨粉集粉装置由带风机的锤磨机和旋风分离器组成。干粗粉由气力输送器进入锤磨机磨成细粉后，再进入旋风分离器，鱼粉沉降在旋风分离器底部，空气从顶部排出。

10）称重、装袋

沉积在旋风分离器底部的鱼粉经转闸式出粉机进入自动称重装置称重并装袋，缝口后由输送带送至成品仓库。

11）除臭

在采用比较新鲜的原料时，干燥设备的排放气体中仅有鱼类固有的腥气而臭味不重。若鱼粉厂设在人烟稀少的地区，则可通过烟囱将此气体排出至高空大气中去。但是，如果原料不新鲜，或者甚至已经开始腐败变质，则从干燥机中排出的气体就有很浓的臭味。如果鱼粉厂设在居民区附近，则必须在气流排出前进行除臭处理。在这种情况下，气流可先经ATV型淋水吸收除臭装置除去大部分臭气，再引入锅炉炉膛内燃烧，使残余的非水溶性臭气物质在高温下分解成无臭物质，从而达到彻底除臭的效果。

采用湿法压榨工艺的“阿特拉斯”系列单机连线式鱼粉成套设备的日处理原料能力可为25 t、30～35 t、50～70 t、100 t、150 t、500 t、1000 t，最高可达2500 t。

2. 离心法生产工艺的鱼粉成套设备

瑞典阿法拉伐离心法鱼粉生产成套设备的流程如图4-84所示。

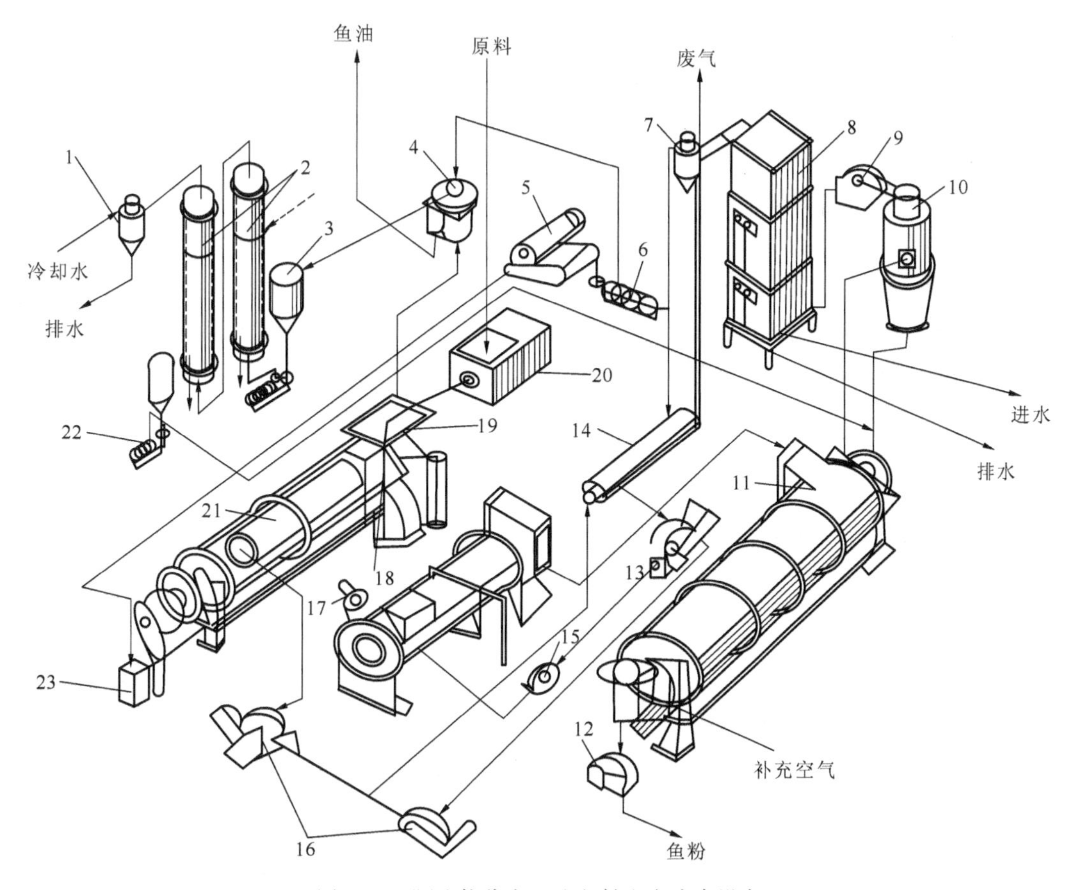

图 4-84　阿法拉伐离心法鱼粉生产成套设备

1—冷凝器；2—汁水真空浓缩装置；3—汁水桶；4—碟式离心机；5—卧式螺旋离心机；6—输液泵；7—除湿器；8—除臭器；9，13，15，16—风机；10—旋风分离塔；11—干燥机；12—磨粉机；14—热交换器；17—输油泵；18—燃气炉；19—蒸煮机进料斗；20—原料绞碎机；21—蒸煮机；22—浓缩黏液输送泵；23—浆料泵

阿法拉伐系列鱼粉成套设备的日处理原料能力为 12～300 t，其中专供船上使用的集装式成套设备的日处理原料能力为 12～150 t。与采用湿法压榨生产工艺的成套设备相比，该成套设备用卧式螺旋离心机取代了压榨机，用绞肉机取代了切鱼机。在生产普通鱼粉时，使用高温燃气或蒸汽。当日处理原料能力在 30 t 以上时，常选用以蒸汽作为载热体的卢生柏牌真空浓缩装置来生产全鱼粉。在这种情况下，还需同时选配两种载热体的发生装置。整套设备为全封闭式的。从干燥机中抽出的含臭气体最终进入燃气炉的炉膛内燃烧分解，因而没有臭气逸出。

1）原料绞碎

如前所述，采用离心法生产工艺时，为了能有效地处理各种性状和不同含脂量的原料，进入蒸煮机的原料必须预先被充分绞碎。原料的绞碎在绞碎机中进行。这种绞碎机的结构类似于肉类工业中常见的绞肉机，其末道孔盘的孔径为 8 mm，以保证绞碎的物料粒度不大于 8 mm。

2）蒸煮

绞碎的浆状物料经料斗进入具有水平列管式转子的蒸煮机。蒸煮时，转子的转速为 3～12 r/min，比采用压榨生产工艺时所采用的蒸煮机转子的转速大 2～4 倍，从而使物料受到较充分的热交换和剧烈的搅动。为使浆状物料充分煮透，采用强化的温度规范，规定出口处的浆料温度为 100 ℃，比湿法压榨生产工艺中规定的高 10～20 ℃；转子传热面的温度达 120 ℃；燃气进入蒸煮机的初温控制在 400 ℃，离开时的终温约为 160 ℃。到达筒管末端的浆料随转子的转动而被提升，并从卸料管排出机外，由浆料泵泵入卧式螺旋离心机。

3）分离

该套设备选配的卧式螺旋离心机属于卧式螺旋排渣的沉降型固-液两相离心分离机。分离所得滤渣的含水率通常为 60%，高于湿法压榨所得榨饼的含水率。

4）滤液处理

经卧式螺旋离心分离所得滤液的含渣率很低，残渣的粒度很细，所以，可直接用输液泵泵入碟式离心机进行分油。若滤液的温度已低于 90 ℃，则需先将其泵入加热桶加热到 90～95 ℃，再送入碟式离心机分油。碟式离心机排出的渣泥被导入蒸煮机，分离出的汁水被送到浓缩装置做浓缩处理。

5）汁水浓缩

用双效汁水真空浓缩装置将分离出的液汁浓缩成含水率为 50%的浓缩黏液。为防止浓缩黏液的黏度过高，第一效和第二效（按蒸汽的利用次数分为一效、二效、多效等）均不采用真空浓缩。

6）干燥

浓缩黏液被泵入螺旋输送机，并与从卧式螺旋离心机排出的滤渣混合后，被输入干燥机。干燥机装有通风空气的进出管道。由风机 13 引入干燥机的通风空气以逆流方式与物料直接接触，吸收物料蒸发出的水蒸气和臭气，然后排入旋风分离塔。燃气炉供应干燥机所需的高温燃气。燃气进入干燥设备时的温度为 400～425 ℃，离开时温度降到约为 180 ℃，传热表面进料端的温度约为 160 ℃，以后保持在 140 ℃左右。由于水分蒸发会消耗大量热能，所以物料本身的温度并不高，始终保持在 70 ℃左右。为此，通风空气的温度经热交换器也被预热到70 ℃左右。

7）磨粉

从干燥机出来的干粗鱼粉经过冷却后进入磨粉机被磨细，然后称重、装袋。

8）除臭

从干燥机排出的混合气体进入旋风分离塔，经沉降分离出其中夹带的鱼粉后，被风机 9 送入冷凝器和除臭器。经过冷凝和过滤，气流中大部分的水分和臭气被除去，再经除湿器除去残余的水滴，继而进入列管式热交换器被加热到约为 70 ℃，然后一部分经风机 13 被送入干燥机作为通风空气，其余部分由风机 15 引入燃气炉与燃油一起被喷入炉膛内燃烧分解，从而达到彻底除臭的目的。

由风机 16 从蒸煮机和干燥机中将使用过的温度为 170 ℃左右的气体引出。将其中一部分导入热交换器，利用其余热来加热通风空气，并将降温后的废气排入大气；将其余部分引入炉膛，作为助燃空气。

此外，由风机 13 引入干燥机的通风空气在循环使用过程中其湿度必然会逐渐增大，不利于物料干燥。因此，还必须同时从外界向干燥机内补充一定数量的新鲜空气作为通风空气。

3. 国产鱼粉生产成套设备

我国的鱼粉工业是在解放后发展起来的。目前，沿海地区的大中型水产加工厂中都设有鱼粉车间，近年来也有专业鱼粉加工厂投产。20 世纪 50 年代，我国鱼粉生产均采用干法压榨工艺；20 世纪 60 年代，部分鱼粉车间添装了溶剂萃取装置；从 20 世纪 60 年代后期开始，我国陆续从国外引进了采用湿法压榨工艺的鱼粉成套设备，并自行设计、研制了采用湿法压榨工艺和离心式工艺的鱼粉鱼油成套设备。1987 年我国第一套工艺设备全部国产化的湿法工艺全鱼粉生产线通过技术鉴定，这标志着我国湿法全鱼粉加工工艺设备国产化工作取得了突破。这套日处理原料 30 t 级的设备所生产的鱼粉质量达到规定标准，同用 20 世纪 80 年代从丹麦进口的设备生产的鱼粉质量相接近，能耗属中等水平。目前，国内有数家鱼粉设备制造厂可提供不同系列的鱼粉鱼油生产成套设备。

由中国水产科学研究院渔业机械仪器研究所设计的 YF 型湿法鱼粉加工成套设备由原料输送机、除铁装置、蒸煮机、压榨机、除渣离心机、干燥机、粉碎机、鱼油分离机、水淋式除臭塔、进出料螺旋输送机和汁液输送泵等组成。蒸煮机为螺旋式连续蒸煮机，采用蒸汽间接加热，根据需要也可直接喷射蒸汽。传动部分采用无级变速，便于控制蒸煮过程；压榨机为双螺杆式的，采用无级变速控制压榨过程；干燥机采用板管式结构，间接加热，采用摆线针轮减速器减速；鱼油分离机采用高速碟式三相分离离心机，除臭塔则为填料型淋水塔。废气进入塔内后受到淋水洗涤，在填料层内完成传质过程，水蒸气和可溶性废气随废水排出，不溶性尾气通过塔上部的除湿层后被导入锅炉内燃烧。

4. 鱼粉质量标准

2003 年，我国农牧渔业部颁布了鱼粉质量标准。该标准适用于以鱼、虾、蟹类等水产动物或在鱼品加工过程中所得的鱼头、尾、内脏等为原料，进行干燥、脱脂、粉碎，或先经蒸煮，再压榨、干燥、粉碎而制成的作为饲料用的鱼粉。该标准确定的鱼粉物理化学指标如表 4-3 所示。

表 4-3　鱼粉的物理化学指标

	特级品	一级品	二级品	三级品
颜色	红鱼粉呈黄棕色、黄褐色，白鱼粉呈黄白色			
气味	有鱼香味，无焦灼味和油脂酸败味		具有鱼粉正常气味，无异臭、焦灼味和明显的油脂酸败味	
颗粒细度/(%)	≥96(通过筛孔为 2.80 mm 的标准筛)			
粗蛋白质/(%)	≥65	≥60	≥55	≥50
粗脂肪/(%)	≤11(红鱼粉) ≤9(白鱼粉)	≤12(红鱼粉) ≤10(白鱼粉)	≤13	≤14
灰分/(%)	≤16(红鱼粉) ≤18(白鱼粉)	≤18(红鱼粉) ≤20(白鱼粉)	≤20	≤23
水分/(%)	≤10	≤10	≤10	≤10
盐分/(%)	≤2	≤3	≤3	≤4
砂分/(%)	≤1.5	≤2	≤3	≤3

该指标提出的鱼粉卫生要求是，鱼粉中不得有虫寄生和发霉现象，不得有沙门氏菌属和志贺氏菌属。

5. 鱼粉生产过程的物料衡算

鱼粉生产过程的物料衡算如图 4-85 所示。

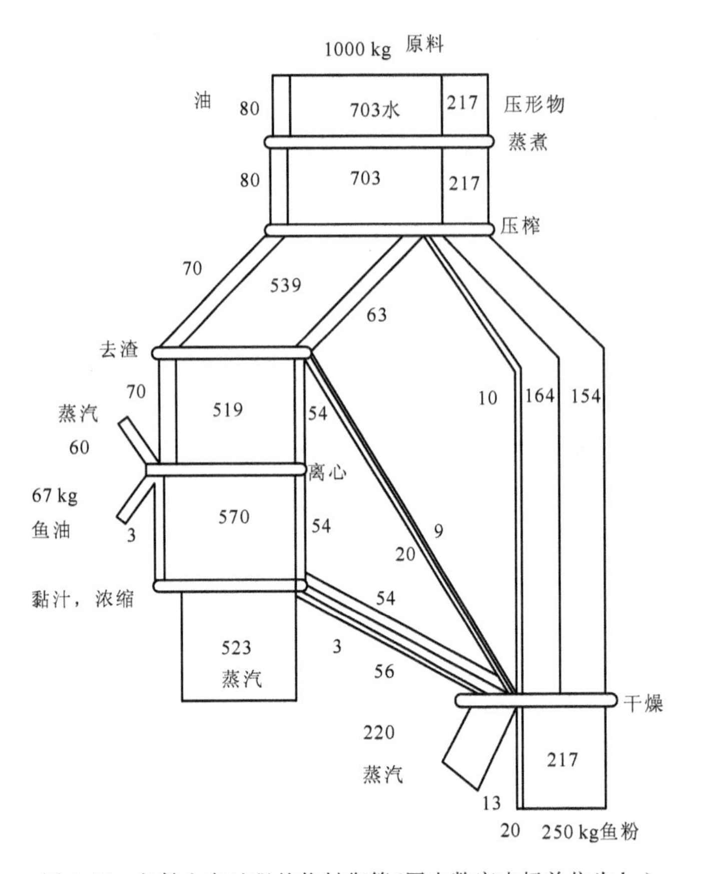

图 4-85　鱼粉生产过程的物料衡算(图中数字未标单位为 kg)

4.5　水产品加工机械的发展趋势

水产品加工机械是食品机械的组成部分，国内外各种水产品加工机械化生产线都是由水产品加工专用机械和通用性食品加工机械组成。封罐机、灌装机、斩摔机、高温杀菌设备等食品机械和各种包装机械在水产品加工中得到了广泛应用。水产品加工原料的品种由于有易腐败变质的特点而有别于其他食品加工原料，因此，国内外通常使用专用的水产品加工机械。

目前我国水产品加工机械化的水平与渔业生产增长速度并不相称，但水产品加工机械的进一步发展也具备一定的基础和条件。首先，我国水产加工企业、研究所和大专院校拥有一定的科研力量，并且对水产品加工机械的研制已有数十年历史；其次，近年引进了国外各种具有现代化先进水平的产品可供借鉴。在研究我国水产品加工机械的发展方向时，也要根据我国渔业生产结构、水产品加工业的现状和消费习惯来考虑，有重点地开发一些适合我国水产品加工所需的机械，以适应目前实际生产和进一步发展的需要，逐步提高水产加工原料量占渔业总产量的比例，并达到先进国家的水平。

据此，对我国水产品加工机械的发展方向提出以下几点意见。

(1) 由于我国鱼类处理机发展起点低和鱼的品种多，海、淡水鱼类处理机的研制水平要根据实际情况逐步提高。首先，根据目前生产需要研制一些半机械化处理机，如洗鱼机、分级机、切鱼片机和去皮机等，并配置输送带式操作台、连续速冻机等，组成有一定能力的生产线。鱼类处理机是专用性较强的机械，国外的产品不一定适合我国的鱼类，对一些结构复杂、技术水平较高的产品，如淡水鱼切鱼片机，可通过与国外合作的方式开发。这样既能吸收先进技术，又能加快发展我国机械产品。

(2) 加强产学研结合力度。在知识经济时代，科技将对经济发展起决定性作用，各加工企业要尽可能采用先进的水产品加工机械，优化配置，组成高效率的、经济上合理的生产作业线；要求有一定程度的机械化、连续化、自动化，避免直接手工操作造成对产品质量的不利影响；积极地引进和使用好各种人才，同时与各科研机构或高校等单位建立合作关系；大力培养现代知识型人才，建立和健全科技创新体系和科技开发体系，加强各学科的交叉和合作，形成群体攻关优势。

(3) 在现代机械工程中，可靠性是一项不可忽视的重要指标。对水产品机械往往要求形成自动化、连续化的生产线，如果某一环节出现故障，将造成整条生产线的停工和原料的浪费，因此，提高水产品机械产品的性能与质量是稳定生产、提高劳动生产率的有效手段。随着水产品工业的发展，对水产品机械的可靠性、稳定性将提出更高的要求。

(4) 随着微电子、计算机等高新技术的不断发展和市场需要的不断变化，微电子技术已广泛应用于各个领域，并不断向水产品机械行业注入和融合。各种机械设备都要向机电一体化方向发展。利用微电子技术对生产过程进行检测和监督，不仅可以提高劳动生产率，也能进一步保证产品的质量，使食品机械向更先进的专业化方向发展。

(5) 企业向专业化、规模化发展，是我国的水产品加工机械必须走的专业化生产道路。靠简单重复、扩大生产数量的办法来发展是行不通的。必须研制中高档设备，努力提高技术含量，把产品做精、做专、做强。食品包装机械零部件的生产可专业化，很多零部件可不再由包装机械厂生产，而由通用的标准件厂生产，某些特殊的零部件可由高度专业化的生产厂家生产。应尽快调整我国包装行业“小而全”的格局。

(6) 强强联合策略。水产品企业的强强联合，包括三大方面：一是水产品企业之间的联合；二是传统水产品与新型产品的联合；三是民族产业与国外先进企业的联合。通过这样的联合模式，必定能在最大程度上发挥“拿来主义”，去芜存精，实现资源共享，学习先进经验，把水产食品产业带上可持续发展的道路。

水产品作为今后食物发展的方向，将有越来越重的分量，而让它保留原产地的口味和保有足够长的时间将是今后发展的重要方向，因此需要新的加工手段和快速的加工时间来保留它的原始口味。所以，设计一款新型节约的水产品加工机械，是我国水产品加工机械目前和今后发展的趋势。水产品加工的机械化生产，将使我国水产品加工的落后现状得到根本改变。同时也希望各食品加工机械科研和制造部门，打破行业界限，积极参与水产品加工机械的开发，提供更多的通用性产品，使我国各类食品和包装机械制造跟上国外先进水平。

第5章　渔船常用辅助设备

5.1　锚及系泊设备

5.1.1　锚设备

1. 锚设备的要求

锚设备的主要作用是使船停泊在水面上，以进行货物、给养的装卸，人员上下，避风，等候码头，接受检疫等。还可以利用锚设备帮助船舶靠、离码头，或在狭窄航道中调头。当发生机器损坏、操纵失灵、紧急避让等情况时，可利用锚设备制动船舶以避免事故发生。

锚设备应符合下列几点要求：

(1) 在船抛锚停泊期间，应能承受可能受到的风力、水的压力和波浪等合力的作用，并对动载荷有良好的缓冲作用；

(2) 能迅速将锚抛出，并能保证将锚链（或锚缆）抛出所需的长度和将锚链（或锚缆）可靠地紧固在船上；

(3) 能迅速地起锚，并能保证锚爪可靠地紧贴在船舷板上。

2. 锚设备的组成

锚设备通常包括锚、锚链筒、制链器、起锚机、锚链管、锚链舱等，如图5-1所示。

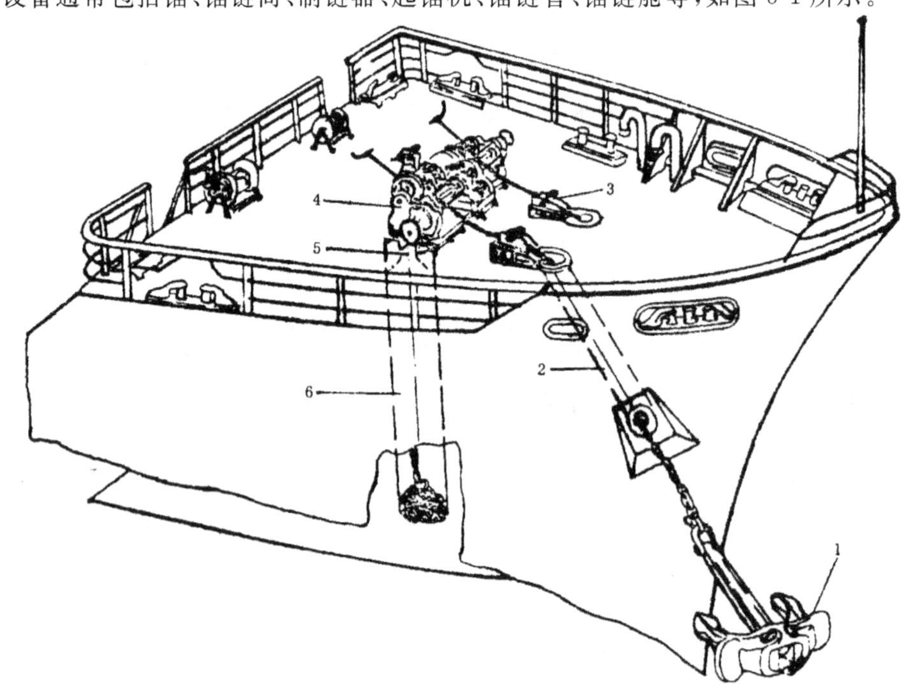

图5-1　锚设备的布置

1—锚；2—锚链筒；3—制链器；4—起锚机；5—锚链管；6—锚链舱

小型渔船上多采用两爪锚，使用锚缆，锚收起后固定在设于前甲板的锚床(也称锚架)上，锚缆卷收在钢索卷车或锚机的卷筒上。

3. 锚的种类

锚的种类繁多，分类方法也多(见图 5-2)。如：按有无横杆(也称稳定杆)，可分为有杆锚和无杆锚；按锚爪是否活动，可分为转爪锚和定爪锚；按锚爪数量的多少，可分为单爪锚、双爪锚和四爪锚；按锚的抓力和锚重的比值，即抓重比的大小，可分为普通锚和大抓力锚；按锚的用途，还可分为船用锚、系泊锚、冰锚和浮锚等。

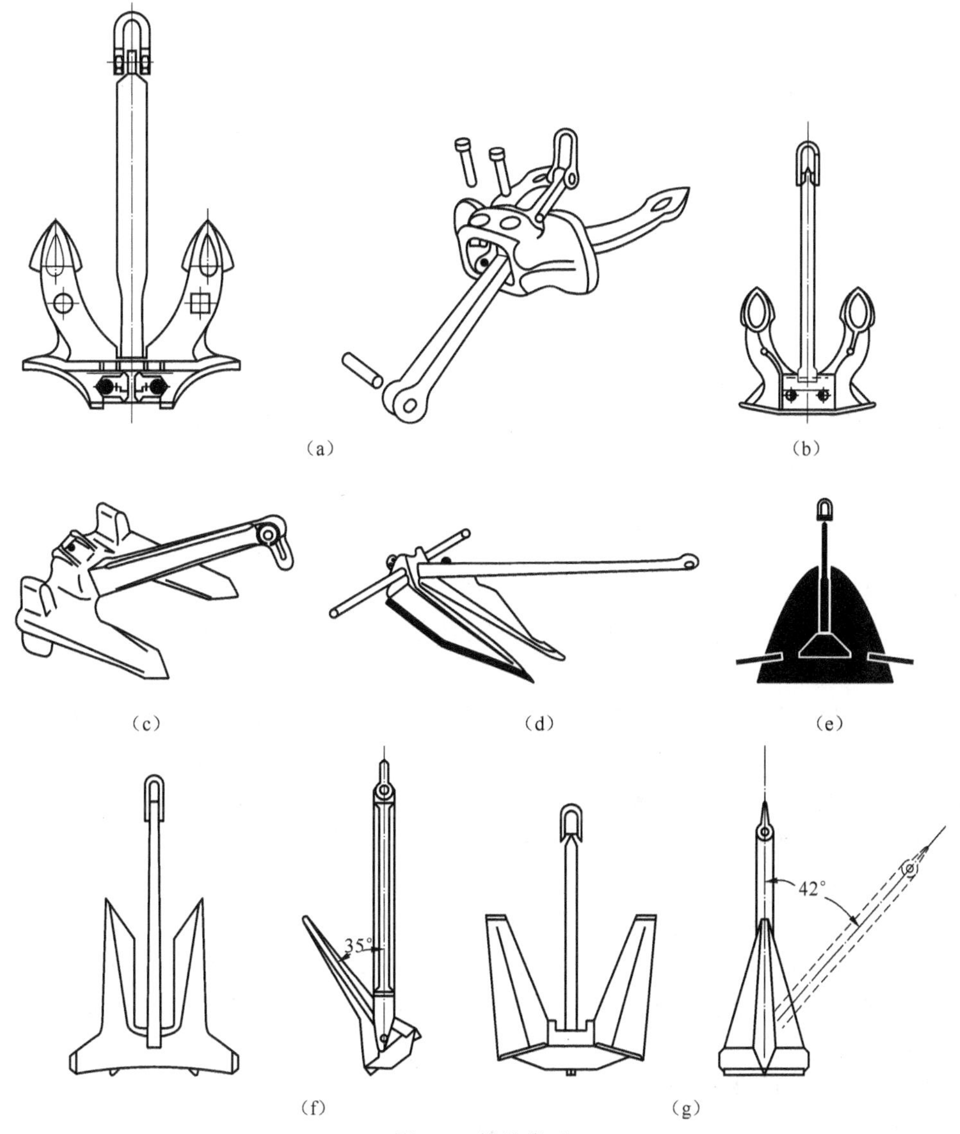

图 5-2　锚的类型

(a) 霍尔锚；(b) 斯贝克锚；(c) 尾翼式锚；(d) 丹福氏锚；(e) 蒂文锚；(f) AC-14 型锚；(g) 波尔锚

对船用锚的要求，一般应是质量小、抓力大、结构简单、制造方便、坚固耐用。

常见的船用锚有如下几种。

1) 有杆定爪锚

这种锚具有固定或可拆的横杆，锚爪相对于横杆是固定不动的。抛锚后，锚仅以一爪啮入土中,如海军锚、两爪锚、日式锚、单爪锚等。

有杆锚适用于各种海底,具有抓力大(其抓重比为 4～8)、构造简单的特点,但收放不太方便。

2) 无杆转爪锚

这种锚无横杆,锚爪相对于横杆可以转动,通常为两爪式的,抛锚后以两爪同时啮入土中,常见的有霍尔锚、斯贝克锚等。

无杆锚的抓力较小(其抓重比为 2.4～3.75),但收放方便。

3) 大抓力锚

大抓力锚又称强抓力锚。《钢质海洋渔船建造规范》的有关条款规定,经海上试验证实,某锚的抓力为与其质量相同的无杆锚抓力的两倍以上,该锚才可认定为大抓力锚。大抓力锚一般是有杆的转爪锚,其抓重比可高达 16～18。常见的大抓力锚有丹福氏锚、马氏锚、快艇锚等。

4. 锚机

目前,渔船上采用的锚机有电动锚机、电动液压锚机和机械液压锚机三种。电动液压锚机具有独立完整的液压传动系统,机械液压锚机与液压绞纲机使用同一液压泵,其液压马达的结构、操作方法与绞纲机基本相同。电动锚机是以电动机作动力源,通过蜗轮蜗杆变速传动和正齿变速传动使锚机工作,来达到起锚的目的。

1) 电动液压锚机

(1) 电动液压锚机的工作原理如图 5-3 所示,它主要由液压系统与锚机总体两大部分组成。

① 液压系统由电动齿轮泵、液压马达、循环油箱、安全阀、磁性过滤器、管路等组成开式液压系统。电动机带动泵工作,从循环油箱来的油液经磁性过滤器被泵吸入,经压油管路被送到马达操纵阀,然后进入马达做功,工作后的低压油自马达经操纵阀通过另一管路回到循环油箱。

② 锚机总体由链轮轴、链轮、系缆滚筒、直齿轮、手动刹车、牙嵌离合器、轴承架、人力杠杆装置、公用底座等组成。

人力杠杆装置是备用人力起锚设备,安装在中部轴承架上。人力杠杆装置通过摇动体经连接板、棘爪等拨动链轮轴上的大齿轮,使链轮轴旋转起锚。

(2) 电动液压锚机的操作程序。

① 启动　操纵手柄处在停车位置,按动电钮启动泵,使泵空车运转数分钟,待一切都正常,再徐徐将操纵手柄移到正常位置,使液压马达空车运转数分钟。确认系统各部情况正常后,液压马达停转,随后做好起抛锚准备。天气冷时,应适当延长空转时间,启动泵可采用间隙启动。

② 抛锚　平时锚是被止链器控制在锚链筒内,链轮与链轮轴是脱开的,刹车处于制紧状态。抛锚时,将左锚或右锚止链器打开后,徐徐松开刹车放出锚链,抛放速度通过操纵刹车来控制。抛锚完毕后即合上止链器,卡紧锚链,制紧刹车。

③ 起锚　首先按前述方式启动泵,然后合上牙嵌离合器,打开止链器,开始绞收锚链。锚进锚链筒后合上止链器,液压马达停转,脱开牙嵌离合器,制紧刹车,按动泵的停止按钮,泵停转,起锚完毕。

④ 应急起锚　将液压马达轴端小齿轮取下,利用手动杠杆装置起锚。

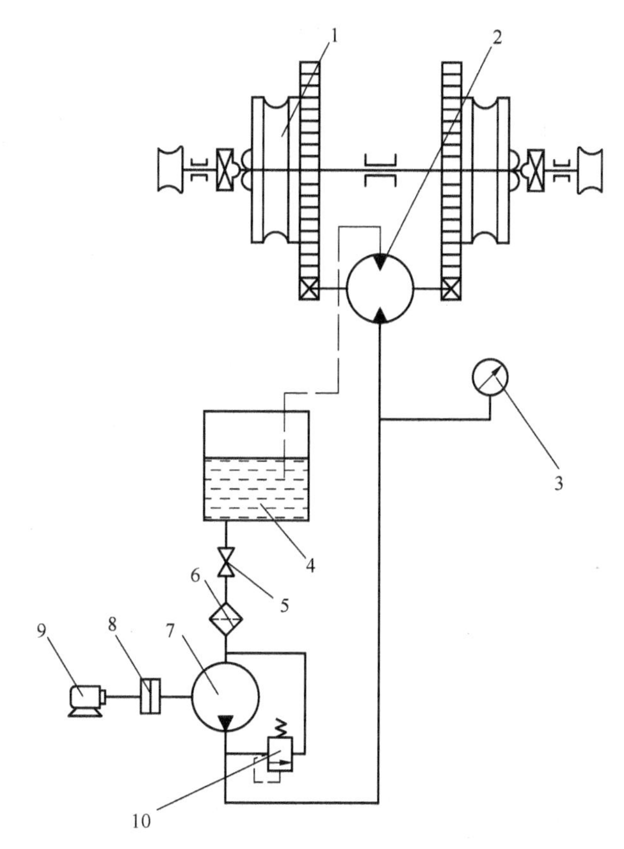

图 5-3　电动液压锚机的工作原理

1—锚机;2—液压马达;3—压力表;4—循环油箱;5—截止阀;6—磁性过滤器;
7—电动齿轮泵;8—联轴器;9—电动机;10—安全阀

2）电动锚机

（1）电动锚机的工作原理　电动锚机主要由电动机、联轴器、减速器、链轮轴、离合器、手动刹车、底座、机架等组成。

电动锚机的工作过程:启动电动机工作,通过联轴器、减速器带动链轮轴转动,两个链轮套装在链轮轴上,借助离合器而被链轮轴驱动。链轮的制动和松闸靠手动刹车来完成。根据两个离合器和两个制动带的不同组合,就能完成起、抛单锚和双锚以及绞缆等各项作业。

① 起单锚　起锚侧的离合器接合,链轮轴带动链轮旋转进行起锚。

② 起双锚　左、右两侧离合器接合,链轮轴带动两链轮工作,同时起锚。

③ 手控抛锚　脱开离合器,锚链轮可在轴上自由滑动,利用锚和锚链的自重抛锚。由于锚与锚链滑动速度较快,必须小心控制手动刹车的松紧程度,谨防抛锚速度过快而酿成事故。

④ 电控抛锚　用电控抛锚时,操纵方法与起锚相同,只要将电动机反转即可。这样可避免抛锚速度过快。

⑤ 绞缆作业　用手动刹车将链轮制紧,脱开离合器,两个滚筒便可随轴转动绞缆。

有些电动锚机上还备有应急手动起锚装置,当电动机出现故障时,可用人工进行起锚。

（2）电动锚机的技术要求　国产尾滑道渔船 ϕ25/28 电动锚机的技术规格如表 5-1、表 5-2、表 5-3 所示。该锚机的结构如图 5-4 所示。

表 5-1　电动锚机的技术要求

锚链直径	规格								
	最大锚重/kg	抛锚深度/m	起锚速度/(m/min)		额定绞拉力/kN	系缆索直径/mm		系缆速度/(m/min)	
			交流	直流		钢索	尼龙	交流	直流
ϕ25mm	800	45	≥9	12	10	17	36	≥8.5	11.6
ϕ28mm	1000	80			20				

表 5-2　锚机电动机的技术规格

项　　目	规　　格		
	直　　流	直　　流	交　　流
型号	ZZy-31-H	ZZy-32-H	JZ_2-H42-4/8/16
额定功率/kW	9	13.6	11/11/7.5
额定转速/(r/min)	850	1060	1500/750/375
电压/V	220	220	380
工作制/min	30	30	10/30/5
机械传动比	81.6		

表 5-3　锚机减速器的传动参数

名　　称	规　　格					
	模数	蜗杆头数(主动齿轮齿数)	蜗轮齿数(从动齿轮齿数)	传动比	节圆直径模数之比	刀具压力角
蜗轮蜗杆传动	10	1	40	40	8	20°
正齿轮传动	12	2.3	47	2.04	2.04	20°

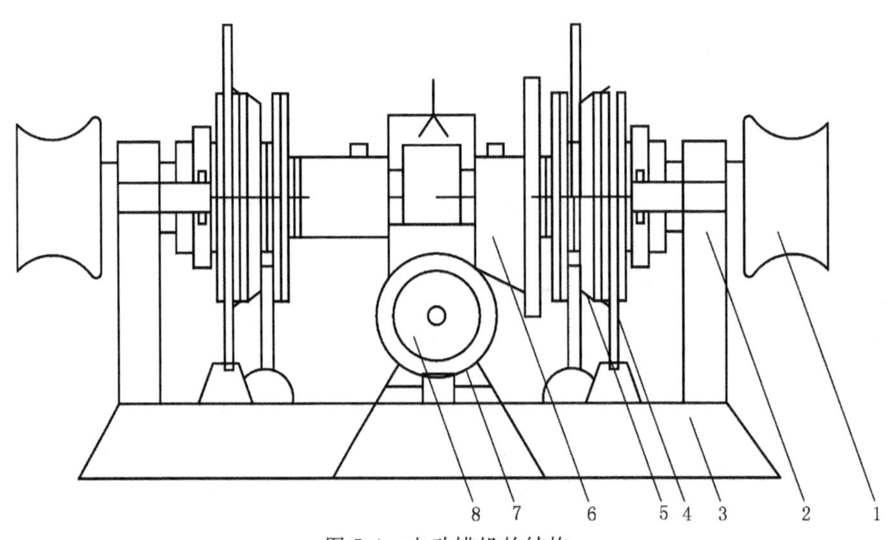

图 5-4　电动锚机的结构

1—系缆绞轮；2—墙架；3—底座；4—手动刹车；5—链轮；6—减速器；7—垫块；8—电动机

5. 锚链

1) 锚链的组成

渔船用锚链是由多节链段连接而成的。各链节的标准长度，即节长为 27.5 mm。节与节间用可拆式连接链环或连接卸扣连接。按锚链使用时各链节所处的位置，可将其分为锚端链节、中间链节和末端链节。

(1) 锚端链节　锚端链节是一端与链环(锚端卸扣)，另一端与中间链节连接的那节链段。锚端链节由锚端卸扣、末端链环、转环、加大链环和普通链环组成。在与锚环连接时，锚端卸扣的开口端应朝向锚环，以使收锚时锚杆易进入锚链筒内。

(2) 末端链节　末端链节是一端与中间链节相连，另一端和锚链舱内的弃链器相连的那节链段。它由普通链环、转环、加大链环和末端链环组成。

(3) 中间链节　连接锚端链节和末端链节的中间几节链段统称为中间链节，由普通链环、可拆式连接链环或连接卸扣所组成。

2) 锚链的种类

(1) 按普通链环的结构形式分　锚链按其普通链环的结构形式可分为有挡锚链和无挡锚链两种。在链径相等的条件下，有挡锚链的强度比无挡锚链的强度高 50%，并具有较大的刚度，长期使用后不致有过大的永久变形，因此使用范围较广。

(2) 按制造方法分　锚链按其制造工艺可分为锻造锚链、铸造锚链和电焊锚链三种。锻造锚链因其生产方式陈旧，在国内外基本上已被淘汰。现国内外均以闪光焊接法和铸造法生产锚链。

(3) 按强度等级分　锚链根据其制造所用钢材的抗拉强度分为 AM1、AM2、AM3 三个等级。无挡锚链和舵链不分级，可采用与高强度 D 级链相当材质的钢材，用闪光焊接法或其他可行的焊接方法制造。

6. 掣链器和弃链器

1) 掣链器

掣链器又称锚链制止器(止链器)，设置在锚机和锚链筒(或锚)之间，其主要作用是将锚链夹住，使锚不会自动溜出，同时也减轻锚机的负担。掣链器的形式很多，常见的有螺旋止链器、闸刀止链器、偏心止链器、链扣止链器等。

2) 弃链器

弃链器通常设置在锚链舱的舱壁上或其附近的甲板上，锚链的末端链节平时挂在弃链器上，以防止整根锚链脱落，但在锚泊中遇有紧急情况而又来不及起锚或无法起锚时，可打开弃链器，将锚和锚链抛弃，以保证船舶安全。弃链器的结构与安装，应能保证其在锚链舱以外的人员易于到达的地方迅速脱落。

7. 锚缆

当按规范要求选配的锚链直径不超过 17 mm 时，可用与锚链破断负荷相等的钢索或纤维索代替。此时所配锚缆的长度应为规定锚链长度的 1.5 倍，且应在锚与钢索之间装设适当长度的锚链(《渔船和渔民安全规则》附则的有关条款《锚和系泊设备的实算建议》中要求此长度不小于 12.5 m)，以增大锚的抓力和稳定性。

用作锚缆的钢丝绳应是镀锌钢丝绳，常用的型号有 6×24、6×30、6×37、6×36SW+FC 等。

5.1.2 系泊设备

系泊设备包括系船索、导缆钳、导缆孔、带缆桩、绞缆车、绞线机、绞览卷车、导向滚轮和碰垫等。

系船索一般应采用 6×24 或 6×37 规格的钢丝，抗拉强度不小于 1370 N/mm^2 的柔韧镀锌钢丝绳，其破断负荷、数量和长度应满足规范相应的要求。

系船索也可采用植物纤维绳索、合成纤维绳索或钢丝与植物纤维组成的绳索，其直径应不小于 20 mm，其截面周长应不小于 63 mm。

系泊设备的布置应与锚泊设备的布置综合考虑。除绞缆机外，系泊设备一般均在左、右舷对称布置，带缆桩布置在甲板构架的上方，否则该处甲板须以覆板加强。带缆桩与舷侧应保持一定的距离，以使缆索受力合理，并便于带缆操作。导缆钳、导缆孔则布置在舷墙支承或栏杆柱的中间。绞线机的位置要照顾多数带缆桩的需要，以充分发挥其最大作用。导向滚轮的位置要保证绞缆时缆绳正对绞缆机滚筒。绞缆卷车应放置在便于收藏缆绳且不影响船上交通的地方。

5.2 舵 设 备

舵设备是目前船舶上应用最广泛的一种保证船舶操纵性的操纵装置。

舵设备是舵及其支承部件和操舵装置的总称，是有关船、机、电三方面的综合性设备。检验时，船、机、电三方面的验船师应协调配合。

舵设备的组成情况如图 5-5 所示。

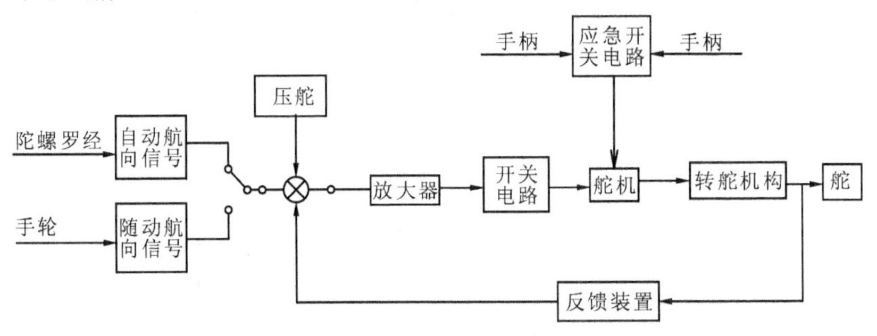

图 5-5 舵设备的组成情况

(1) 舵：通常由舵叶和舵杆组成，是舵设备中最关键的部件。船舶运动时，就是利用流体在其上的作用力来保持或改变船舶运动方向的。

(2) 操纵器：操纵舵的机构，也称操舵器，通常设于驾驶室或中央舱内。

(3) 舵机：用于转动舵的机械。其按动力来源和驱动方法一般可分为人力舵机、蒸汽舵机、电动舵机、液压舵机和电动液压舵机等。

(4) 操纵机构：控制舵机动作的机构，也就是操纵舵机的传动装置。

(5) 转舵机构：把舵机的动力传递给舵杆并使舵转动的机构。

(6) 舵角指示器：反映舵在任何时刻的实际位置(舵角)的器具。

(7) 舵角限制器：限制舵在一定范围内转动的机构。

(8) 止舵器：使舵能在任何舵位固定而不再转动的机构。

操纵器、操纵机构、舵机和转舵机构合起来称为操舵装置。操纵器和操纵机构也可合称为操舵装置控制系统。

1. 舵的类型

船用舵的类型很多，可以概括地分为普通舵和特种舵两类。普通舵又包括半悬挂舵（见图 5-6(a)）、悬挂舵（见图 5-6(b)）、多支承舵（见图 5-6(c)）、双支承舵（见图 5-6(d)、(e)）。

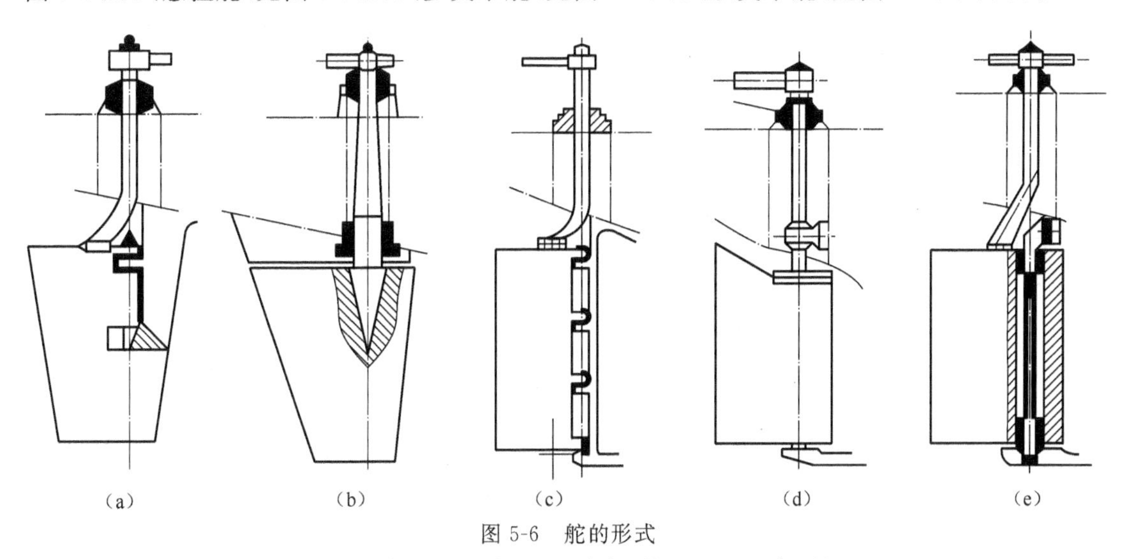

图 5-6　舵的形式

(a) 半悬挂舵；(b) 悬挂舵；(c) 多支承舵；(d)、(e) 双支承舵

2. 舵的作用原理

舵装在船舶的尾部螺旋桨的正后方，舵叶的两侧是对称的。船在直线航行时，舵两边的水流对称，不会产生水动力。当舵转动一个角度 α 后，水流与舵叶成某一角度 α，舵叶上首先将产生水动力 $\boldsymbol{F}_{\mathrm{T}}$，$\boldsymbol{F}_{\mathrm{T}}$ 在舵平面法线方向上的投影 $\boldsymbol{F}_{\mathrm{N}}$ 称为舵压力，如图 5-7 所示。

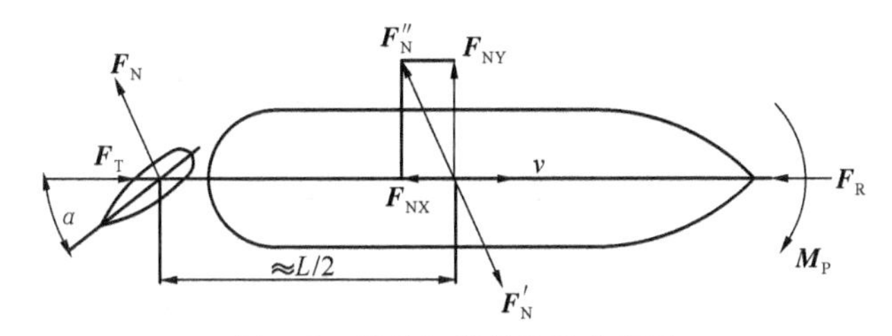

图 5-7　转舵初期船体受力简图

R—水的阻力；L—船长

根据力的平移原理，将 $\boldsymbol{F}_{\mathrm{N}}$ 移至船的重心处可得到一个力矩 $\boldsymbol{M}_{\mathrm{P}}$、一个与船舶航向相反的分力 $\boldsymbol{F}_{\mathrm{NX}}$，以及与转舵方向相反的横向分力 $\boldsymbol{F}_{\mathrm{NY}}$。有

$$M_{\mathrm{P}} \approx \frac{L}{2} F_{\mathrm{N}} \cos\alpha \tag{5-1}$$

$$F_{\mathrm{NX}} = F_{\mathrm{N}} \sin\alpha \tag{5-2}$$

$$F_{\mathrm{NY}} = F_{\mathrm{N}} \cos\alpha \tag{5-3}$$

$\boldsymbol{M}_{\mathrm{P}}$ 称为转船力矩，在它的作用下，船舶将做回转。$\boldsymbol{F}_{\mathrm{NX}}$ 与船的运动方向相反，即为阻力，它将使船舶航速降低。$\boldsymbol{F}_{\mathrm{NY}}$ 称为横移力，它将使船舶在回转时产生横向漂移。

舵压力对舵轴所产生的力矩，是转舵时需要克服的力矩，即转舵力矩，其大小为

$$M = F_{\mathrm{N}}(x_{\mathrm{P}} - a) \tag{5-4}$$

式中　x_{P}——舵压力中心至舵前缘（导边）的距离；

a——舵杆中心线至舵前缘的距离。

舵压力 F_N 及其作用点是随舵角 α 的变化而变化的，因此转船力矩和转舵力矩也是随舵角 α 的变化而变化的。转船力矩的最大值对应舵角一般不超过 37°，因此最大转舵角不要大于 35°，平板舵则不要大于 45°。

舵的最大转舵力矩则需根据正、倒车情况确定。舵机功率则通常是根据舵的最大转舵力矩(包括舵杆轴承的摩擦力矩)来确定的。

3. ZYD125 型舵机液压系统的组成和工作原理

ZYD125 型舵机为单作用柱塞往复式电动液压舵机，按工作扭矩分有 16 kN·m、25 kN·m、40 kN·m 和 55 kN·m 四种规格。在构件基本不变的条件下，变更不同功率的电动机，即可获得与上述相应扭矩的舵机。如图 5-8 所示，本舵机适用于转舵时间小于 20 s 的船舶。

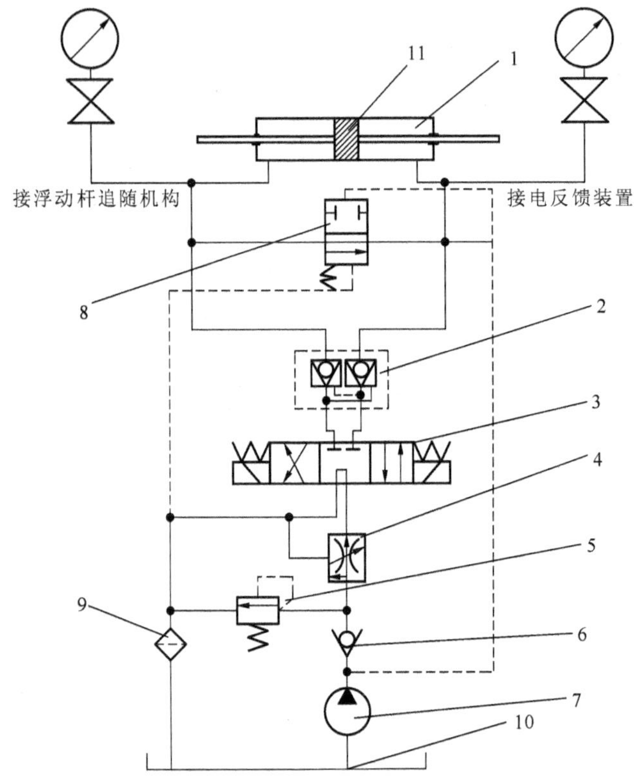

图 5-8　ZYD125 型舵机液压控制系统(图中只画出其中一套油路)

1—伺服液压缸；2—油路锁闭阀；3—电磁换向阀；4—溢流节流阀；5—安全阀；6—单向阀；7—液压泵；8—液控旁通阀；9—过滤器；10—油箱；11—伺服活塞

1) 技术规格

ZYD125 型舵机的技术参数如表 5-4 所示。

表 5-4　ZYD125 型舵机的技术参数

型　　号	扭矩 /(kN·m)	最大转角 /(°)	转舵时间 /s	舵杆直径 /mm	工作压力 /MPa	液压泵型号	电动机 型号 (J02H)	电动机 功率 /kW	电动机 转速 /(r/min)	总质量 /kg
ZYD125-1.6	16	±35	15	125	4	GBF25C-FL	31-6	1.5	1000	1503
ZYD125-2.5	25	±35	15	150	6.3	GBF25C-FL	31-6	2.2	1000	1523
ZYD125-4	40	±35	15	180	10	GBF25C-FL	31-6	3	1000	1560
ZYD125-5.5	55	±35	15	200	13.5	GBF25C-FL	31-6	4	1000	1583

2）组成及工作原理

（1）操纵部分　由两只三位四通电磁换向阀（分别操纵两套油路）、舵角指示器及有关电气装置组成，设在驾驶台。

（2）动力装置　设两套电动液压泵，互为备用或间歇轮换工作，利用液控单向阀将两套装置分为各自独立的系统，由操纵台电气系统直接转换。

（3）传动装置　由设在舵机舱的转舵机构和舵角发信器等组成。

（4）辅助装置　由溢流阀、止回阀（单向阀）、循环油箱及管路、压力表等组成。

3）主要液压元件的规格及用途

液压元件的规格如表5-5所示。各元件的用途如下。

表5-5　液压元件的技术规格

阀　名	型　号	工作压力/MPa	流量/(L/min)	开启压力/MPa	背压/MPa
单向阀	DF-$B_{10}K_1$	35	30	0.7～7	0.35
背压阀	DF-$B_{10}K_3$	35	30		
液控单向阀	DFY-$B_{10}K_2$	21	25		
溢流阀	YF-$B_{10}C$	3.5～14	40		
电磁换向阀	34DH-B_{10}H-T	21	30		

（1）单向阀用于保证系统在正常条件下处于满液状态。

（2）背压阀的作用是使回油具有一定背压，使舵机运转平稳。

（3）液控单向阀有两种功能：一是将两套动力源和液压控制装置分为各自独立的系统；二是作为锁舵装置，在停止操舵时将舵锁在所要求的舵角上。

（4）溢流阀在此作常闭安全阀用，以防泵过载。

（5）电磁换向阀的作用是变换油流方向，接通和关闭压力油路，当电磁阀在中位（即关闭位置）时，还具有卸荷作用。

4）调试方法

（1）两转舵油缸连通管上的截止阀专供调整舵柄对中时连通两缸油腔用，在舵柄位置调定后将此阀关闭。

（2）向系统加油时，首先向循环油箱加足油量，然后启动电动液压泵向转舵油缸输油，输油时要把油缸上的放气塞打开。将一个油缸充满油后再向另一个油缸输油，以保证油缸内的空气一次排尽。各部位充满油后应保持循环油箱的油面在正常液位上。

（3）采用安全阀调定压力。

5）舵机使用维护时的注意事项

舵机在使用维护时应注意下列事项。

（1）液压系统，包括液压油经过的一切通路以及油箱，必须经过严格的清理后方可加油。

（2）系统中不得有空气，否则将产生噪声、压力不稳定和舵机运动不稳定等现象。

（3）电磁换向阀电磁铁的接线，要保证舵柄的转动方向与船舶转向的一致性。

（4）经常检查操舵台的指示灯、音响及其工作是否正常，以保证舵机的安全运行。

（5）船舶在任何航行状态下，舵机液压泵均要处于运转状态。

（6）舵角发送器、舵角指示器、舵转角三者必须一致，其偏差不应超过±1°。

（7）舵机在使用前需检查工作系统是否正常，以保证船舶航行安全。

（8）船舶停泊时因受风浪影响舵自动移位，或操舵时舵机不灵敏等现象，多因油液不清洁，污物影响了液压单向阀，使之关闭不严，应及时清洗该阀并更换液压油。

4. 变量泵液压舵机的基本组成和工作原理

变量泵液压舵机主要由以下三大部分组成。

(1) 动力部分　它由两台双向变量泵供油，是舵机的核心。

(2) 执行部分　它由转舵油缸和追随机构组成。追随机构的作用是当舵叶转到操舵所要求的角度时，能自动停止转舵，使操舵角与实际舵转角保持一致。

(3) 控制部分　它是操舵控制机构，由驾驶台发出操舵信号的发信装置和舵机房接收信号的收信装置组成。两者中间信号的传递可以靠机械杠杆联动来完成，称为机械追随装置。也可以靠电力通过继电器和电磁装置来完成，称为电力追随装置。

当舵在某舵角突然受风浪的冲击而使舵叶偏转时，舵柄和舵柱亦将随舵叶向某一方向偏转，于是转舵油缸的油压激增，安全阀及时被油压顶开，使两油缸旁通，以保证系统安全。同时通过追随杆带动液压泵控制杆使液压泵供油，舵叶向反方向偏转，当舵叶转到原舵角时，液压泵停止供油，舵叶停在原舵角上。

对转舵机构尺寸既定的舵机来说，转舵速度主要取决于泵的流量，而与舵杆上的扭矩负荷基本无关。因为舵机的泵都采用容积式泵。当转舵扭矩变化时，虽然工作油压也随之变化，但泵的流量基本不变(泄漏量随工作油压的变化一般不大)，故对转舵速度变化的影响并不明显。所以，进出港和窄水道航行时，用双泵并联，转舵速度几乎可提高一倍。

泵控式液压舵机较多采用浮动杆式追随机构。在图 5-9 中，浮动杆的控制点 A 由驾驶台通过遥控系统来控制，也可在舵机室用手轮来控制。浮动杆上的控泵点 C 与双向变量泵的控制杆相连。反馈点 B 经反馈杆与舵柄相连。当舵叶和驾驶台上的舵轮都处于中位时，浮动杆即处在用虚线 ACB 所表示的位置，点 C 恰好使变量机构居于中位，故泵空转，舵保持中位不动。如果驾驶台给出某一舵角指令，那么，通过遥控系统，就会使点 A 移至点 A_1。由于点 B 在舵叶转动以前并不移动，所以点 C 将移到点 C_1。于是，泵按图示箭头方向吸排，舵叶开始偏转，通过反馈杆带到点 B 向点 B_1 方向移动。当舵叶转到与点 A_1 位置与所给出的指令舵角相符时，点 B 也移到点 B_1，使点 C 重又回到中位，于是泵停止排油，舵就停止在所要求的舵角上。这时，浮动杆的位置如图中的实线 A_1CB_1 所示。实际上，浮动杆的动作并不是分步进行的，而是在点 A 带动点 C 偏离中位后，由于泵排油，推动舵叶，点 B 就要移动，只是点 A、C 相对动作领先，舵叶和点 B 追随其后而已。

当驾驶台发出回舵指令时，点 A 又会从点 A_1 位置移回中位。于是点 C 也偏离中位向左移动，使泵反向吸排。因此，舵叶也就向中位偏转，使点 B 从点 B_1 位置向中位移动，直到舵叶转到由点 A 位置所确定的指令舵角时，点 C 重新回中位，泵停止排油，舵叶也就停转。

由于点 C 偏离中位的距离受变量泵变量机构最大位移的限制，故只有在舵叶偏转、带动点 B 从而使点 C 向中位回移后，才能使点 A 继续向大舵角的方向操舵。这样，大舵角操舵动作就不能一次完成，并使泵的流量总在零与最大值间变动。这不仅会使操舵者感到不便，同时也会降低泵的效率和转舵速度。为了解决这一问题，在反馈杆上装设了可以双向压缩的储能弹簧。这样，当点 A 将点 C 带到最大偏移位置后，浮动杆就会以点 C 为支点而继续偏转，压缩弹簧，从而使点 A 得以一次到达所要求的较大操舵角。随着舵叶的偏转，被压缩的储能弹簧又会首先放松，并在其恢复原状后，才会将点 B 拉到与点 A 相应的位置，以停止转舵。可见，在储能弹簧完全放松以前，点 B 不会移动，点 C 也将一直停留在最大偏移位置，使泵得以在较长时间内保持最大流量，从而加快转舵速度。

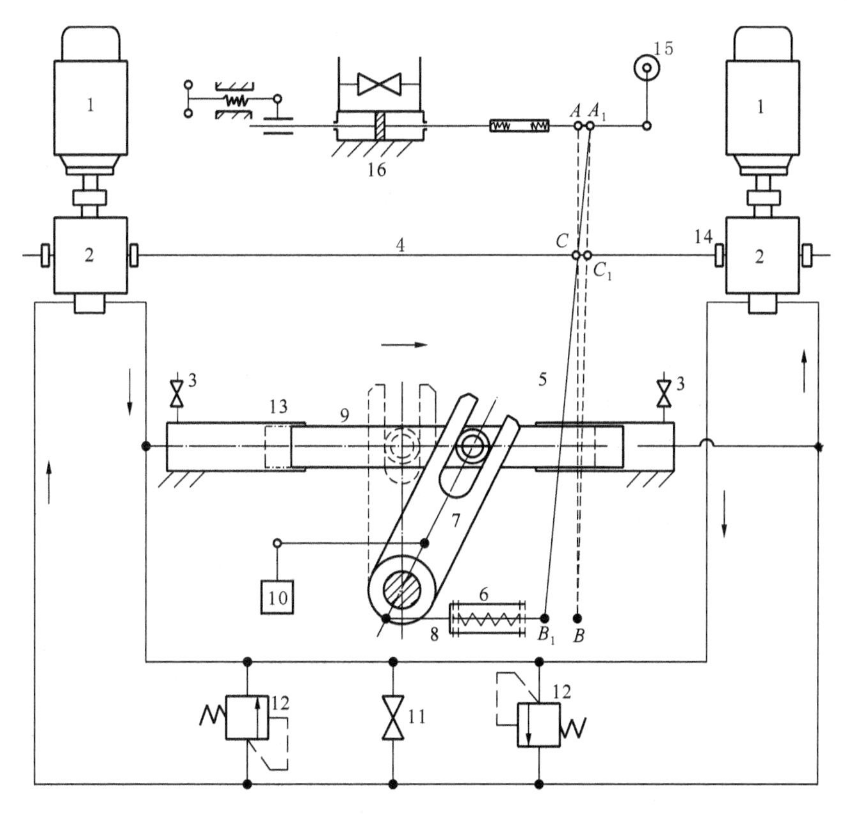

图5-9　变量泵液压舵机原理图

1—电动机;2—双向变量泵;3—放气阀;4—变量泵控制杆;5—浮动杆;6—储能弹簧;7—舵柄;8—反馈杆;9—撞杆;10—舵角指示器;11—旁通阀;12—安全阀;13—转舵油缸;14—调节螺母;15—反馈发信器;16—伺服液压缸

显然,储能弹簧的刚度必须适当,若弹簧刚度太小,则可能使点 B 先于点 C 而移动,操舵也就无法进行;但如弹簧刚度过大,则大舵角操舵所需的操舵力又会太大,甚至使反馈杆实际上相当于一个刚性杆,而储能弹簧不起作用。

由于浮动杆式追随机构能使泵在开始和停止排油时流量逐渐增大和减小,因而即可减小液压系统的冲击。

为了防止海浪或冰块等冲击舵叶时,造成舵上的负荷过大、系统油压过高和使电动机过载,因此,在油路系统中装设了安全阀,当舵叶受到冲击,使任一侧管路的油压超过安全阀的整定压力时,则安全阀就会开启,使泵的两侧管路旁通,于是,舵叶也就会偏离所在位置,同时带动浮动杆的点 B,使点 C 离开中位,泵排油。当舵上的冲击负荷消失后,安全阀关闭,舵叶在泵的作用下,又会返回,并将点 B 带回原位,所以,液压舵机能够很好地适应冲击负荷。

5.3　渔捞起货设备

渔捞起货设备是指渔船进行捕捞作业和停靠港口时装卸渔获物过程中所用各种装置的统称。渔捞起货设备的性能、质量,直接关系到渔船的经济效益和渔捞起货作业的安全,也是捕捞生产现代化的关键之一。

5.3.1 渔捞设备

1. 渔捞设备的种类

渔捞设备根据其工作特性可分为如下几种。

(1) 绳索绞机:直接卷扬渔具钢绳的机器,又称绞纲机,如拖网绞机、围网绞机等。渔船上的渔捞绞车多数也兼作起货绞机用。

(2) 渔具绞机:直接卷扬渔具的机器,如起网机、卷网机、起钓机等。起网机用于起网衣,起钓机用于起钓线或钓钩,卷网机则用于卷绕收存网衣。

(3) 辅助机械与设备:如理网机、吸鱼泵等。

绞机可根据是否有容绳卷筒分为无卷筒绞机和有卷筒绞机。无卷筒绞机又可根据主轴的布置分为立式绞机(通常又称为绞盘)和卧式绞机,前者主轴垂直布置,后者主轴水平布置。有卷筒绞机又可根据卷筒的数量分为单卷筒、双卷筒、三卷筒及多卷筒绞机。根据卷筒的排列可分为串联式绞机和并联式绞机。

起网机根据其工作原理可分为摩擦式和夹紧式两种。摩擦式起网机又可根据其结构分为槽轮式、滚柱式和滚轮式等。夹紧式起网机也可根据其结构分为夹轮式和夹爪式。渔捞机械的动力,一般有内燃机驱动、人力驱动、蒸汽驱动等,但人力驱动已日益减少,蒸汽驱动已被淘汰。

渔捞机械按其动力传动方式可分为机械传动(包括带传动、链条传动、齿轮传动、蜗轮蜗杆传动等)、电传动和液压传动几种形式。

2. 渔捞机械的主要参数

渔捞机械的参数主要有额定拉力、公称速度、设计力矩、容绳量或容网量、过网断面、外形尺寸以及质量等。这些主要参数是表征渔捞机械技术性能的主要指标。

1) 卷筒额定拉力

它是指拖索以公称速度收进并绕到相应的公称拖索卷绕直径的滚筒上时,在滚筒缆索出口处测得的最大的拖索张力,以 kN 表示。

2) 公称拖索卷绕直径

即卷筒额定拉力的标称位置,目前国内乃至国际上还未完全统一,通常有下列三种。

(1) 全长索卷绕直径(简称外径):指全部设计长度的拖索绕于卷筒时的直径,单位为 m。

(2) 半索卷绕直径(简称中径):指设计长度之半的拖索绕于卷筒时的直径,单位为 m。

(3) 底径:即卷筒上绕单排拖索时的直径,单位为 m。

各种绞机的拉力标称直径可查阅该产品的说明书。

3) 公称速度

它是指绞车在承受额定卷筒拉力时,能保持的最大拖索收进速度,以 m/min 计。

4) 容绳量、容网量

它是指卷筒能收存纲绳或网衣的容量。容绳量通常以 m 为单位,容网量通常以 m^3 为单位。

3. 渔捞设备的基本要求

渔捞设备首先应满足捕捞技术方面的要求,具有高效率和经济性,保养维护方便,体积小,质量小。

从安全角度讲,渔具系统的所有组成部分,包括卷绳机、绞机、滑车和渔网等的设计、布置和安装均必须保证安全和便利,它们应尽可能具有适当的强度,一旦超过许用应力,故障将出现在本系统中的一些薄弱环节。

具体来讲，渔捞机械应满足以下几点要求。

(1) 渔捞绞机应设有防止过载和防止因能源不足而突然卸载的装置。

(2) 渔捞绞机应设有能有效地保持负载的制动器。制动器的制动力矩应不小于绞机额定值的 1.5 倍。

(3) 绞机应能倒转。

(4) 绞机的设计和建造应保证操纵手轮、把手、曲柄把手、杠杆等件的最大操纵力不超过 157 kN；在用脚踏的情况下，不得超过 314 kN。

(5) 对可能伤人的绞机、钢索等运动部件，应尽可能加以充分地掩盖和遮拦。

(6) 绞机的操纵装置，应安装在能使绞机操纵者有足够操纵地盘和尽量不妨碍作业视线的位置。操纵把手应尽可能做到放松后能回到停车位置。必要时，还应带有锁紧装置以防止事故或移动或无关人员乱动。

(7) 如果渔捞绞机由驾驶台控制，绞机上应安装一个应急控制开关，绞机的布置应使操纵者能清楚瞭望绞机及其附近区域。

5.3.2 起货设备

起货设备是安装在渔船上用于渔获物装卸、搬动重件和辅助起放渔具的装置。

渔船上通常使用的起货设备有吊杆装置和天索吊两种，起重机及吊杆式起重机在渔船上很少见。

单吊杆式起货机的具体形式很多，归纳起来，基本上可分为用支索回转和用分离顶牵索回转两类。图 5-10 所示为用支索回转的单吊杆式起货机的作业情况。

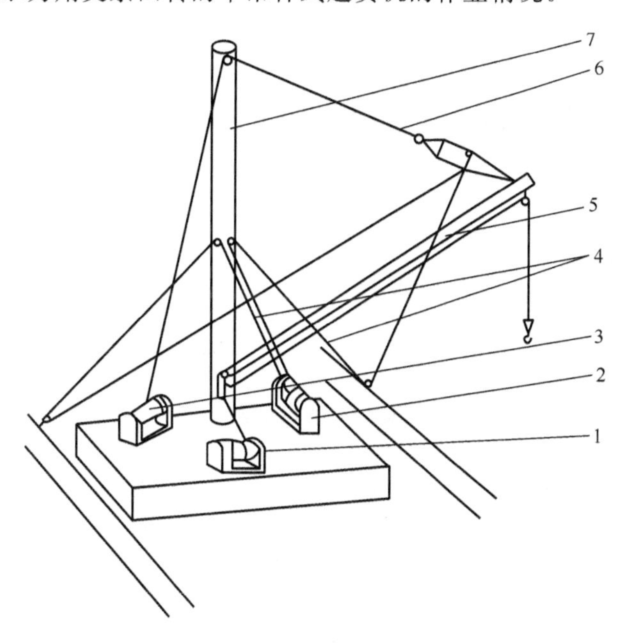

图 5-10　用支索回转的单吊杆式起货机的作业情况

1—起吊绞车；2—回转绞车；3—变幅绞车；4—支索；5—吊杆；6—变幅索；7—起货柱

这种起货机的主要特点在于吊杆可借两根支索的一收一放来回转，这是因为在回转绞车上装有缆绳方向相反的两个卷筒，分别卷绕着两根支索，因此当回转绞车带动两直径相同的卷筒做同向回转时，两根支索就会被卷起或放出，从而使吊杆回转。而吊杆的变幅，则由变幅绞车控制顶牵索（变幅索）的收放长度来实现。单吊杆与双吊杆相比，单吊杆只需一人操纵（双吊杆一般需二人），作业前准备工作较简单；可随时调整作业范围，能用两舷轮流装卸；在吊杆受力相同的条件下，工作负荷大约为前者的两倍。缺点是单吊杆在作业中需要回转，每吊周期比双吊杆长；货物在空中易摆动，落点定位不容易准确。目前这种吊杆最大负荷可达 40 t，回转角度约为 65°。如果改变支索边滑轮在舷墙上的安装位置，则吊针的回转角度还可进一步增加到 90°左右。专门设计的重型吊杆最大起重能力已超过 600 t，而双吊杆多用于负荷小于 5 t 的场合。

起货设备除机械动力部分（起货绞机，渔船上通常由渔捞绞机兼作）外，它的组件可分为如下几类。

（1）金属结构件：如吊杆、桅、起重柱、臂架、门架等。

（2）固定零部件：指永久连接于吊货杆、桅或起重柱、甲板、上层建筑和船舶其他构件上的起货设备零部件，如眼板、吊货杆叉头、吊货杆承座（包括转轴、箍环、嵌入滑轮）等。

（3）活动零部件：指非永久性附连于起货设备上的零部件，如吊钩、滑车、卸扣、转环、链条、有节定位索和松紧螺旋扣等。

吊杆装置和吊杆式起重机，按其安全工作负荷的大小可分为轻型吊杆（安全工作负荷不大于 9.8 t）和重型吊杆（安全工作负荷大于 9.8 t）。

目前我国渔船上所用的吊杆装置的工作负荷通常都不大于 9.8 t，属轻型吊杆，且绝大多数为单杆操作。渔船上所用的天索吊，其安全工作负荷均不大于 0.98 t。

1. 吊杆装置的零部件名称

渔船上常见的轻型吊杆的典型布置及零件的名称如图 5-10 所示。

目前一些小型渔船上吊杆的仰角通常是固定的，故没有专设的千斤索绞车。起货绞机通常用渔捞绞机代替。

为避免工作时产生横向弯曲力，千斤索眼板与吊杆座应在同一垂直平面内。

2. 吊杆受力计算

1）吊杆受力计算

吊杆的受力计算与下述几个基本条件有关。

① 吊杆水平仰角。

② 船舶的倾斜。

③ 吊杆及其属具的自重。

④ 同一桅（或起重柱）上装有的可同时作业的吊杆数。

⑤ 吊杆的杆长悬高比 L/H。

上述几个基本条件都直接影响吊杆、桅（或起重柱）、千斤索、起货滑车等系统的受力大小。因此，《海洋渔船安全规则》的有关条款对上述几个方面做了明确的规定。

（1）吊杆仰角　吊杆仰角是指吊杆工作时，其轴线与船体基平面间的夹角。

当工作负荷一定，吊杆仰角小时，千斤索受力就大，而吊货滑车受力就小。反之，当吊杆仰角大时，千斤索受力就小，而吊货滑车受力就大。但无论吊杆仰角大还是小，吊杆的轴向压力都是不变的。

因此在确定千斤索受力时，要规定吊杆的最小仰角，《海洋渔船安全规则》将其规定为 15°，吊杆如无法在此角度下工作，可取实际工作时的最小仰角，但不得大于 30°。在确定吊货滑车受力时，吊杆仰角应取实际工作中的最大仰角，且不得小于 70°。

(2) 船倾的影响　船在装卸渔货物过程中会发生不同程度的倾斜(包括纵倾和横倾)。在船具有倾斜的情况下作业,吊杆装置会随船倾而产生船倾附加力。倾角大时,船倾附加力亦随之增大。

《海洋渔船安全规则》规定,船舶横倾不超过 5°,纵倾不超过 2°时,吊杆装置所受的船倾附加力可以不计,也就是说,此种情况下,船倾附加力通过安全系数来考虑。如吊杆实际工作时,船倾超过横倾 5°、纵倾 2°时,则应计算船倾附加力的影响,即将船倾附加力作为计算载荷来考虑。

通过分析计算可知,对轻型吊杆,吊货时所产生的倾斜力矩较小,不致引起船舶严重倾斜,即使船倾角(横倾)达到 10°,由船倾产生的附加力还是不大(计算仰角为 15°时),因此《海洋渔船安全规则》规定对轻型吊杆可不考虑船倾附加力的影响。

(3) 吊杆与属具的自重　吊杆的安全工作负荷是指吊杆实际起吊的质量,包括吊货时所用的工具的质量(如吊煤用的抓斗)。吊杆装置除起吊的质量外,其自身(如吊杆、吊货滑车组和吊钩等)的质量也影响到千斤索所受的力。因此在计算吊杆装置受力时,这些部件的质量应予以计算。这些部件的质量在有数据时采用实际数据,即取 1/2 吊杆质量+吊货索具质量。在无数据时一般可用 1/10 起吊质量代替。

(4) 同一桅上的吊杆数　渔船上常见的是单杆操作吊杆,因此不必考虑同一桅上装多根吊杆时的受力组合情况。

(5) 杆长悬高比 L/H　L 为吊杆长度,即自吊货滑车眼板中心至吊杆根部销孔中心的距离,单位为 m;H 为支悬高度,指吊杆根部销孔中心至桅顶千斤索滑车眼板中心的高度,单位为 m。

当吊货质量一定时,L/H 值越大,吊杆、千斤索和桅杆受力越大,反之则越小。L/H 值的选择,《海洋渔船安全规则》中未做规定,由设计人员根据实际情况决定。

2) 单吊杆受力计算

目前对吊杆装置的受力计算多采用图解法,此法比较简单,准确性也较好。

采用图解法时,首先选择恰当比例作出吊杆系统简图,再选择恰当的比例,作出平面共点力系的平衡图。

计算时要注意计算钢索通过滑车时的阻力。钢索通过滑车时,由于滑车的摩擦和钢索的僵硬性,钢索通过滑轮后的拉力会遭受一定的损耗。由于吊杆装置中,钢索穿过的滑车较多,故此项损耗不能忽视。

《海洋渔船安全规则》中规定,钢索通过滑车或滑轮时,滑动轴承滑轮的摩擦因数取为 0.05,滚动轴承滑轮的摩擦因数取为 0.02。

(1) 钢索通过滑轮后的拉力计算公式如表 5-6 所示。

表 5-6　钢索的拉力计算表

下拉式滑轮组		上拉式滑轮组	
起货时	降货时	起货时	降货时
$F=W\dfrac{K^n(K-1)}{(K^n-1)}$	$F=W\dfrac{(K-1)}{K(K^n-1)}$	$F=W\dfrac{K^n(K-1)}{(K^{n+1}-1)}$	$F=W\dfrac{(K-1)}{(K^{n+1}-1)}$
$T=W\dfrac{K^{n+1}-1}{(K^n-1)}$	$T=W\dfrac{(K^{n+1}-1)}{K(K^n-1)}$	$T=W\dfrac{(K^n-1)}{(K^{n+1}-1)}$	$T=W\dfrac{K(K^n-1)}{(K^{n+1}-1)}$

注:F 为钢索通过滑轮后的张力,kN;T 为起货滑车架所受的力,kN;W 为吊货质量,kg;K 为系数,$K=1+\mu$,μ 为摩擦因数;n 为滑轮总个数。

（2）滑轮组的组合形式。

滑轮组的组合形式主要有两种，如图 5-11 所示。

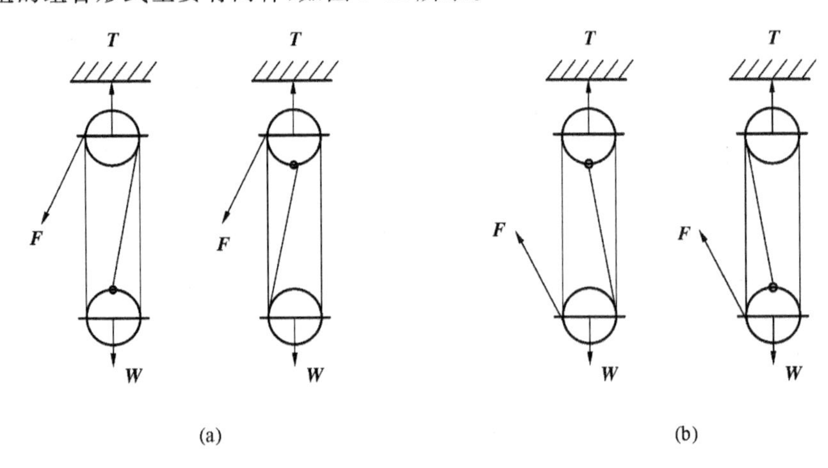

图 5-11　滑轮组的组合形式

（a）下拉式滑轮组；（b）上拉式滑轮组

3. 吊杆的结构及稳定性

1）吊杆的结构形式

目前渔船上采用的轻型吊杆，多为变截面吊杆，其结构形式是吊杆中段（至少 1/3 吊杆长度）的直径和厚度保持不变，从中段到两端逐渐减小至中段直径的 65%（参见《SC/T 8018—1994 渔船吊杆》）。也有的采用等截面吊杆，即在吊杆全长范围内直径和厚度保持不变的杆件。

渔船用吊杆可用无缝钢管制成，也可用钢板弯制而成。《钢质海洋渔船建造规范》要求焊制吊杆时应采用低氢型焊条。渔船用吊杆的最小壁厚为 5 mm，吊杆中段的外径应不小于壁厚的 25 倍，也不大于壁厚的 45 倍。

2）吊杆的稳定性

轻型吊杆的强度校核通常是将吊杆作为两端铰支的杆件，采用欧拉公式进行的。

吊杆轴向临界压力为（此时可不考虑吊杆制造中产生的初挠度和偏心度）

$$P = \frac{mEJ_0}{nL^2} \times 10^{-5} \tag{5-5}$$

式中　m——吊杆变截面系数，按表 5-7 选取，中间值用内插法求得；

E——钢材弹性模量，取为 2.06×10^5 MPa；

L——吊杆长度，m；

J_0——吊杆中部截面惯性矩，cm^4；

n——吊杆稳定性安全系数，取为 5。

吊杆长度 L 与其中部截面的惯性半径 r 之比称为吊杆的长细比（即吊杆的柔度），即

$$\lambda = \frac{1}{r} \tag{5-6}$$

对于等截面的吊杆

$$\lambda = \sqrt{\frac{I}{A}} \tag{5-7}$$

式中　I——吊杆截面惯性矩，$I=\frac{\pi}{64}(D^4-d^4)$，$cm^4$；

A——吊杆截面积，$A=\frac{\pi}{4}(D^2-d^2)$，cm^2；

D——吊杆外径，cm；

d——吊杆内径，cm。

对于变截面吊杆，其当量惯性半径为

$$r_{当量}=\frac{\sqrt{m}}{\pi}r$$

式中　r——吊杆中部截面的惯性半径，cm；

m——吊杆变截面系数，按表 5-7 选取，根据 a/L 和 J_1/J_0 选取。

表 5-7　吊杆变截面系数 m

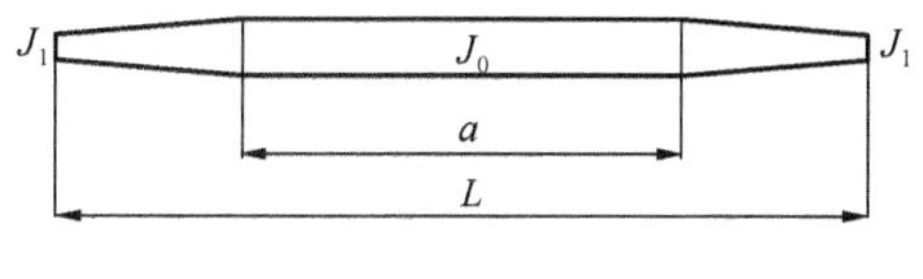

J_1/J_0 \ a/L	0.2	0.4	0.6	0.8
0.1	1.47	2.40	4.50	8.59
0.2	2.80	4.22	6.69	9.33
0.4	5.09	6.68	8.51	9.67
0.6	6.98	8.19	9.24	9.78
0.8	8.55	9.18	9.63	9.84

注：a 为吊杆中部一段的长度，m；L 为吊杆长度，m；J_0 为吊杆中部截面惯性矩，cm^4；J_1 为吊杆端部截面惯性矩，cm^4。

由材料力学知识可知，只有当欧拉公式求得的临界应力不超过材料的比例极限 σ_s 时，用欧拉公式计算的结果才是正确的。也就是说当钢制吊杆的长细比 λ 大于 100 时，才能用欧拉公式计算它的临界压力。但 λ 值也不能过大，过大则造成材料强度的浪费。《海洋渔船安全规则》规定，吊杆的长细比应不大于 145。

采用木质吊杆时，其强度计算仍可按上述方法进行，但其稳定性安全系数应按表 5-8 选取。吊杆的轴向压力也可按弹性稳定理论计算，计算时应考虑吊杆的自重弯矩和头部弯矩的作用。进行稳定性校核时，稳定性安全系数应不小于 2.5。

表 5-8　吊杆稳定性安全系数 n

L/m	<7	7～9.5	9.5～11.5	11.5～12.5	>12.5
n	5	5.25	5.5	5.75	6

4. 桅和起重柱的结构及强度校核

1）桅和起重柱的结构

渔船上吊货装置的桅、起重柱通常是用钢板弯制而成，也有采用无缝钢管制成的。《钢质海洋渔船建造规范》及《海洋渔船安全规则》等要求：桅及起重柱应至少有两层甲板作为支点，并与船体结构做有效连接。具有足够强度的上层建筑或甲板室顶板可作为其中一个有效支点。支持桅或起重柱的甲板和上述顶板均应做有效加强，并牢固连接。

桅和起重柱的外径应不大于按下列公式计算所得的值：

当 $t \leqslant 15$ mm 时

$$D = \frac{1000t}{25 - t}$$

当 $t > 15$ mm 时

$$D = 100t$$

式中　t——桅和起重柱的壁厚，mm，桅和起重柱的最小壁厚应不小于 6 mm，如桅和起重柱兼作通风筒时，就应不小于 7 mm。

桅和起重柱在千斤索眼板处的外径，一般不小于其根部外径的 65%。

桅和起重柱上受集中载荷的部位，如吊杆承座、千斤索眼板和桅支索眼板等部位，均应做适当加强，或加覆板，或增加壁厚。用覆板加强时，覆板的高度和宽度应稍大于上述零件的高度和宽度，或该处桅或起重柱的外径。

用钢板弯制成的桅和起重柱，其柱体的纵向接缝和横向接缝均应为单面坡口的对接缝，且应用低氢型焊条完全焊透。

2）桅和起重柱的强度计算

桅和起重柱的强度计算属校核性质。无支索桅的强度计算通常将其假定为下端刚性固定的悬臂梁看待。

根据吊杆的受力图解，无支索桅的受力如图 5-12 所示。

桅顶承受作用在千斤索眼板上的千斤索水平分力 $\boldsymbol{F}_{SH}$ 和垂直分力 $\boldsymbol{F}_{SV}$，作用在吊杆承座上的力（为吊杆轴向压力与起货索导向滑车拉力的合力）分为水平分力 F_{RH} 和垂直分力 F_{RV}。

在校核桅的强度时，可假定桅在甲板处的连接为刚性固定连接，则甲板处的弯矩为

$$M_1 = F_{SH}L + F_{RH}H_0 + F_{SV}e_1 + F_{RV}e_2 \tag{5-8}$$

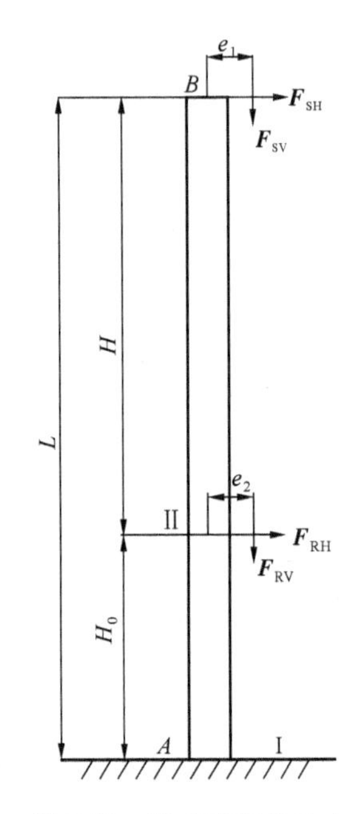

图 5-12　无支索桅的受力

对吊杆承座处的弯矩为

$$M_2 = F_{SH}H + F_{SV}e_1 + F_{RV}e_2 \tag{5-9}$$

桅在甲板处的拉弯组合应力为（不计桅本身质量）

$$\sigma_1 = \frac{M_1}{W_1} + \frac{(F_{SV} + F_{RV})}{S_1} = \sigma_{M_1} + \sigma_{S_1} \tag{5-10}$$

桅在吊杆承座处的拉弯组合应力为

$$\sigma_2 = \frac{M_2}{W_2} + \frac{F_{SV}}{S_2} = \sigma_{M_2} + \sigma_{S_2} \tag{5-11}$$

式中　σ_1、σ_2——桅在甲板处与吊杆承座处的拉弯组合应力；

M_1、M_2——桅在甲板处与吊杆承座处的弯矩；

W_1、W_2——桅在甲板处与吊杆承座处的剖面模数，对于圆柱形桅，$W = \dfrac{\pi(D^4 - d^4)}{32D}$，其中 D 为桅的外径，d 为桅的内径；

S_1、S_2——桅在甲板处与吊杆承座处的截面积。

如果桅顶处设有桅肩或在吊杆承座处设有悬臂式横梁，则在桅顶及吊杆承座处尚有扭矩存在，即

$$\tau = T/W_P \tag{5-12}$$

式中　τ——扭转应力；

T——扭矩；

W_P——抗扭模数，对圆柱形桅，$W=\dfrac{\pi(D^4-d^4)}{16D}$，其中 D 为桅的外径，d 为桅的内径。

此时，桅在甲板处的等效应力为

$$\sigma_1' = \sqrt{(\sigma_{M_1}+\sigma_{F_1})^2+3\tau^2} \tag{5-13}$$

桅在吊杆承座处的等效应力(第四强度理论)为

$$\sigma_2' = \sqrt{(\sigma_{M_2}+\sigma_{F_2})^2+3\tau^2} \tag{5-14}$$

《海洋渔船安全规则》要求，渔船支索桅的安全系数为 2.2，无支索桅、桅肩和悬伸结构的安全系数为 2.0。安全系数是指所用钢材的屈服极限应力与许用应力之比，如钢材的屈服极限大于强度极限的 0.7 倍时，则屈服极限应以强度极限的 0.7 倍代替。钢材的屈服极限和强度极限，应取其标准中的低限值。

支索桅的强度计算较复杂，可参看有关书籍。

对桅的刚度，《海洋渔船安全规则》中未做要求。通常，如果桅的刚度不够，就会引起振动。桅的刚度通常以桅顶处的总挠度 f 来表示，并且 f 值应小于桅杆高度 L 的 1/170。

5. 零部件和绳索

1) 固定零部件

渔船吊杆装置的几种固定零部件的主要形式参见《CB/T 4142—2011 船用轻型吊货杆》。

(1) 吊货滑车眼板和稳索眼板　吊杆头上吊货眼板和稳索眼板应采用 20 优质碳素钢锻制而成，由于这些眼板承受载荷大，因此在结构上必须贯穿吊杆，将吊杆两侧穿孔处的四周焊妥，并应采用低氢型焊条进行焊接。

(2) 吊杆叉头　吊杆叉头可采用 ZG230-450H 铸造或 20 优质碳素钢锻制或焊制。叉头的销轴必须配有螺母和开口销，以避免销轴脱出。

(3) 吊杆承座　吊杆承座可为 C3 钢焊接结构。吊杆转轴(又称鹅颈轴)及吊杆叉头横销应用 40 优质碳素钢锻制。为防止吊杆转轴从吊杆承座中拔出，在吊杆转轴上应设有挡圈，并用贯通销轴和开口销定。焊接吊杆承座也应采用低氢型焊条进行。

(4) 千斤索眼板　小型渔船上常见的千斤索眼板是一种不能转动的固定眼板，这种眼板结构不如可转动的眼板(参见《CB/T 441—1999 船用轻型吊货杆千斤索眼板》和《SC/T 8020—1994 渔船吊杆千斤索拉环》)合理，当吊杆向船舷转动时，眼板会受到弯曲力矩作用，且易磨损。眼板应采用优质碳素钢制成并用低氢型焊条焊接。其布置应尽量使其在工作中不受横向弯曲。

(5) 甲板眼板　甲板眼板(俗称地铃)，用于连接稳索等索具，可以锻制或焊接制成，其结构形式参见《CB/T 33—1999 索具套环》和《CB/T 60—1999 船用眼板》。

焊制或焊接吊杆及其固定零部件时，应采用屈服强度不低于 422 MPa 的低氢型焊条进行焊接。角焊缝的焊喉厚度应不小于要求值。焊接千斤索眼板，焊后需进行退火处理。

2) 活动零部件

活动零部件的结构形式分别参见《CB/T 442—1999 船用轻型吊货杆活动零部件》、《CB/T 3818—1999 船用索具螺旋扣》、《CB/T 440—1999 船用轻型吊货杆导向滑车叉头》、《CB/T 369—1995 钢索开口滑车》等有关标准。

(1) 吊货钩　渔船轻型吊杆的吊钩钩尖应尽可能有遮蔽,以防止绳索滑出和避免发生钩住船体构件等事故。吊钩应采用20优质碳素钢锻制,不得使用铸造的吊钩。

(2) 转环　起货时为避免使货物转动,吊钩与吊货索(或短链)之间设有转环,或采用带转环的吊钩。转环应采用20优质碳素钢锻制,不准使用铸造的转环。转环应能自由旋转,并能防止松脱。

(3) 卸扣　起货设备中的卸扣的横销应带有螺纹,一般应设有防止松脱的装置。横销的螺纹不应突出本体外面,以免螺纹碰损后销子卸不下来。用于固定吊具系统零件(吊钩、重块和吊货链)的卸扣,必须用具有半埋头的横销,横销两端都不凸出卸扣本体外。卸扣应采用20优质碳素钢或合金钢锻制,不准使用铸造的卸扣。

(4) 滑车　滑车从滑轮数上来分,可分单饼滑车和多饼滑车。滑车的构造应使滑轮与外壳或夹板之间保持较小的间隙,以免卡住绳索。

起货设备中不允许使用带钩子的滑车和开口滑车。

多饼滑车的中间隔板起承载作用,因此不能与滑轮轴之间脱空。普通形式多饼滑车的滑轮轴承,其润滑方式是将润滑油注于滑轮的储油腔内,由于结构上的特点,加油困难,因此在设计和制造中需要加以注意。

起货滑车和导索滑车在作业中使用频繁,负担较重,因此对轴承的润滑和滑轮的材料要求比较突出。滑动轴承已越来越不适应实际需要,目前较普遍采用滚动轴承。滑轮材料多为铸钢。铸钢滑轮常发生轮缘破裂或损坏,使用寿命较短。

滑轮直径(量自索槽底部)与绳索直径之比称为轮径比,其值不得小于表5-9规定之值。

表5-9　滑轮直径与索径之比

滑轮用途		轮径比
钢索	动索用滑轮	12.8
	静索用滑轮	8
纤维索		6

滑车的许用负荷:单饼滑车的许用负荷指一根钢索所承受的负荷,不是耳环(吊架)上的负荷,因此2 t单饼滑车的直接吊货量是2 t。由两个2 t单饼滑车组成的滑车组,它的允许吊货量就是4 t,不是2 t。单饼滑车的试验负荷是许用负荷(安全工作负荷)的4倍,对带索环的单饼滑车为6倍。

多饼滑车的许用负荷是指耳环(吊架)上的负荷,其试验负荷为许用负荷(安全工作负荷)的2倍。由两个2 t的多饼滑车组成的滑车组,它的允许吊货量仍是2 t。

(5) 松紧螺旋扣　松紧螺旋扣专用于在甲板处连接桅支索和甲板眼板,作用是使桅支索得以张紧。松紧螺旋扣有闭口、开口和带钩等几种形式的。带钩的松紧螺旋扣不得用于连接支索。为防止自动松动,桅支索上的松紧螺旋扣一般采用扁钢压条,其一端攀住耳环,一端在松紧螺旋扣中部用螺钉固定。

桅支索安装的预应力约为30 MPa。

3) 绳索

渔船上渔捞起货设备中所用的绳索有钢丝绳、纤维绳和夹棕绳几种。

(1) 钢丝绳　钢丝绳是由一定数量的钢丝按一定的结构形式绕制而成的。钢丝绳具有能承受较大的冲击、不会突然断裂、质量小、运动平顺、高速卷绕时无噪声和成本低等优点。主要缺点是挠性不够好，故需要较大直径的卷筒或滑轮，否则寿命大大降低。

有关钢丝绳的主要技术标准有《(GB/T 8706—2006 钢丝绳　术语、标记和分类)》、《GB 8918—2006 重要用途钢丝绳》、《GB/T 5972—2009 起重机　钢丝绳　保养、维护、安装、检验和报废实用规范》、《GB/T 30587—2014 钢丝绳吊索　环索》等。

① 钢丝绳材料　制绳用钢丝一般采 50、55、60 等优质碳素结构钢的盘条拨制而成，材料中磷、硫的含量都不得超过 0.035%。通过冷拉和热处理等工艺过程，钢丝的公称抗拉强度可高达 1320～2030 MPa，这相当于相应钢号材料强度极限的 2～3 倍。制绳用钢丝的公称抗拉强度分为六级：1470 MPa、1570 MPa、1670 MPa、1770 MPa、1870 MPa、1960 MPa。每一等级的公称抗拉强度是该等级公称抗拉强度的下限，上限等于下限加上表 5-10 中规定的差值。

表 5-10　制绳用钢丝的公称抗拉强度

钢丝公称直径 d/mm	公称抗拉强度差值/MPa
$0.20 \leqslant d < 0.50$	390
$0.50 \leqslant d < 1.00$	350
$1.00 \leqslant d < 1.50$	320
$1.50 \leqslant d < 2.00$	290
$2.00 \leqslant d < 4.40$	260

制绳用钢丝有光面钢丝和镀锌钢丝两种，镀锌钢丝绳的防腐性能较好，但由于钢线在镀锌过程中存在退火现象，强度极限会降低 10%左右。

绳芯的材料对钢丝绳的性能有很大影响。钢丝绳的绳芯有有机物纤维芯(如棉纱、黄麻等)、合成纤维芯和金属芯、矿物芯等几种。金属芯的钢丝绳抗拉强度比非金属芯钢丝绳的高约 9%，但其挠性较差，多在起货设备中用作静索或用于高温场合。纤维芯钢丝绳有较高的挠性，浸油纤维芯能从绳内部释放油来润滑钢丝绳，故多用作动索。

② 钢丝绳的结构形式　钢丝绳一般可按其断面的形状、捻制的次数和方向、绳中丝与丝的接触状态和绳芯种类等特点进行分类。

钢丝绳按其断面形状可分为圆形、方形(即编织钢丝绳)和扁形等几种形式。渔船上只采用圆形断面的钢丝绳。

圆形断面的钢丝绳按其捻制次数可分为单捻绳、双捻绳和三捻绳三种。

单捻钢丝绳是由若干层钢丝围绕同一绳芯捻制而成的，亦称单股钢丝绳。其特点是刚度大、柔性差，只适宜用作不运动的拉索(如桅支索等)。

双捻钢丝绳是由若干钢丝先捻制成股，再由几股钢丝围绕绳芯捻制成绳的。其特点是挠性较单捻绳好，但其柔软程度取决于钢丝绳的构造和绳芯的组成。这种钢丝绳在渔捞起货设备中应用最广泛。

双捻钢丝绳按由丝捻成股和由股捻成绳的两次捻制方向的不同而分为同向捻、交互捻和混合捻三种。捻制方向及由此产生的外形，对钢丝绳的性能有较大影响。

同向捻是指由丝捻成股和由股捻成绳的两次捻制方向相同。同向捻钢丝绳的特点是柔软性较好，且由于钢丝之间接触较好，绳的表面较平滑，使用中与滚筒之间的接触较好，因而磨损较小，使用寿命较长。但这种绳容易松散和扭转，不能用作吊货索，较适宜用于有刚性导轨的升降机。

交互捻是指由丝捻成股和由股捻成绳的两次捻制方向相反。交互捻钢丝绳柔软性稍差，表面也不如同向捻绳平滑。使用中与卷筒或滑轮的接触面较小，因而磨损较快，使用寿命不如同向捻绳。但由于它不易扭转和松散，故在渔船上得以广泛应用。

混合捻是指由丝捻成股的方向和由股捻成绳的方向一部分相同、一部分相反。混合捻同时具有同向捻和交互捻的特点，但制造困难，因而很少使用。

三捻钢丝绳，它是用双捻钢丝绳作为股再绕绳芯制成的绳。这种绳由于绳芯较多，其柔软性比双捻钢丝绳好。但这种绳的钢丝较细，工作时外层磨损较快，使用寿命较短，而且制造工艺较复杂，成本较高，用作船上的舵索比较合适。

钢丝绳根据其中丝与丝的接触状态可分为点接触钢丝绳、线接触钢丝绳和面接触钢丝绳。

点接触钢丝绳为普通钢丝绳，由直径相同的钢丝捻制而成。这种钢丝绳由于股内每一层钢丝的螺距各不相同，因此使用寿命较短。但此种钢丝绳较柔软，弯曲半径较小。

线接触钢丝绳是由不同直径的钢丝经合理搭配与恰当布置，使外层钢丝相应落入内层钢丝的凹缝中捻制成的绳。股内各层钢丝均平行，每层钢丝的螺距都相等，钢丝之间保持线接触。其结构形式有西鲁式、瓦林吞式和填充式几种。

线接触钢丝绳消除了点接触钢丝绳的二次弯曲应力，降低了工作时的总弯曲应力，因而耐磨性、抗疲劳性能较好。其抗拉强度比点接触式的高 8%～10%，使用寿命比点接触式的高 1～2 倍。但此种钢丝绳内部较紧密，柔软性比点接触式的稍差。

面接触钢丝绳股内钢丝截面形状特殊（呈梯形），钢丝之间呈面状接触，结构紧密，因而这种钢丝绳的耐磨性和耐蚀性均好，横向承载能力强，但柔软性差。多用作索道的承载索。

③ 钢丝绳的破断拉力　钢丝绳的破断拉力与钢丝的抗拉强度、钢丝绳的结构形式及直径有关。钢丝绳的破断拉力 F 可按下式计算

$$F=\frac{\sum SR_0K}{1000} \tag{5-15}$$

式中　F——钢丝绳破断拉力，kN；

$\sum S$——钢丝绳钢丝的总截面积，mm^2；

R_0——钢丝绳公称抗拉强度，MPa；

K——换算系数，据钢丝绳结构形式由表 5-11 查得。

表 5-11　钢丝绳的换算系数

钢丝绳结构形式	换 算 系 数
1×7、1×19	0.90
6×7、6×12、7×7	0.88
1×37、6×19、7×19、6×24、6×30、8×19、18×7	0.85
6×37、8×37、18×19	0.82
6×61、34×7	0.80

钢丝绳的最小破断拉力应不小于按下式计算所得之值

$$F_0=\frac{k'd^2R_0}{1000} \tag{5-16}$$

式中　F_0——钢丝绳最小破断拉力，kN；

d——钢丝绳公称直径，mm；

R_0——钢丝绳公称抗拉强度，MPa；

k'——系数，据钢丝绳结构形式由表5-12查得。

表5-12 钢丝绳系数

钢丝绳结构形式	系数 k'	
	纤维芯钢丝绳	钢芯钢丝绳
6×7	0.332	0.359
6×19(a)、6×37(a)	0.330	0.356
8×19、8×37	0.293	0.346
17×7	0.328	0.328
34×7	0.318	0.318
6×24	0.280	—
6×19(b)	0.307	0.332
6×37(b)	0.295	—

注：(a)、(b)指镀锌钢丝绳的类别。其中，“6×7”指6股，每股7芯。

④ 渔捞起货设备用钢丝绳的要求　渔船上渔捞起货设备用钢丝绳的钢丝的公称抗拉强度应不小于1400 MPa，亦不应大于1800 MPa。钢丝绳一般应不少于6股组成。作动索用的钢丝绳，每股中的钢丝不得少于19根，股芯可为纤维芯或钢芯。通常采用由直径0.6～2 mm的钢丝制成6×24或6×19或6×37的钢丝绳。

钢丝绳不得用插接法接长使用。钢丝绳末端的连接根据不同的用途，可采用索节、索夹等连接件。

若钢丝绳末端的绳眼或套圈用插接法制作，插接时每一整股至少穿绕三次，剖开半股再穿绕二次。各股的穿绕均为逆股穿绕，且应依次进行。这是国际劳工组织推荐的一种形式。

钢丝绳末端绳眼应装有套环，套环应用钢材锻制或模压制成，不允许使用铸造的套环。

(2) 纤维绳　渔船上常用的纤维绳有如下几种。

① 天然纤维绳　天然纤维绳主要有马尼拉麻绳(白棕绳)、西纱尔麻白棕绳、苧麻绳和棕麻混合绳等。

麻绳是由若干大麻纤维丝捻成股，再由3股捻成绳。捻制时采用交互捻，以防松散。这种麻绳又可称为索。由3根索再捻制成的麻绳可称为缆。也有用6股或8股索捻制成的缆。

同钢丝绳相比，天然纤维绳有很大的挠性，但其强度很低，磨损快，防腐能力低，易受机械损伤。为防止天然纤维绳因潮湿而霉烂破坏，延长使用期限，常将其浸在树脂或焦油中一段时间后再使用。但绳因浸油，其强度将降低10%左右，质量也将增大。

② 合成纤维绳　合成纤维绳主要有尼龙绳、聚乙烯绳、维尼龙绳和聚氯乙烯绳等多种。与天然纤维绳相比较，它具有强度大、质量小、耐腐蚀和耐磨损的特点，但伸长度较大。

③ 夹棕绳　夹棕绳是由钢丝和天然纤维共同制成的一种绳。其结构形式为在每根钢丝索股上包绕白棕麻股作为绳股，再以3股或4股这样的绳股捻制成绳。当强度相同时，夹棕绳的直径仅为麻绳的1/4～2/5，为钢丝绳的2倍，其质量比麻绳小，与钢丝绳相差不大。由于其强度较大，刚度适中，作业时操作方便，绳不易从手中滑出，又不会被钢丝刺伤手，故渔船上常用作拖网曳纲。

在渔捞起货设备中，纤维绳仅允许用作吊杆的摆动稳索。一般选用周长为60～100 mm的纤维绳，便于手握。

纤维绳不允许用插接法接长使用。纤维绳末端绳眼的插接应为每一整股穿绕不少于4次，剖开半股再穿绕2次。

(3) 绳索的安全系数　渔船上渔捞起货设备中绳索的安全系数(相对于绳索的破断负荷) n 应不小于表5-13中规定的数值。

表5-13　绳索的安全系数

绳索的种类和用途			安全系数 n
钢丝索	动索	吊货索、千斤索、摆动稳索、天索吊钢索	5
	静索	桅支索	3.5
		保险索	4
纤维索			3

5.4　渔船救生设备

救生设备是当航行船舶遭遇意外事故时，船上乘员自救逃生的应急设备。海上事故的不断出现，促进人们不断寻找解决救生问题的方法，使救生设备不断得到更新和扩充，现在的救生设备已不仅仅是为遇险者提供求生的工具，而是集防晒、御寒、给养、行进等多功能于一体的救生工具。

1. 救生设备的种类和特点

渔船救生设备可分为三大类。第一类是指集体救生设备，包括救生艇筏、救生浮具，以及其上装备的登乘、升降、回收、存放、释放等装置；第二类是指个人救生用品，包括救生圈、救生衣、浸水保温服等；第三类是指其他救生设备，包括救生抛绳器、烟火信号、紧急报警系统等。根据渔船尺度及作业渔区的不同，按《1974年国际海上人命安全公约》及《渔业船舶法定检验规则》(2000)的要求，相应配备不同的救生设备。下面主要介绍救生艇、吊艇架、救生筏的结构特点。

2. 救生艇

救生艇是指从弃船时能维持遇险人员生命的艇，是船舶重要的救生设备之一。其承载量大，对乘员的保护能力较好，具有一定的操纵能力和航行能力。但因其质量大，吊艇设备复杂，占用的甲板面积也大，在渔船上的使用受到一定限制。

救生艇按其结构形式的不同可分为开敞式、部分封闭式和全封闭式。开敞式救生艇遇到4～5级以上的风浪时，乘员就会受到海水侵袭，在低温或曝晒情况下，乘员还会受到死亡的威胁。因此《1974年国际海上人命安全公约》及《渔业船舶法定检验规则》(2000)中，要求不再使用该种救生艇。

救生艇按建造材料来分有木质、钢质、铝合金、玻璃钢等类型。木质救生艇强度差、容易损坏、漏水。钢质救生艇质量太大。因此，目前生产及使用的救生艇主要是铝合金艇和玻璃钢艇，尤以玻璃钢艇最为普遍。它保养、操作方便，且经久耐用。

救生艇内一般设有空气箱，足以保证救生艇的内部浮力。艇通常具有两头尖的船型，以保证具有良好的航行性能。机动救生艇还具有机械推进装置。救生艇的构造、承载能力、浮力、干舷和稳性、推进装置、船装件、备品属具等，在《1974 年国际海上人命安全公约》及《渔业船舶法定检验规则》(2000)中均有明确规定。

所有救生艇内均设有吊艇装置。吊艇装置是由固定在艇龙骨上的眼板、拉杆和滑钩组成，当艇被放到水中后，滑钩能很快地把艇与吊艇索解开。

1）全封闭救生艇

全封闭救生艇的结构如图 5-13 所示。

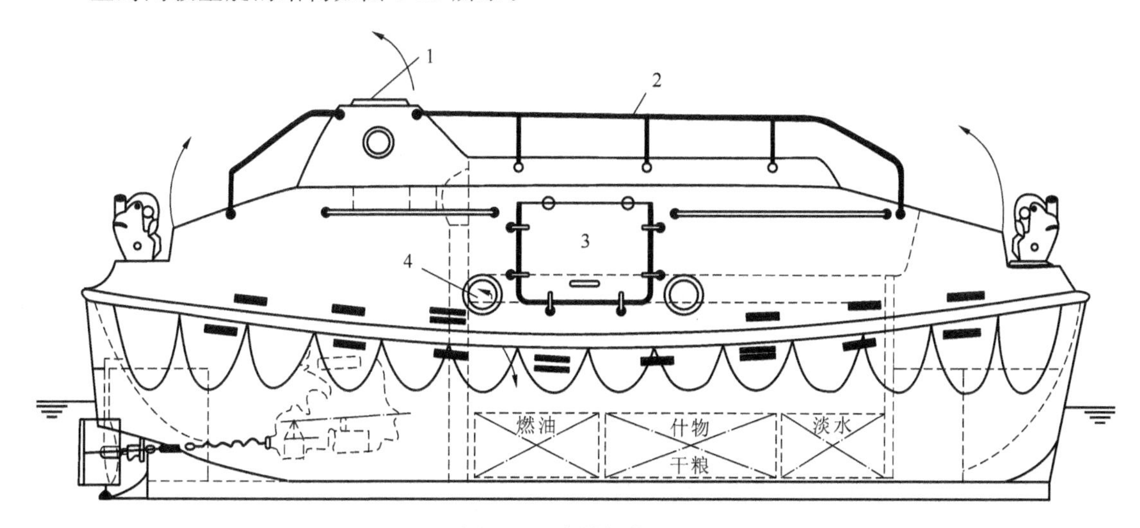

图 5-13　全封闭救生艇

1—顶盖；2—扶手；3—通道盖；4—划桨孔

全封闭救生艇相当于在开敞式救生艇的基础上加设了一个刚性的封闭顶盖，这样可以保护乘员不受冷、热的侵害。全封闭救生艇其艇体及顶盖的材料均为阻燃或不燃的，艇员可以在封闭顶盖下完成收、放艇工作并能进行划桨。顶盖关闭时能防水，在翻覆时无显著漏水，并能扶正。

2）部分封闭救生艇

它与全封闭救生艇的主要不同是，它只在艇首和艇尾设置刚性顶盖，中间部分设有可折式顶蓬，因其顶盖不能完全防水，故装有舀水设备或自动舀水设备，翻覆时不能自行扶正。

3）自行扶正的部分封闭救生艇

其顶盖形式与部分封闭救生艇相同，也有自动舀水装置，其他要求与全封闭救生艇相同。

3. 吊艇架

吊艇架是船舶用于放小艇的专用设备。当救生(助)艇载足全部乘员及属具时，应能将其安全降落和回收，并能在船舶纵倾 10°并向任何一舷横倾 20°时的情况下正常工作。

吊艇架形式可分为两类，一类是用人力或机械力推动吊艇架，使艇架带动艇摆出或者倒向舷外，以便卸放艇下水；另一类是重力式吊艇架，它依靠吊臂和救生艇的重力，使艇架的吊臂带动救生艇自动倒向舷外。

重力式吊艇架常见的有滑轨重力式吊艇架(见图 5-14)。它是由底座架和吊艇滑架组成的。底座架固定在甲板上，它有滑道可供吊艇滑架滑行之用。救生艇平时放在滑架下部的墩木座上(见图 5-14(a))。放艇时解掉保险绳与保险销，松开制动器(见图 5-14(b))，滑架连同救生艇借助本身的重力，沿滑道向下滑至船舷处，滑架则卡住（见图 5-14(c)）。若继续松吊艇索，艇则继续下降直至落到水面（见图 5-14(d)）。

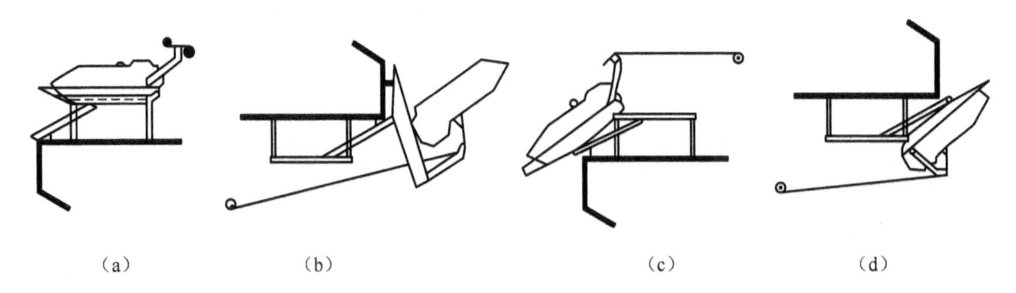

图 5-14　滑轨重力式吊艇架

(a) 吊艇固定；(b) 制动器松开，吊艇下滑；(c) 吊艇下滑至船舷处卡住滑架；(d) 松吊艇索，吊艇下降

图 5-15 所示为重力倒臂式封闭艇吊艇架。该吊艇架的结构简单，放艇安全、迅速，使用较为广泛。其吊臂有直的和弯的两种，它主要是依靠救生艇的重力对吊臂支点所产生的外倾力矩将吊臂倒向舷外。

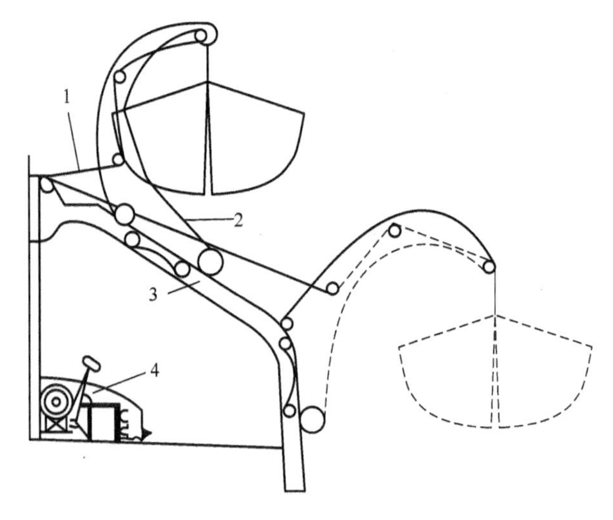

图 5-15　重力倒臂式封闭艇吊艇架

1—吊艇索；2—吊艇滑架；3—底座架；4—电动绞车

图 5-16 所示为叉形支撑重力式吊艇架。放艇时解开保险绳，松开制动器，依靠重力使吊艇柱与艇一起向舷外倾倒。

图 5-17 所示为直杆重力式吊艇架。放艇时，也是依靠艇的重力使吊艇柱向舷外倾倒。目前海船上多采用的是叉形支撑重力式吊艇架，因其构造简单，使用时安全可靠。

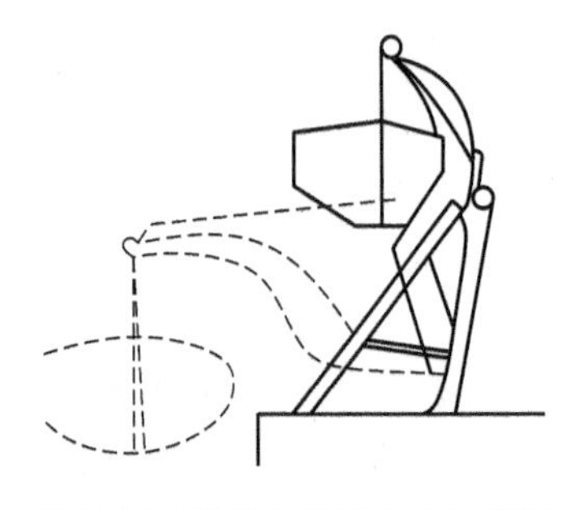

图 5-16　叉形支撑重力式吊艇架

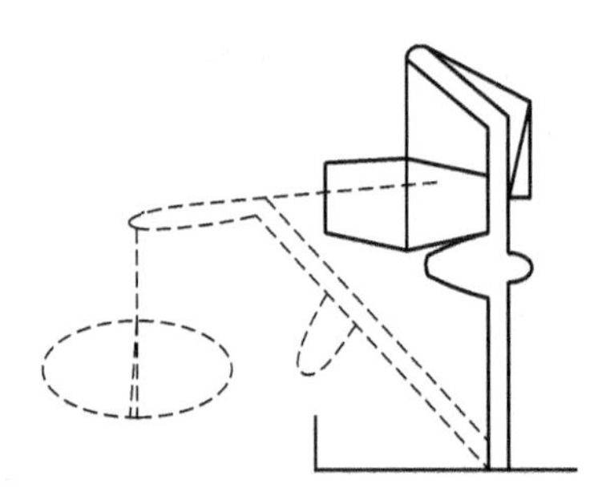

图 5-17　直杆重力式吊艇架

4. 气胀救生筏

渔船受尺度及甲板面积的影响，配备救生艇有一定困难。因此，气胀救生筏是目前我国渔船上应用最为广泛，也最主要的救生设备。

1) 气胀救生筏的种类

救生筏按制造材料分，有气胀救生筏和刚性救生筏；按投放方式分，有抛投式救生筏和吊架降落式(可吊式)救生筏。渔船上应用的主要是抛投式气胀救生筏，其筏体由尼龙橡胶布制成，平时折叠包装在筏存放筒内，置于露天甲板的专用筏架上。使用时通过拉索开启 CO_2 气瓶，向筏内充气而成形。其特点是质量小(总质量≤185 kg)，体积小，投放迅速，使用简便。

2) 气胀救生筏的组成

(1) 主气室　救生筏上、下浮胎所组成的两个独立气室为承载船员用的主气室。各气室均设有排气阀，防止因气压过高而产生破裂现象。

(2) 篷柱与篷帐　篷柱有直柱形和拱形的两种，用于支承篷帐，可以防浪、防晒、遮阳和保暖。篷帐上设有集雨水沟，篷顶设有示位灯。

(3) 筏底气室　筏底气室的作用主要是保温。一般由船员进筏后用手动风箱进行充气。筏底外部有 4 个平衡水袋，用来增加筏的稳定性和阻力。

(4) 充气装置　每筏均配有两只 CO_2 充气钢瓶，分别与上、下浮胎上的单向进气阀连接。

(5) 其他装置　上、下浮胎连接处设有扶手绳，筏内外配有照明灯、备品属具、可浮救生索、拯救环、海锚、水手刀以及海水(或干)电池等，筏底设有扶正带。

渔船上常用的抛投式气胀救生筏有 A 型、Y 型、YJ 型三种形式，乘员定额有 6 人、10 人、15 人、20 人、25 人等几种。气胀救生筏的外观、装船形式及结构如图 5-18、图 5-19 和图 5-20 所示。

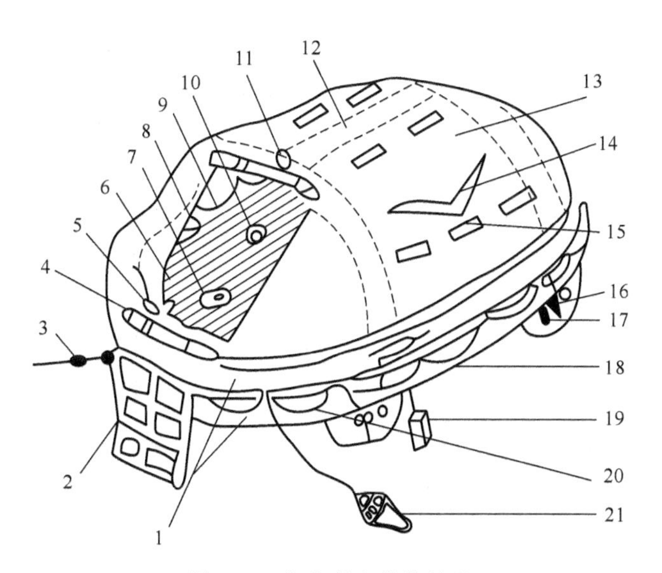

图 5-18　气胀救生筏的外观

1—上、下浮胎；2—软梯；3—首缆；4—门帘；5—水手刀；6—筏底；7—拯救环；8—安全阀；9—内扶手绳；10—筏底补气阀；11—示位灯；12—篷柱；13—篷帐；14—雨水沟；15—逆向反光带；16—提拎带；17—平衡水袋；18—CO_2 充气钢瓶；19—海水电池；20—扶正带；21—海锚

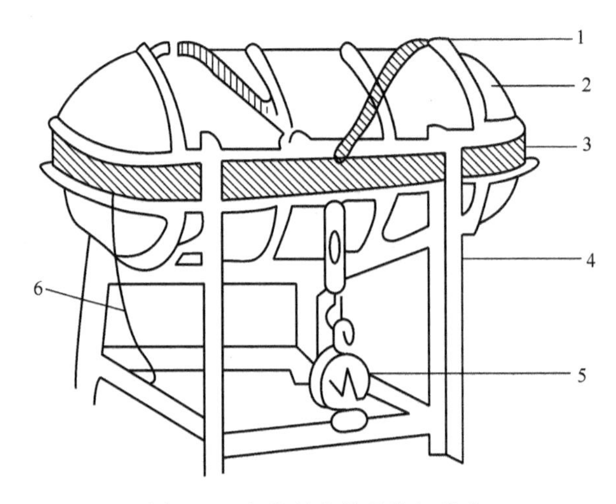

图 5-19　气胀救生筏的装船形式

1—固定缆绳；2—气胀救生筏存放筒；3—橡胶外封条；4—筏架；5—静水压力释放器；6—缆绳(首缆)

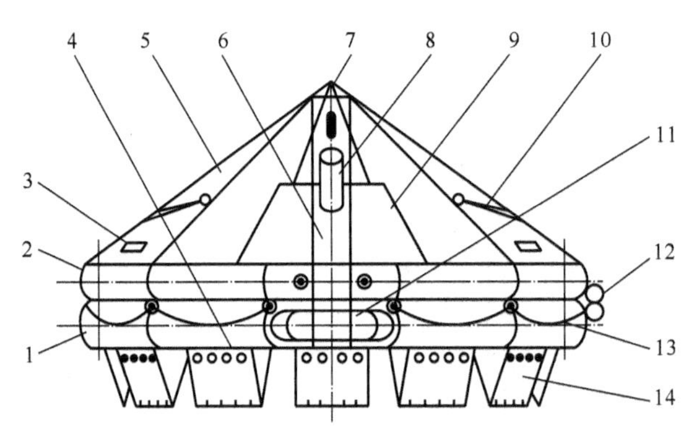

图 5-20　气胀救生筏的结构

1—下浮胎；2—上浮胎；3—反光带；4—筏底；5—篷帐；6—篷柱；7—示位灯；8—瞭望窗；9—出入口；10—雨水沟；11—登筏平台；12—CO_2 充气钢瓶；13—扶正带；14—平衡水袋

第6章　渔业机械标准

6.1　渔业标准现状概述

渔业标准化是建设现代渔业重要的基础性工作。推进渔业标准化，对于保护和合理利用渔业资源，保障水产品质量安全，转变渔业增长方式，增强渔业市场竞争力，提升渔业依法行政水平，促进渔业增效、渔民增收，具有十分重要的意义。

2004年以来，我国加强了以水产品质量安全标准为重点的渔业标准体系的规划和建设。截至2010年底，现行渔业国家、行业标准达827项，其中国家标准143项、行业标准684项。地方标准体系建设的步伐加快，现行地方标准达1100多项，还有200多项地方标准正在制定中。标准内容覆盖了养殖、加工、渔船、渔业机械、渔具、资源、环境、工程、观赏鱼等各个领域，形成了以国家标准、行业标准为主体，地方标准和企业标准相衔接、相配套的渔业标准体系。

所谓渔业，是指捕捞和养殖鱼类、其他水生动物及海藻类等水生植物以取得水产品的产业，一般分为海洋渔业和淡水渔业。渔业生产的主要特点是以各种水域为基地，以具有再生性的水产经济动植物资源为对象，具有明显的区域性和季节性，初级产品具有鲜活、易变质和商品性的特点。

渔业可为人民生活和国家建设提供食品和工业原料。丰富的蛋白质含量为世界提供蛋白质总消费量的6%，动物性蛋白质消费量的24%，还可以为农业提供优质肥料，为畜牧业提供精饲料，为食品、医药、化工工业提供重要原料。我国有18000多公里的海岸线，还有辽阔的大陆架和滩涂，20万平方公里的淡水水域，1000多种经济价值较高的水产动植物，为发展渔业提供了良好的自然条件和广阔前景。

从1990年开始，我国水产品产量连续十几年居世界第一位。近年来，随着产业的不断发展，我国渔业经济增长方式开始发生重大转变，从过去单纯追求产量增长，转向更加注重质量和效益的提高，注重资源的可持续发展，水产品产量增长幅度保持在3%～4%，呈现稳定发展的态势。由于国家加大了渔港和渔业基础设施建设的投入，并在产业政策上予以扶持，坚持以市场为导向，及时对产品结构和生产方式进行调整，狠抓产品质量，使我国渔业效益明显提高，渔业产值和渔民收入有了较大幅度的增长。

同时，作为我国渔业发展之基的渔业标准化工作也取得了长足的进步。早在20世纪70年代初，我国就从渔船标准入手，相继建立了渔船、渔业机械、仪器、渔具及渔具材料、水产品加工、淡水养殖、海水养殖专业标准化技术归口单位和相应的标准审查委员会，并在此举基础上于1990年组建了全国水产标准化技术委员会和全国渔船标准化技术委员会，以后又按专业成立了7个分技术委员会和1个水生动物防疫标准化工作组。

随着国际上水产技术性贸易措施壁垒迅速增加，我国水产品出口贸易受到严重影响。在做好国内渔业标准化体系建设的同时，我国在渔业标准国际化的道路上也取得了实质性的突破，成功加入了《熏鱼》、《鲍鱼》、《鱼露》3个CAC(国际食品法典委员会)标准工作组。

6.2　渔业机械标准现状概述

我国的渔业机械、仪器的标准化工作起步于20世纪60年代，行业标准主要应用于水产品的养殖、捕捞、加工、运输、贸易等各个环节，以产品标准为主。近年来在国家政策的扶持下，在各级领导重视下，渔业机械标准有了很大的发展。在标准数量增加的同时，标准内容也在不断拓展，从一味注重加工条件和性能参数，开始逐步转化为注重安全卫生的技术条件标准及检测方法。在制定标准的过程中也更注重采标，力求与世界水平接轨。

渔业机械、渔业仪器行业主要由中小企业组成，并以私营小企业居多，还有部分转制企业，技术力量相对较薄弱。截至2010年底，现行渔业机械、仪器行业标准已达180多项，还有多项标准正在立项。现行渔业机械、仪器国家、农业和行业标准内容基本上涵盖了渔业机械、仪器行业的各种常用产品及其检测方法，企业从无标生产开始走向有标生产。

我国渔业机械标准体系从整体属性上看，既有工业标准的特性又包含渔业生产的特殊性。目前的渔业机械标准体系存在如下问题。

(1) 标准的适用性不强，覆盖面不广。目前的标准体系无论在时效性上还是数量、种类上均不能满足市场和企业的生产要求。如鱿鱼钓机、鱼品加工机械在国内虽然未能形成规模化生产，但进口的种类和数量在逐年增加，相应的产品标准和检测标准滞后。

(2) 标准的先进性不强。现有的渔业机械标准基本是内向型产品标准，而非贸易型产品标准，这些标准比较强调企业组织生产的依据，考虑技术参数、生产水平较多，对市场和消费者需求变化考虑不够，质量安全技术标准及参数在产品标准中少有体现。根据标准体系建设发展的趋势和要求来分析，不少标准存在诸多缺陷，少数项目规定的指标也已落后或不适用，亟待制、修订。

(3) 企业采标率不高。在实际生产中，企业对标准的执行不够重视，企业采标率较低。

(4) 标准的质量不高，科学性不强。现有的渔业机械标准在制定中缺少必要的调研、试验、验证等环节，试验数据积累少，所定质量指标依据不够充分。不少制标单位对标准中的量化指标往往只是凭自己的经验或本单位实验室的试验数据而加以确定，没有进行广泛的调查研究，没有其他实验室的验证，更未考虑量化指标在实际生产中的适用性，从而造成标准发布实施后，量化指标的溯源性、重复性和权威性多有值得商榷的地方。

6.3　对于发展我国渔业机械、仪器标准体系的几点建议

1. 与国际标准体系接轨

对于渔业机械、仪器行业标准体系，没有可整体采标的途径，只能根据行业的实际需要，经常检索标准化国际组织，如欧、美、日等国公共标准的目录汇编，跟踪他们的发展动态，制、修订的行业标准尽量与国际标准接轨，以改善我国目前的标准体系。此外，还要积极参与国际标准的制、修订并提出有利于我国国情的建议。

2. 采用国际通用基础标准

国际标准中最重要的是国际通用的基础标准，如导则、通用的参数系列、各种量的单位、通

用的规则、通用的标识方法、通用的检测方法标准等，这些标准是进行国际交流的基本条件。这些标准是公开的，我们在制定行业标准时应考虑等同采用。

3. 借鉴相关行业标准

针对渔业机械、仪器行业工业化的特点，有相当部分内容可以与其他行业通用。如：对于渔船专用机械，可结合渔船特点，借鉴相关的船用机械、冷冻机械国际标准；对于渔业仪器，可结合养殖、捕捞等特点参考相关的仪器国际标准；对于海、淡水养殖机械中的水处理机械，可结合养殖鱼类对水体的特殊要求，借鉴环保大类中的水处理机械国际标准；对于渔用饲料加工机械，可结合鱼类不同生长期对饲料的颗粒大小及饲料的沉浮性要求不同等，参考饲料加工机械国际标准；对于水产品加工机械，可根据水产品对温度、材质等的具体要求，采用食品加工机械国际标准；等等。另外还可关注我国台湾及东南亚地区由行业协会或学术团体起草制定的地方性或行业性法规中的相关内容。

4. 建立质量安全技术标准体系

在农业部统一部署下，2002年我国已完成了渔业机械、仪器行业标准的编制工作，但我国渔业机械、仪器行业标准与国际标准还有一定距离，特别是对质量安全一直未给予足够的重视，与国际标准差距较大。由于我国的劳动力相对便宜，渔业机械、仪器产品具有价格优势，在东南亚及东欧尚有一定的市场，但与国际标准的差距，可能会影响我国渔业机械、仪器产品的进出口贸易。所以我们需要加快研究进程，建立本行业的质量安全技术标准体系，在此体系的指导下，有效地开展标准项目研究。

5. 加大标准宣贯力度

按照农业部渔业局各个不同时期对标准化的不同要求及渔业机械、仪器行业产业调整的要求，在渔业机械、仪器行业的生产加工企业、消费者中开展标准的相关培训，提高整体标准意识。

6.4　渔业机械、仪器标准基本情况

表6-1列出我国现有的一些主要的渔业机械、仪器的国家标准和行业标准（数据统计至2011年底）。

表6-1　渔业机械、仪器国家标准和行业标准基本情况表（按序号排列）

序号	标准代号	标准名称
1	GB 9953—1999	浸水保温服
2	GB/T 8586—2007	探鱼仪工作频率分配及其防止声波干扰技术条件
3	SC/T 6001.1—2011	渔业机械基本术语 捕捞机械
4	SC/T 6001.2—2011	渔业机械基本术语 养殖机械
5	SC/T 6001.3—2011	渔业机械基本术语 水产品加工机械
6	SC/T 6001.4—2011	渔业机械基本术语 绳网机械
7	SC/T 6003—1999	渔船绞纲机
8	SC/T 6004—2002	海洋机帆渔船绞钢机

续表

序号	标准代号	标准名称
9	SC/T 6005—1978	渔船围网起网机类型和基本参数
10	SC/T 6006.1—2001	渔业码头用皮带输送机　型式、基本参数与技术要求
11	SC/T 6006.2—2001	渔业码头用皮带输送机 传动滚筒基本参数、尺寸与技术要求
12	SC/T 6017—1999	水车式增氧机
13	SC/T 6016—1984	渔轮绞纲机磨擦鼓轮
14	SC/T 6014—2001	立式泥浆泵
15	SC/T 6013—2002	螺杆挤压式饲料膨化机
16	SC/T 6011—2001	平模颗粒饲料压制　技术条件
17	SC/T 6007—2001	理鱼用带式输送机形式、基本参数与技术要求
18	SC/T 6009—1999	增氧机增氧能力试验方法
19	SC/T 6010—2001	叶轮增氧机技术条件
20	SC/T 7003—1999	垂直回声探鱼仪通用技术条件
21	SC/T 7004—2001	探鱼仪换能器
22	SC/T 7006—2001	溶解氧测定仪
23	SC 112—1983	渔船天线转换开关
24	SC/T 7008—1996	渔用全球卫星导航仪(GPS)通用技术条件
25	SC/T 8001—2011	海洋渔业船舶柴油机油耗
26	SC/T 8002—2000	渔业船舶基本术语
27	SC/T 8003—2007	渔业船舶船型分类编号
28	SC/T 8004—2000	钢质渔船渔舱口
29	SC/T 8005—2000	渔船鱼舱舱口盖
30	SC/T 8006—2011	渔船柴油机选型技术要求
31	SC/T 8007—1994	渔船舷边出水门
32	SC/T 8009—2000	两爪锚
33	CB/T 487—1999	天窗
34	SC/T 8011—1994	渔船起重钢索滑车
35	SC/T 8012—2011	渔船无线电通信、航行及信号设备配备要求
36	SC/T 8013—1994	渔船落地滑轮
37	SC/T 8014—1994	渔船竖向滚筒
38	SC/T 8015—1994	渔船导向滑轮
39	SC/T 8018—1994	渔船吊杆
40	SC/T 8019—1994	渔船吊杆承座
41	SC/T 8020—1994	渔船吊杆千斤索拉环
42	SC/T 8021—1994	渔船 300 系列柴油机修理技术要求
43	SC/T 8022—1994	渔船 6260 型柴油机修理技术要求

续表

序号	标准代号	标准名称
44	SC/T 8028—1994	渔船2105型柴油机修理技术要求
45	SC/T 8029—1997	渔船自闭式液位指示器
46	SC/T 8030—1997	渔船气胀救生筏筏架
47	SC/T 8031.1—1994	渔船液压串联式绞纲机修理技术条件
48	SC/T 8032—1997	渔船防火分隔结构型式
49	SC/T 8033—1994	渔船电动式起锚机修理技术条件
50	SC/T 8034—1994	渔船柱塞式液压舵机修理技术要求
51	SC/T 8035—1997	渔船平板冻结机安装调试技术要求
52	SC/T 8036—1994	渔船轴系及螺旋桨修理技术要求
53	SC/T 8037—1994	渔船空压机修理技术要求
54	SC/T 8038—1994	渔船CB、HY01型齿轮泵修理技术要求
55	SC/T 8039—2001	渔船尾部长滚筒
56	SC/T 8040—1994	渔船100 N·m、45 N·m单片离合器修理技术要求
57	SC/T 8041—1994	渔船管系修理技术要求
58	SC/T 8042—1994	渔船电机修理技术要求
59	SC/T 8043—1997	渔船主机前端齿轮箱安装技术要求
60	SC/T 8044—1994	渔船电气设备修理技术要求
61	SC/T 8045—1994	渔船无线电通信设备修理、安装及调试技术要求
62	SC/T 8046—1994	渔船导航设备修理、安装及调试技术要求
63	SC/T 8047—1994	渔船助渔设备修理、安装及调试技术要求
64	SC/T 8048—1994	渔船船体修理技术要求
65	SC/T 8049—1994	渔船舵系修理技术要求
66	SC/T 8050—1994	渔船舾装设备修理技术要求
67	SC/T 8051—1994	渔船300系列柴油机胀瓦式离合器修理技术要求
68	SC/T 8052—1994	渔船300系列柴油机干片式离合器修理技术要求
69	SC/T 8053—2000	海洋渔船系泊、航行、捕捞试验通则
70	SC/T 8054.1—1998	渔船制冷系统修理技术要求 试验方法
71	SC/T 8054.2—1998	渔船制冷系统修理技术要求 10系列船用活塞压缩机修理
72	SC/T 8054.3—1998	渔船制冷系统修理技术要求 管路、辅助设备和绝热设备修理
73	SC/T 8055—1994	渔船手动拖网弹钩
74	SC/T 8056—1994	渔船拖网弹钩滑车
75	SC/T 8057—1986	渔船号灯、号型配置
76	SC/T 8058—2000	机动渔船灯桅
77	SC/T 8059—2006	渔船隔热层发泡操作规程

续表

序号	标准代号	标准名称
78	SC/T 8060—2001	钢质渔船船体结构节点
79	SC/T 8061—2001	玻璃钢渔船船体制图
80	SC/T 8062—2000	玻璃钢渔船总纵弯曲试验方法
81	SC/T 8063—2001	玻璃钢渔船用不饱和聚酯树脂和玻璃纤维制品
82	SC/T 8064—2001	玻璃钢渔船施工环境及防护要求
83	SC/T 8065—2001	玻璃钢渔船船体结构节点
84	SC/T 8067—2001	玻璃钢渔船建造质量要求
85	SC/T 8068—2001	渔船玻璃钢舾装件
86	SC/T 8069—1997	渔船导流管制造及安装技术要求
87	SC/T 8070—2000	渔船燃油电加热器装置安装技术要求
88	SC/T 8071—1994	渔船锚设备安装技术要求
89	SC/T 8072—1994	渔船系泊设备安装技术要求
90	SC/T 8073—1994	渔船舱室木作制作安装质量要求
91	SC/T 8074—1994	渔船鱼舱绝热安装技术要求
92	SC/T 8075—1994	渔船冰鲜鱼舱绝热结构型式
93	SC/T 8076—1994	渔船船体涂装技术要求
94	SC/T 8078—1994	渔船船体建造精度
95	SC/T 8079—1994	渔船螺旋桨制造及装配技术要求
96	SC/T 8080—1994	渔船柴油主机安装技术要求
97	SC/T 8081—1994	渔船辅机安装技术要求
98	SC/T 8082—1994	渔船轴系校中技术要求
99	SC/T 8083—1994	渔船尾轴、中间轴、推力轴技术要求
100	SC/T 8084—1994	渔船轴系、轴承及密封装置技术要求
101	SC/T 8085—1994	渔船尾柱毂孔与尾轴管的技术要求
102	SC/T 8086—1994	渔船制冷机组安装技术要求
103	SC/T 8087—1994	渔船制冷系统密性试验技术要求
104	SC/T 8090—1994	渔船液压舵机安装技术要求
105	SC/T 8091—1994	液压串联式绞纲机安装技术要求
106	SC/T 8092—1994	2×2.5kN/42m 电动绞纲机安装技术要求
107	SC/T 8093—1994	渔船主机前端轴系安装技术要求
108	SC/T 8094—1994	渔船电气设备安装技术要求
109	SC/T 8095—2009	非金属渔业船舶防雷及电气设备安全接地技术要求
110	SC/T 8096—1994	渔船电气设备调试
111	SC/T 8097—2000	渔船中高压液压系统安装、调试通用技术条件
112	SC/T 8098—1994	渔船电缆敷设技术要求
113	SC/T 8099—2000	渔船小型电气号灯

续表

序号	标准代号	标准名称
114	SC/T 8100—2000	渔船轴带交流发电机组安装技术要求
115	SC/T 8101—1994	钢丝网水泥海洋渔船建造规程
116	SC/T 8103—1994	钢丝网水泥海洋渔船检验规程
117	SC/T 8104—1994	木质渔船主机安装技术要求
118	SC/T 8105—1994	木质渔船尾轴系列
119	SC/T 8106—1994	木质渔船尾轴系安装技术要求
120	SC/T 8107—1994	渔船网板架
121	SC/T 8108—2001	渔船甲板敷设结构型式
122	SC/T 8109—1998	渔船舱室通风与空气调节
123	SC/T 8110—1997	渔船舱室照明
124	SC/T 8111—2000	玻璃钢渔船船体手糊工艺规程
125	SC/T 8112—2000	玻璃钢渔船建造检验要求
126	SC/T 8113—2001	渔船 170 系列柴油机修理技术要求
127	SC/T 8114—1998	渔船主机小功率轴带交流发电装置
128	SC/T 8115—2000	渔船气胎离合器
129	SC/T 8116—2000	渔船气胎离合器修理技术要求
130	SC/T 8117—2010	玻璃纤维增强塑料渔船木质阴模制作
131	SC 8118—2000	海洋渔船稳性报告书
132	SC/T 8119—2001	玻璃钢渔船舾装件安装技术要求
133	SC/T 8120—2001	玻璃钢渔船修理工艺及质量要求
134	SC/T 8121—2001	玻璃钢渔船油、水舱施工技术要求
135	SC/T 8122—1994	渔船牺牲阳极安装技术要求
136	SC/T 8123—2001	木质渔船玻璃钢被覆施工工艺要求
137	SC/T 8125—2003	玻璃钢渔船船体密性试验方法
138	SC/T 8126—2006	L250 系列渔业船舶柴油机修理技术要求
139	SC/T 8127—2009	渔船超低温制冷系统管系制作与安装技术要求
140	SC/T 8128—2009	渔用气胀救生筏 技术要求和试验方法
141	SC/T 8129—2009	渔业船舶鱼舱钢质内胆制作技术要求
142	SC/T 8130—2009	渔船主机舷外冷却器制作技术要求
143	SC/T 8131—1994	渔船船体焊缝外观质量要求
144	SC/T 8132—1994	渔船消防设备安装技术要求
145	SC/T 8134—1994	渔船柴油机润滑油净化器
146	SC/T 8135—1994	润滑油净化器滤芯
147	SC/T 8136—1994	渔船管系阀件修理质量
148	SC/T 8137—2010	渔船布置图专用设备图形符号
149	SC/T 8138—2011	190 系列渔业船舶柴油机修理技术要求
150	SC/T 8139—2010	渔船设施卫生基本条件

参考文献

[1] 涂同明.渔业畜牧机械化必读[M].武汉:湖北科学技术出版社,2009.

[2] 吴宝逊.水产养殖机械[M].北京:中国农业出版社,1996.

[3] 吴天俊,洪君健,王呈方.造船机械设备[M].北京:人民交通出版社,1988.

[4] 中国船级社.钢质海船入级与建造规范[M].北京:人民交通出版社,2012.

[5] 阎邦椿.机械设计手册[M].5版.北京:机械工业出版社,2010.

[6] 庞声海,饶应昌.配合饲料机械[M].北京:中国农业出版社,1989.

[7] 殷肇君.水产养殖机械[M].北京:中国农业出版社,1989.

[8] 汪之和.水产品加工与利用[M].北京:化学工业出版社,2003.

[9] 张裕中.食品加工技术装备[M].北京:中国轻工业出版社,2000.

[10] 蒋迪清.食品通用机械与设备[M].广州:华南理工大学出版社,2005.

[11] 岑建伟,李来好,杨贤庆,等.我国水产品加工行业发展现状分析[J].现代渔业信息,2008,23(7):6-9.

[12] 徐文达.国内外水产品加工机械现状和发展[J].包装与食品机械,1993,11(1):27-28.

[13] 方希修,黄涛,尤明珍,等.饲料加工工艺与设备[M].2版.北京:中国农业大学出版社:2012.

[14] 徐皓,张建华,丁建乐,等.国内外渔业装备与工程技术研究进展综述[J].渔业现代化,2010,37(1):1-5.

[15] 鲁植雄.水产养殖机械巧用速修一点通[M].北京:中国农业出版社,2010.

[16] 农业部渔业局.中国渔业统计年鉴2012[M].北京:中国农业出版社,2012.

[17] 王玮,李燕,石瑞,等.我国渔业机械仪器标准化概况[J].渔业现代化,2010,37(5):64-67.

[18] 门涛,王玮.渔业捕捞机械标准现状与发展方向[J].现代农业科技,2010,(17):251-252,257.

[19] 王玮,张祝利,丁建乐.我国水产标准化体系发展现状及建议[J].农产品质量与安全,2010(3):29-31.